（a）旧Logo

（b）新Logo

图3-2　2018年华为新旧Logo的对比

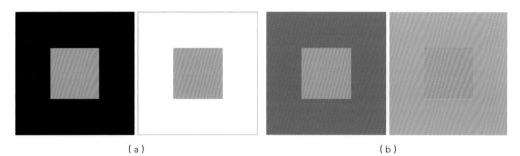
（a）　　　　　　　　　　　　　（b）

图3-4　明度和彩度的同时对比

图3-15　颜色恒常性

图3-21 涟漪水龙头

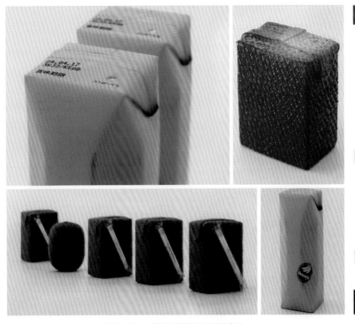

图3-22 "果汁的肌肤"包装设计

图3-35 音乐播放器上的小红点

图3-23　紫外线餐厅

图4-10 定量和定性显示器

图4-14 警戒用仪表

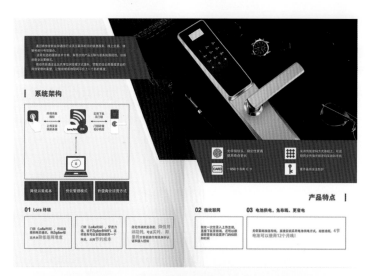

（a）商品宣传册

（b）汽车仪表盘

图4-11 形象和抽象显示器

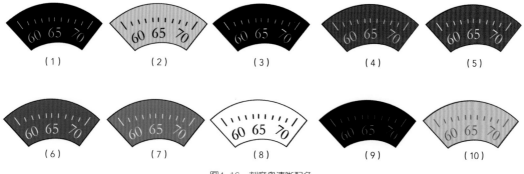

图4-16 刻度盘清晰配色

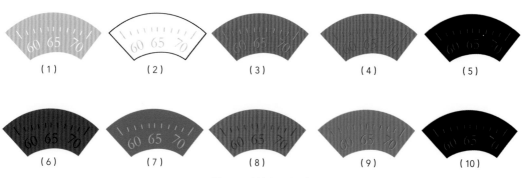

图4-17 刻度盘模糊配色

图4-22 多维编码的交通信号灯

图4-29 补充标志的几何图形符号

图8-2 天然采光案例

图8-13 车间色彩搭配

图8-3 人工照明场景

图8-14 办公室色彩搭配

全国高等院校产品设计专业系列教材

PRODUCT DESIGN

何灿群　主　编

李　立　李明珠　副主编

何人可　主　审

产品设计
人机工程学

化学工业出版社

·北京·

内 容 简 介

人机工程学涉及生理学、心理学、工程学、设计学、社会学、计算机科学、管理学等多学科知识。本书引入最新的人机工程学理念和设计案例，详细阐述了人机工程学基础知识在产品设计中的应用，既包括硬件人机系统，也包括软件人机系统，是传统的人机工程学的延伸和扩展，符合当今产品人性化、信息化、智能化的发展趋势。

本书除了可作为工业设计和产品设计专业的教材外，也可作为艺术设计相关专业及工科相关专业的教材或教学参考书，还可作为相关专业研究生、人机工程学方面的研究人员和工程技术人员的工具书。

图书在版编目（CIP）数据

产品设计人机工程学 / 何灿群主编；李立，李明珠副主编. — 北京：化学工业出版社，2023.6（2025.4重印）
ISBN 978-7-122-43049-6

Ⅰ. ①产… Ⅱ. ①何… ②李… ③李… Ⅲ. ①产品设计－效学－研究 Ⅳ. ①TB472

中国国家版本馆 CIP 数据核字（2023）第 039954 号

责任编辑：李彦玲　　　　　　　　　　　　　文字编辑：谢晓馨　陈小滔
责任校对：李露洁　　　　　　　　　　　　　装帧设计：水长流文化

出版发行：化学工业出版社（北京市东城区青年湖南街 13 号　邮政编码 100011）
印　　装：河北鑫兆源印刷有限公司
787mm×1092mm　1/16　印张 17¼　彩插 3　字数 422 千字　2025 年 4 月北京第 1 版第 3 次印刷

购书咨询：010-64518888　　　　　　　　　　售后服务：010-64518899
网　　址：http://www.cip.com.cn
凡购买本书，如有缺损质量问题，本社销售中心负责调换。

定　　价：59.80 元

由河海大学何灿群教授主编、化学工业出版社出版的《产品设计人机工程学》教材，强调理论和实践的融合，通过大量前沿的设计案例以及大国重器中的人机工程案例，展示了我国在人机工程学方面的研究进展以及突破性成果，提升了学生的民族自豪感和国家荣誉感。该教材突破了传统教材的单一理论传输模式，采取由案例到理论知识再到项目实践的编写模式，形式新颖，内容丰富，学习目的针对性强，符合当前高等教育对人才培养的要求。

整体而言，该教材具有以下特色。

1. 充分发掘新工科的内涵和发展要求，重点突出工程教育专业认证所要求的"以学生为中心、产出为导向，提升学生能力"，并将其作为教材的编写目标。

2. 紧密结合当前政治理念和科技发展，在教材内容中有机融入社会主义核心价值观和中国特色社会主义的"四个自信"教育内容，将中华优秀的传统文化和"以人为本"的人机工程学设计方法融入教材中，强化教材中的课程思政。

3. 在考虑专业通用性的基础上，体现人机工程学与工业设计、产品设计的联系，教材适用对象也从设计类专业向机械工程、汽车工程、工业工程等专业扩展，扩大了教材的适用面。

4. 在体系和内容上适当拔高，复习题和思考分析题适当增加综合性、拓展性、开放性、前沿性问题，并根据章节主要内容附上实践案例，从教材层面提高课程的高阶性、创新性和挑战性。

教育部高等教育司司长吴岩先生曾多次强调，教育重心要重新回归到本科教学上来，并视教材为教学质量中最为重要的环节。本教材就实现了教学精神的本质回归。教材主编何灿群目前担任中国机械工业教育协会工业设计学科教学委员会副主任委员、中国人类工效学学会理事、ACED（Asian Council on Ergonomics and Design）理事，在行业内具有一定的影响力。作为工业设计专业的一线教师，20多年来，何灿群一直致力于人机工程学的教学工作，其负责的"人机工程学"课程荣获首批国家级线下一流本科课程。参与教材编写的其他几位老师都是专业领域具有丰富教学和实践经验的骨干学者，这使得扎实的基础理论和实际经验与新的设计观念、创造力融合。该教材力求体现设计专业的实用性及前沿性，培养学生的创造力，实现师生之间的良好互动以及设计爱好者之间的交流沟通，真正成为创新型、互动式、通用性的工业设计规划教材。

何人可

2023年1月

人机工程学作为一门学科，自20世纪40年代在欧美诞生起，已历经80余年的发展。在我国，自20世纪70年代末80年代初开始，在中国科学院心理研究所、航天医学工程研究所、空军航空医学研究所、浙江大学（原杭州大学）心理学系、同济大学等科研院所及高校的共同努力下，人机工程学得到了迅猛发展。迄今，人机工程学已经发展成一门融心理学、生理学、生物力学、设计学、计算机科学等多门学科交融的交叉学科。在设计学领域，人机工程学得到了极为广泛的应用，涉及工业设计、产品设计、家具设计、视觉传达设计、室内设计、环境设计、服装设计等多个研究领域。

本书体系完备，内容全面，案例丰富，每章后面附有精心设计的复习题和思考分析题，并有详细的实际案例分析可供借鉴，为教师授课和学生学习提供了参考，具备较强的操作性。本书一共分为九章，内容涵盖了人机工程学在工业设计和产品设计方面所需要的基本知识、基本理论和基本技能。

为加强对学生创新能力的培养，适应工业设计和产品设计专业发展的需要，针对宽口径专业培养目标，吸收相关院校教改和课程建设成果，以及其他同类教材的优点，本教材在以下几个方面做了探索。

1. 教材的编写面向工业设计和产品设计专业学生的实际应用，强调理论和实践的融合。在基础理论知识的基础上，着重对典型的设计案例和知识点进行讲解，并且选用优秀学生作业作为教学成果展示，有助于提升学生的学习兴趣。

2. 教材突破了传统教材的单一理论传输模式，提供给学习者线性的课程开发步骤，由"易"到"难"，由"小"到"大"，由"点"及"面"，层层递进，学习目的针对性较强。

3. 教材中应用了大量前沿的设计案例和民族品牌中的人机工程案例，展示了我国在人机工程学方面的前沿研究信息以及突破性成果，提升了学习者的民族自豪感和国家荣誉感，建立起专业知识能力与政治素养之间的联系。

4. 教材引入最新的人体测量数据，真正做到与时俱进，弥补了同类教材数据过时的缺憾。

5. 教材的各章后面均安排了复习题和思考分析题，同时还附有相关设计实例，可供学生在学习中借鉴和思考。

建议本教材理论教学时数为48～64学时，各学校可根据教学需要对具体教学内容进行取舍或指定学生自学。

本教材由河海大学何灿群担任主编，大连工业大学、李立、江苏大学李明珠担任副主编，江苏大学李正盛、皖江工学院陈美林参编。其中，第一章和第三章由何灿群编写，第二章和第四章由李立编写，第五章、第六章和第七章由李明珠编写，第八章和第九章由李正盛和陈美林编写，何灿群负责整个教材的统稿工作。同时，教材中所附案例得到了江南大学曹鸣师生团队、广州美术学院张剑师生团队、河海大学何灿群师生团队、广东佛山宏翼工业设计有限公司设计团队、同济大学赵阳博士、南京林业大学陈世栋博士的大力支持。特别感谢湖南大学何人可教授担任本书主审。感谢化学工业出版社、河海大学、江苏大学、大连工业大学、皖江工学院在本教材编写过程中给予的支持。

由于编者水平有限，教材中不足之处在所难免，敬请广大读者批评指正。

编者
2023年1月

目录

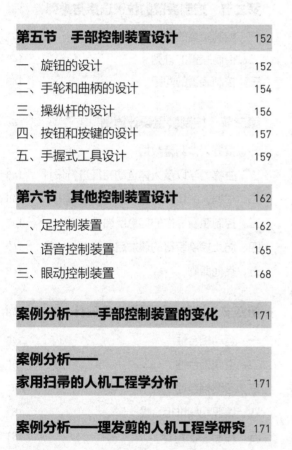

第七章
工作台椅和作业空间设计

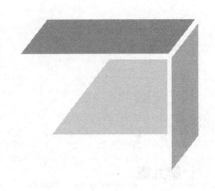

第八章

人与作业环境

第九章

人机系统与人机界面设计

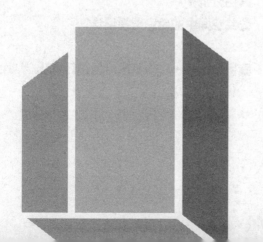

第一章

人机工程学导论

第一节　人机工程学的命名和定义

人机工程学是研究人、机器及其工作环境之间相互作用的学科，是20世纪40年代后期发展起来的跨越不同学科领域，应用多种学科原理、方法和数据的一门边缘学科。它应用生理学、心理学、医学、卫生学、人体测量学、劳动科学、系统工程学、社会学和管理学等多门学科的知识和成果，主要研究人-机-环境三者之间的关系，通过恰当地设计和改进这种关系，使工作系统获得满意的效果，同时保证人的安全、健康和舒适。人机工程学作为一门边缘学科，具有边缘学科共有的特点，如学科命名多样化、学科定义不统一、学科边界模糊、学科内容综合性强、学科应用范围广泛等。

一、人机工程学的命名

目前该学科在国内外还没有统一的名称。在美国，一开始将其称为应用实验心理学（Applied Experimental Psychology）或工程心理学（Engineering Psychology），20世纪50年代又被称为人类工程学（Human Engineering）或人的因素工程学（Human Factors Engineering）。在苏联被称为工程心理学，在日本被称为人间工学。在西欧多被称为工效学（Ergonomics），"ergon"为希腊词根，即"工作、劳动"，"nomos"即"规律、规则"，合起来就是"人的劳动规律"的意思。由于该词能够较全面地反映该学科的本质，又源自希腊文，便于各国语言翻译上的统一，而且词义保持中性，故被较多的国家所采用。

在国内，除普遍采用"人机工程学"这个名称外，常见的名称还有人体工程学、人类工效学、人类工程学、工程心理学、宜人学、人的因素学等。

学科命名的多样化体现出该学科的特点：第一，对该学科的认识经历了从模糊到逐渐清晰的过程；第二，反映了该学科的广泛性与交叉性；第三，在不同的研究和应用领域中带有不同的侧重点和倾向性。

二、人机工程学的定义

该学科的定义与其命名一样也不统一。美国人机工程学专家伍德（Charles C. Wood）对人机工程学的定义为：设备设计必须适合人的各方面因素，以便在操作上付出最小的代价而求得最高效率。伍德森（W. B. Woodson）认为：人机工程学研究的是人与机器相互关系的合理方案，亦即对人的知觉显示、操作控制、人机系统的设计及其布置和作业系统的组合等进行有效的研究，其目的在于获得最高的效率及作业时感到安全和舒适。

日本的人机工程学专家认为：人机工程学是根据人体解剖学、生理学和心理学等特性，了解并掌握人的作业能力和极限，让机具、工作、环境、起居条件等和人体相适应的科学。

苏联的人机工程学专家则认为：人机工程学是研究人在生产过程中的可能性、劳动生活方式和劳动的组织安排，从而提高人的工作效率，同时创造舒适和安全的劳动环境，保障劳动人民的健康，使人从生理上和心理上得到全面发展的一门学科。

我国2009年出版的《辞海》（第六版彩图本）对工程心理学（即人机工程学）定义如下：工

程心理学亦称"人类工效学""工效学",是运用心理学、生理学和人体测量学等理论,研究人-机-环境系统中人的生理心理特点及人与机器、环境相互作用的学科。《中国企业管理百科全书》则将其定义为:人机工程学是研究人和机器、环境的相互作用及其合理结合,使设计的机器和环境系统适合人的生理、心理等特征,达到在生产中提高效率、安全、健康和舒适的目的。

1960年,国际人类工效学学会(International Ergonomics Association,IEA)给人机工程学下了一个较为全面和权威的定义,即人机工程学研究人在某种工作环境中的解剖学、生理学和心理学等方面的各种因素;研究人和机器及环境的相互作用;研究在工作中、家庭生活中和休假时怎样统一考虑工作效率、人的健康、安全和舒适等问题的学科。

2000年8月,为了适应新世纪的发展,IEA对该学科的定义作出修订,即人机工程学是研究人与系统中其他因素之间的相互作用,以及应用相关理论、原理、数据和方法来设计,以达到优化人和系统效能的学科。人机工程学专家旨在设计和优化任务、工作、产品、环境和系统,使之满足人的需求、能力和限度。新定义概略、简洁,并将系统取代了机器,强调了系统中人与其他因素交互作用的观念。

不管如何定义,始终强调两点。一是健康、舒适,这是评价生活、工作质量的重要指标。近几十年来,随着社会的进步,人们对身心健康和舒适度的要求越来越高。二是系统,这是指具有特定功能的、相互之间具有有机联系的许多要素(或元素)构成的一个整体。人-机-环境系统是指由共处于同一时间和空间的人与其所使用的机,以及他们周围的环境所构成的系统,简称人机系统。一个好的人机系统,不仅要求效率高、事故少,而且还要不损害操作人员的身心健康,并要尽可能地使操作人员感到舒适、满意。

第二节　人机工程学的发展

一、人机工程学的发展阶段

英国是世界上最早开展人机工程学研究的国家,但学科的奠基性工作却是在美国完成的。所以,人机工程学有"起源于欧洲,形成于美国"之说。虽然本学科的起源可追溯到20世纪初期,但成为一门独立学科却只有近60年历史。该学科在形成与发展的过程中大致经历了以下五个阶段。

1. 人机工程学的孕育阶段

现代的不少社会科学和自然科学的理论在古代文明中都曾经有过萌芽,但并不能说古代就已经有了这些科学理论。人机工程学也一样,古代纵然有令人赞叹的器物、堪称精辟的论述,但与建立起一门完整的学科还是截然不同的。例如在手工艺时代,无论中外,劳动人民开始研究人的能力与其所使用的工具之间的关系,这一阶段是以人为中心设计理念的萌芽,更多体现在基于对"人的因素"良好知识设计的迹象。有许多例子可以表明这种设计理念是如何应用于实践的。比如古希腊的雕像和绘画表明了古希腊人拥有很好的人类学知识,他们利用人体各部分的相对比例关系作为设计的基本比例,用来测量长度的长度单位的名称及量值都来源于人体。使用这种测量系统,许多建筑的基本单元都与人体成比例。如建筑师维特鲁威在他的建筑学著作中提到，人体的量度是依照自然的分布方法：四指为一掌，四掌为一足，六掌为一腕，四腕为一个人的高度。而这些量度，他也用在了建筑物上。如果你将双腿展开到最大限度，你的身高就会因此减少1/14；伸开并举高你的双臂，直到中指与头顶齐平，这个时候，你伸展开的四肢交叉的中心

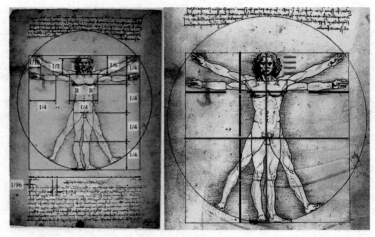

图1-1 《维特鲁威人》

点就是你的肚脐，而两腿之间形成的区域，也是一个等边三角形（图1-1）。引用柏拉图戏剧中的一句格言"人是所有东西的测量尺度"，这可以很形象地表达古希腊时期"以人为中心"的设计理念。

我国的《考工记》中也大量记载了符合现代人机工程学原理的器物制造。例如，"凡察车之道，欲其朴属而微至……轮已崇，则人不能登也；轮已庳，则于马终古登阤也。故兵车之轮六尺有六寸，田车之轮六尺有三寸……"（图1-2）。意思是车轮太高，则人不易上下；车轮太低，拉车的马就会十分费力，终日如爬坡，反映出车的各种尺度取决于人和马的尺度。不同的车其车轮尺寸不一样，反映出产品与使用环境的相互关系。

初刊于1637年（明崇祯十年）的《天工开物》则是世界上第一部关于农业和手工业生产的综合性著作，几乎涵盖了人们的衣食住行诸方面。与《考工记》相比，它所涉猎的内容更广泛、更系统，更加关注百姓日常生活所需。书中插图丰富，包含了人们众多作业场景。图1-3中人们或坐或立，工作姿势自然舒展，劳动器具、生产设备与人体尺寸有着良好的匹配关系。这两部著作所记载的，只是我们祖先创造成果的一部分而已，管中窥豹，体现出我国古代人机工程学的萌芽。

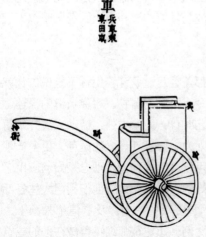

图1-2 《考工记》插图

图1-3 《天工开物》插图

2. 经验人机工程学阶段

在人与工具的关系以及人与操作方法的研究方面，最具影响力的有美国的"科学管理之父"泰勒和动作研究专家吉尔布雷斯夫妇。

20世纪初，美国学者泰勒（Frederick W. Taylor）在传统管理方法的基础上，首创了新的管理方法和理论，并据此制定了一整套以提高工作效率为目的的操作方法，考虑了人使用机器、工具、材料及作业环境的标准化问题，其中比较典型的是"铁锹作业试验研究"。他在1898年进入美国的伯利恒钢铁公司后，曾研究过铁锹的形状和重量与生产效率之间的关系。他用形状相同而铲量不同的四种铁锹（每次可铲重量分别为5kg、10kg、17kg和30kg），分别去铲同一堆煤。试验结果显示，用10kg的铁锹铲煤效率最高，找到了铁锹的最佳设计以及每次铲煤或矿石的最适重量。同时，泰勒还进行了操作方法的研究，剔除多余的不合理动作，制定最省力高效的操作方法和相应的工时定额，从而大大提高了工作效率。泰勒的研究主要包括：动作和车间管理研究；熟练操作与疲劳；工作时间的设计和残疾人使用设备的设计；工作动机研究，促进工人和管理者之间的通力合作。

与泰勒同时代的吉尔布雷斯夫妇（F. B. Gilbreth和L. M. Gilbreth）则致力于动作研究，创立了动素分析法，即通过动素分析改进操作动作，提升操作效率。他们于1911年通过快速拍摄影片，详细记录了建筑工人的操作动作后，对其进行分析研究，将工人的砌砖动作进行简化，工人每砌一块砖，动作可由18次减少至5次，工人的砌砖速度也由原来的120块每小时提高到350块每小时。泰勒和吉尔布雷斯夫妇所创立的时间与动作研究，提高了工作效率和减轻了工作疲劳，至今仍有重要意义。

同时，现代心理学家、哈佛大学心理学教授闵斯特伯格（Hugo Munsterberg）出版了《心理学与工业效率》（1913年出版）和《心理技术学原理》（1914年出版）等书，将当时心理学的研究成果与泰勒的科学管理方法从理论上有机地结合起来，通过选拔培训、改善工作条件、减轻疲劳等措施使工人适应机器。

因此，从泰勒的科学管理方法和理论的形成到第二次世界大战（简称"二战"）之前，称为经验人机工程学的发展阶段。这一阶段的主要研究内容有：研究每一职业的需求和特点；利用测试来选择工人和安排工作，规划利用人力的最好方法；制定培训方案，使人力得到最有效的发挥；研究最优良的工作条件和最好的管理组织形式；研究工作动机，促进工人和管理者之间的通力合作。由于当时该学科的研究侧重于心理学方面，因而在这一阶段大多称本学科为"应用实验心理学"。在这个阶段，学科发展的主要特点是：以机器（产品）为中心进行设计，在人机关系上以选择和培训操作者为主，使人适应机器（产品）。

经验人机工程学阶段一直持续到第二次世界大战之前。此后，人们所从事的劳动在复杂程度和负荷量上都有了很大变化，因而改革工具、改善劳动条件和提高工作效率成为最迫切的问题，从而使研究者对经验人机工程学所面临的问题进行科学的研究，并促使经验人机工程学进入科学人机工程学阶段。

3. 科学人机工程学阶段

科学技术的发展使机器的性能、结构越来越复杂，人与机器的信息交换量也越来越大，以往单靠人去适应机器的方式已很难达到目的。

第二次世界大战期间，各国大力研发各种效能高、威力大、操作复杂的新式武器装备。由于片面地注重了功能和技术研究，忽视了人的因素，忽视了对使用者操作能力的研究和训练，因而由于操作失误而导致失败的教训屡见不鲜。以战斗机为例（图1-4），由于座舱及仪表的显示位置设计不当，经常造成驾驶员误读仪表或操作错误，进而发生事故。据统计，美国在二战中飞机事故率的80％是人机关系不协调造成的。此外，由于操作复杂、不灵活和不符合人的生理尺寸而造成武器命中率低等现象也经常发生。

图1-4 战斗机座舱及仪表的显示位置设计

失败的教训引起决策者和设计者的高度重视。通过研究分析认识到，在人和武器的关系中，主要的限制因素不是武器而是人，"人的因素"在设计中是不可忽视的一个重要条件。同时还认识到，设计一个好的高效能装置，除了具备工程技术知识外，还必须有心理学、生理学、人体测量学、生物力学等学科方面的知识。因此，二战期间，首先在军事领域中开展了与设计相关学科的综合研究和应用。如在设计武器时聘请解剖学家、生理学家、心理学家为机器设计出谋献策，提供适合操作人员生理、心理需要的设计参数。这样，就相继出现了"实验心理学""人体测量学"等学科。军事领域中对"人的因素"的研究和应用，使科学人机工程学应运而生。

战争结束后，对人机工程学的综合研究与应用逐渐从军事领域向非军事领域转变，人们逐步应用军事领域中的研究成果来解决工业与工程设计中的问题，如设计并制造飞机、汽车、机械设备、建筑设施以及生活用品等。美国著名设计师亨利·德雷夫斯（Henry Dreyfuss）多年潜心研究有关人体数据以及人体比例和功能方面的问题，1960年总结出版了《人的测量：设计中的人因学》（*The Measure of Man: Human Factors in Design*）一书，该书建立的人机工程学体系成了工业设计师的基本理论工具。至此，该学科的研究课题不再局限于心理学的研究范畴，许多生理学家、工程技术专家都参与到该学科中来共同研究，从而使学科的名称也有所变化，大多研究者称之为"工程心理学"。在这一阶段，本学科的发展特点是：重视工业与工程设计中"人的因素"，力求使机器（产品）适应人。

4. 现代人机工程学阶段

进入20世纪60年代，随着科学技术的飞速发展，人机关系越来越复杂，由此使人机工程学作为工业设计的一门基础学科得到更大的发展。例如，美国工业设计之父雷蒙德·罗维（Raymond Loewy）为"阿波罗"登月计划所做的设计skylab（天空实验室）里始终有一个窗户可以看到地球（图1-5），并且为宇航小组的每个成员设计了一个私人空间来缓解他们的压力并且让他们得到休息。

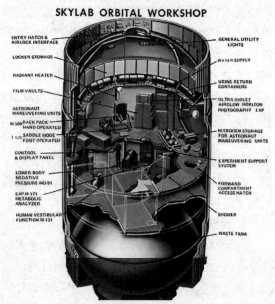

图1-5 雷蒙德·罗维设计的skylab

进入20世纪70年代以后，随着电子技术的进步和计算机的广泛应用，操作系统对人的要求越来越高，系统中考虑人的因素也显得越来越重要。特别是1979年美国三里岛核电站事件的发生，对人机工程学的发展起了很大的推动作用。事故的调查表明：不是某一个失误、错误、事件或机器失灵导致的这场事故，该事故是由许多因素共同引起的；人的错误会发生在许多不同方面；最重要的原因是，大量的信息和复杂的显示形式超过了操作人员内在的、有限的能力，如注意力、记忆力、决策能力等。因此，三里岛事件与其他事件一样，人的失误是事故的直接原因，但操作人员本身并没有什么过错，而是系统的设计者应当受到责备，因为他们给了操作人员无法胜任的工作。

20世纪90年代以后，人机工程学进入快速发展的科学研究阶段，体现在人类空间站的建立，计算机和计算机工程的应用，药物器械设计和老年人产品设计，人的生活和工作质量设计等方面。尤其是计算机和其他高科技产品的出现，使人机工程学又有了一次新的发展。"人机界面"一词具有了新的、更加复杂的含义。随着高精尖的电子科技产品不断涌现，如何在新技术与人之间建立起协调的关系，高科技产品人性化成了人机工程学研究的新课题。由于图形界面操作系统、语音软件、手写板、触摸屏、鼠标器、人机键盘的广泛使用，大大改善了计算机的人机交互关系，先前只能为少数专业人员所使用的计算机成了人人可用的工具，从而迅速地普及开来。手机、游戏机等产品的普及，进一步促进了交互界面设计的发展，成为今天工业设计中一项最核心的内容。

人机工程学的发展一方面使设计更具有社会学的色彩，另一方面也使设计逐步走向科学化，从而使产品形式更少受到设计师自我意识的影响，这些都对专注于形态价值判断的设计美学观念产生了冲击。从20世纪60年代开始，出现了一门新兴的学科——通用设计（Universal Design）。所谓通用设计就是使所设计的产品和设施能为不同行为能力的人共同使用，例如健全人和残疾人都可通行的坡道等，避免专为某一类人士所做的特殊设计可能带来的歧视，体现出真正的人文

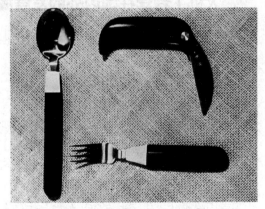

图1-6 为有手部疾病的人设计的餐刀

关怀。从某个角度而言，通用设计就是人机工程学理念的拓展与延伸。瑞典人机设计小组在这方面取得了令人瞩目的成就，该小组是一个从事工作环境、残疾人用品以及医院设施研究和设计的组织。这个小组特别关注设计中的生理与心理因素，在设计过程中，设计师花费大量时间进行调查研究，所有设计都要制成足尺模型进行人机关系的精密测试，并采用摄影等手段对工作过程和动作进行分析。1974年，人机设计小组的两位设计师为有手部疾病的人设计了一种特殊的面包餐刀与切盘（图1-6），使用起来方便而省力。由于精心的设计，这类产品也能为健全的人使用，因而销路很广。

5. 当代人机工程学阶段

随着人工智能、大数据、物联网等新一代信息技术对人们生活的渗透，如今已经进入了智能时代，人们的生活、学习、工作环境与方式都已经发生了很大的变化，其重要性和广泛性逐渐成为共识。人工智能系统就是一个可以像人类一样学习、思考、规划、判断、决策、行动的

系统，是对人的意识、思维的信息过程的模拟。因此，人工智能是思维科学的技术应用分支。知、情、意是人类三种基本的思维形式，所以人工情感和人工意志是两个重要的研究热点。情感识别、情感表达与情感理解是研究的重点，而人机工程学对人工智能的情感设计具有重要的意义。现如今，随着科学技术的快速发展，特别是人工智能技术的发展，促使终端设备等机器的智能水平不断发展，使之可以辅助和替代大多数人类工作。如科大讯飞研发的可以分析医学影像资料、提供癌症诊断的人工智能医学影像辅助诊断系统（图1-7），阿里巴巴的城市大脑系统（图1-8）等。

 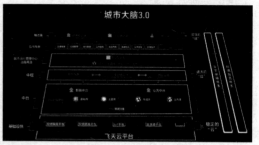

图1-7 人工智能医学影像辅助诊断系统　　　图1-8 阿里巴巴的城市大脑系统

二、人机工程学在国内外的发展概况

目前，几乎所有工业发达国家都十分重视人机工程学的研究和应用，并且都建立和发展了这门学科。

1. 人机工程学在国外的发展

英国是最早开展人机工程学研究的国家。1949年，在默雷尔（K. F. H. Murrell）的倡导下，成立了世界上第一个人机工程学研究小组，翌年成立了人机工程学研究协会，并于2月16日在英国海军部召开的会议上通过了"人机工程学"（Ergonomics）这一名称，正式宣告人机工程学作为一门独立学科的诞生。1957年发行会刊*Ergonomics*，现已成为国际性刊物。目前，人机工程学已应用于英国国民经济的各个部门。

美国是现代人机工程学的起源地，也是人机工程学最发达的国家。美国于1957年成立了人机工程学协会，之后人机工程学得到了迅速发展。其研究机构大部分在海、陆、空军系统和各大学，主要进行工程学以及有关宇航、军事工业、大型计算机体系、自动化系统等的研究。

德国对人机工程学的研究开始于20世纪40年代，其自动化中的人机关系、工作环境、选拔训练以及管理方面的问题都得到了广泛深入的研究。

苏联于1962年成立全苏联技术美学研究所，并建立了人机工程学学部，其研究偏重工程心理学方面，并且大力开展了人机工程学的标准化工作，先后有20多项标准列入其国家标准。

日本的人机工程学起步于20世纪60年代，着力引进各个国家的理论和实践经验，逐步形成和发展了自己的人间工学体系，于1963年建立了人间工学学会。人间工学把人看作是系统的一部分进行研究，目前被广泛应用于工业、交通运输、国防和服装行业。

2. 人机工程学在我国的发展

我国最早开展人的工作效率研究的是心理学家，人机工程学在我国一直是工业心理学的一个重要分支。20世纪30年代，西方国家的工业心理学思想已引入我国，并开展了工作疲劳、劳动环境、择工测验等方面的研究。1935年，我国心理学之父陈立先生编著的《工业心理学概观》是我国最早的系统介绍工业心理学的著作。中华人民共和国成立后，从50年代中期开始，中国科学院心理研究所和杭州大学（后并入浙江大学）等单位的心理学家们在职工培训、操作合理化、预防工伤事故等方面做了许多工作。到60年代初，一部分心理学工作者开始转向人机关系等问题的研究，如铁路灯光信号显示、电站控制室信号显示、仪表表盘设计、航空照明和座舱仪表显示等人机工程学研究，均取得了可喜成果。到70年代后期，我国开始进入社会主义现代化建设的新时期，人机工程学的研究也获得了较快发展。中国科学院心理研究所、航天医学工程研究所、空军航空医学研究所、杭州大学、同济大学等分别建立了工效学或工程心理学研究机构，杭州大学还创建了工业心理学专业，为我国招收、培养了第一批工程心理学本科生和硕士、博士研究生。

到20世纪80年代，人机工程学在我国以前所未有的速度和规模获得发展。1980年5月，国家标准局和中国心理学会联合召开会议，同时成立了全国人类工效学标准化技术委员会，至1988年已制定了有关国家标准22个。1989年成立了中国人类工效学学会（Chinese Ergonomics Society，CES），作为国家一级学会和国内人类工效学专业的最高学术团体。该学会以促进我国工效学人才培养与提高、知识普及与推广、学术研究与创新、国内外专业交流与合作为己任，推动"以人为本"的理念、技术、方法、工具在产品和服务设计中的应用，为提高美好生活品质做出了贡献。该学会下设14个专业技术分会，现有会员2500多人，会员来自300多个单位，其所在单位涉及大学、科研院所及企事业单位等。当前，中国人类工效学学会秘书处设在清华大学工业工程系，学会期刊为《人类工效学》（双月刊）。

人机工程学在我国的发展日新月异，并与多学科交叉融合发展。例如，由罗建平领衔的智能装备科研团队主持了我国全新一代"飞天"舱外航天服的外观设计、人-服交互系统设计等工作，并全程参与完成了航天服研制与测试过程。设计团队引入工业设计理念，同时将航天科技美学、人性化等要素融入其中，是对中国航天服技术的先进性和人类航天梦想的综合诠释（图1-9）。舱外航天服人性化的设计体现在航天员和航天服的交互界面——电控台、气液控制台的布局设计和按键造型设计中。通过人因工效学的研究方法，根据舱外航天服的手臂和手指的可达域与施力特征重新布局了交互界面的功能，并对操作手柄进行了优化设计，实现了交互信息和操作界面相对应的功能层级划分布局，让航天员更方便快速地区分指令功能和准确操作。

图1-9 全新一代"飞天"舱外航天服

第三节　人机工程学的研究内容与方法

一、人机工程学的研究内容

虽然人机工程学的内容和应用范围极其广泛，但学科的根本研究方向却是通过揭示人-机-环境之间相互关系的规律，以达到确保人-机-环境系统总体性能的最优化。在任何一个人-机-环境的综合系统中，人始终是有意识、有目的地操纵机器和控制环境的主体，而机器始终是人的劳动工具，服从于人，执行人的指令。人与机的关系是否协调，要看机器本身是否具备适应人的特性而定。人虽然对环境进行控制，但不可能完全

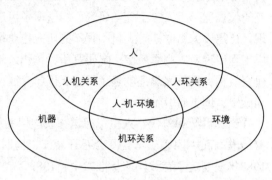

图1-10　人机工程学的研究内容

控制环境，在一定的情况下，人总是要受周围环境的约束和影响。人机工程学研究的主要内容可概括为以下几个方面（图1-10）。

1. 人体特性的研究

人的生理、心理特性和能力限度，是人-机-环境系统最优化的基础。在人与产品关系中，作为主体的人，既是自然的人，又是社会的人。对自然人的研究有：人体形态特征参数、人的感知特性、人的反应特性以及人在工作和生活中的心理特性等。对社会人的研究有：人在工作和生活中的社会行为、价值观念、人文环境等。研究人体特性的目的是解决产品、设施、工具和用具、作业、工作场所等的设计如何与人的生理、心理特征相适应，从而为使用者创造高效、安全、健康、舒适的工作条件。

2. 人机系统的整体设计

人-机-环境系统设计的目的就是创造最优的人机关系、最佳的整体系统工作效益、最舒适的工作环境。在系统设计时，由于人和机各自的特点不同，都有各自的能力和限制，因此，应考虑充分发挥各自的特长，合理分配人与机器的功能，使其取长补短、相互协调、有机结合，以保证系统的整体功能最优。

3. 人机界面的设计

在人机系统中，人与机器系统是主体。人与机相互作用的过程，就是利用人机界面上的显示器和控制器，实现人与机的信息交换过程。在开发研制任何产品时，都存在人机界面设计的问题。而且随着信息技术的高度发展，操作者面对的是快速传递和高度复杂的信息，要求操作时精度高且快速准确。同时，由于计算机技术的日益更新，人机界面开始由硬件人机界面向软件人机界面转移。研究人机界面的组成并使其优化匹配，产品（包括硬件和软件产品）就会在质量、造型、外观、功能及产品可用性等方面得到改善和提高，同时也会增加产品的技术含量和附加值。

4. 工作场所的设计

工作场所设计是否合适，将对人的工作效率和舒适健康产生直接的影响。工作场所设计一般包括：工作场所总体布置、工作空间与工作区域设计、工作台或操纵台设计、座椅设计、工具设计、工作条件设计等。设计工作场所时，应从生理学、心理学、生物力学、人体测量学和社会学等方面出发，保证所设计的工作场所符合操作者的特性和需求、适合作业者的作业目的、工作环境方便舒适，使人在工作时不易疲劳、健康不会受到损害，并能高效而又舒适地完成工作任务。合理设计工作场所也是保护和有效利用人力资源、充分发挥人的潜能的需要。

5. 工作环境和安全保护设计

任何人机系统都处于一定的环境之中，因此人机系统的功能不可避免地受到其周围环境的影响。人与机相比，人受影响的程度更大，如照明、色彩、噪声、振动、温度、湿度、粉尘、有害气体以及辐射等都会对作业过程和人产生一定的影响。因此，控制、预防和改善不良环境，使之适应人的要求，目的是为人创造一个安全、健康、舒适的工作空间，从而提高人-机-环境系统的效率和效能。除了要研究控制物理环境因素之外，还应研究社会环境因素对人的工作效率的影响。

此外，保护操作者免遭因作业而引起的病痛、疾患、伤害或者死亡，也是人机系统设计者的基本任务。因而在设计阶段，安全防护装置、保险装置、冗余性设计、防止人为失误装置、事故控制方法、求援方法等应视为设计的一部分。

二、人机工程学的研究方法

学科的进步依赖于研究方法的发展。任何一门学科在确定了研究对象和研究内容之后，就要考虑使用什么样的方法来进行研究。研究方法在科学发展中具有非常重要的作用，只有掌握科学的研究方法才会使研究工作取得预期的结果。人机工程学作为一门边缘学科，在其发展过程中，不可避免地要借鉴人体科学、生物科学和心理学等相关学科的研究方法，采用系统工程、控制理论、信息科学、统计学等其他一些学科的研究方法，并利用本学科的学科特点，逐步建立和完善一套独特的研究方法，以探讨人、机、环境三要素之间的复杂关系。人机工程学中常用的研究方法有以下几种。

1. 观察法

这是通过直接或间接观察，有时甚至借助某些工具，记录自然环境中被调查对象的行为表现、活动规律，然后进行分析研究的方法。观察法是在不影响事件正常发生的情况下有目的、有计划、有步骤地进行的。观察者通常不参与研究对象的活动，从而可以避免对研究对象造成干扰，以便保证研究的自然性与真实性。为了研究系统中人和机各自的工作状态，常采用各种各样的观察方法，如对工人操作动作的分析、人与机功能的分析和工艺流程分析等。

2. 实测法

这是一种借助仪器设备进行实际测量的方法，也是比较普遍使用的一种方法。例如，为了获得一个作业空间设计所需的人体尺寸，我们必须对使用者群体进行抽样，然后对所选样本进行实际测量，并对所测数据进行统计处理，为作业空间的具体设计提供人体尺寸依据。如图1-11中的宇航员生理、心理能力测试装置。

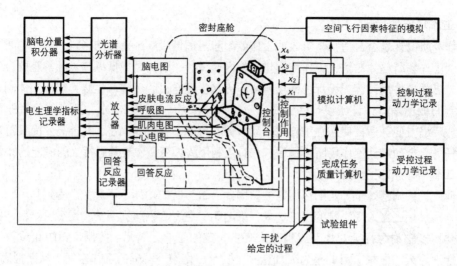

图1-11　宇航员生理、心理能力测试装置

3. 实验法

实验法是在人为设计的环境中对被试的行为或反应进行测试的一种研究方法，一般在实验室进行，也可在作业现场进行。如进行仪表盘设计时，必须对人的各种仪表表示值的认读速度、误读率，表盘的形状、观察距离，仪表显示的亮度、对比度，仪表指针的形状、长短等进行研究。如图1-12所示的驾驶员眼动规律实验装置。

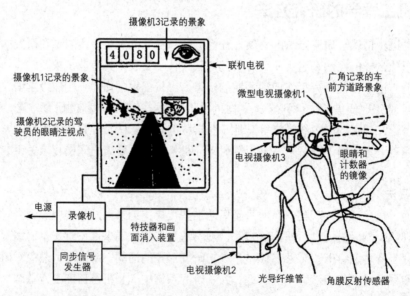

图1-12　驾驶员眼动规律实验装置

4. 模拟和模型试验法

由于机器系统一般比较复杂，因而在进行人机系统研究时常采用模拟的方法。模拟方法包括各种技术和装置的模拟，如操作训练模拟器、机械的模型以及各种人体模型等。通过这类模拟方法可以对某些操作系统进行逼真的试验，可以得到从实验室研究外推所需的更符合实际的数据。由于模拟器或者模型通常比所模拟的真实系统便宜得多，又可以进行符合实际的研究，所以获得较多的应用。如图1-13所示的车辆碰撞人机系统的模拟与模型。

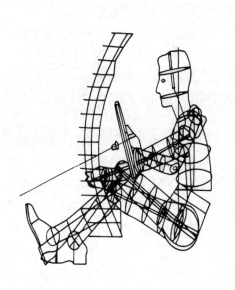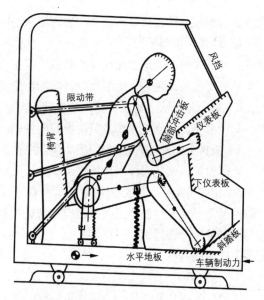

图1-13 车辆碰撞人机系统的模拟与模型

5. 数字人体模型法

随着数字技术的高速发展，在数字世界中建立人体模型成为可能，可利用数字人体模型模仿人的特征和行为，描述人体尺度、形态和人的心理等。数字人体模型可以使设计与产品的人机分析过程可视化（图1-14）。对于设计师和人机工程学家而言，数字人体模型具有以下优点：它能使产品的变量在设计的早期较明确化，且容易获取这些变量的发展趋势；它可以控制产品的某些特征，根据人的特性来决定产品的功能参数；可以借助数字人体模型进行产品的可用性测试。

图1-14 动车座椅的人体模型分析

6. 分析法

分析法是对人机系统获得了一定的资料和数据后采用的一种研究方法。人机工程学家通常在研究中采用以下几种分析方法。

（1）瞬间操作分析法 生产过程一般是连续的，人和机器之间的信息传递也是连续的。但要分析这种连续传递的信息很困难，因此只能用间歇性的分析测定法，即采用统计学中的随机取样法，对操作者和机器之间在每一间隔时刻的信息进行测定后，再用统计推理的方法加以整理，从而获得改善人机系统的有益资料。

（2）知觉与运动信息分析法 外界的信息要传递给人，首先由感知器官传到神经中枢，经大脑处理后产生反应信号，再传递给四肢，四肢接受指令后即对机器进行操作，被操作的机器状态又将信息反馈给操作者，从而形成一种反馈系统。知觉与运动信息分析法就是对这种反馈系统进行测定分析，然后用信息传递理论来说明人机之间信息传递的数量关系。

（3）动作负荷分析法　在规定操作所必需的最小间隔时间的条件下，采用计算机技术分析操作者连续操作的情况，从而可推算操作者工作的符合程度。另外，对操作者在单位时间内工作负荷进行分析，也可获得用单位时间的作业负荷率来表示的操作者的全工作负荷。

（4）频率分析法　对人机系统中的机械系统使用频率和操作者的操作动作频率进行测定分析，其结果可作为调整操作者负荷参数的依据。

（5）危象分析法　对事故或近似事故的危象进行分析，特别有助于识别容易诱发错误的情况，同时也能方便地查找出系统中存在的而又需要复杂的研究方法才能发现的问题。

（6）相关分析法　在分析法中，常常要研究两种变量：自变量和因变量。相关分析法的基本原则就是确定两种变量之间是否存在统计关系。在相关研究中并不系统地改变某一变量，而是尽可能使所有变量保持"自然状态"，以避免人为因素的干扰。因此，使变量保持自然状态是相关研究的特征。

第四节　设计与人机工程学

一、产品设计与人机工程学

从"以人为本"的设计观念来看，人机工程学是产品由设计概念的建立到生产、销售的理论基础和主导思想，尤其是产品设计与生产朝个性化、小批量、网络化方向发展时，这种倾向更为突出。设计面向的对象是消费个体而非群体，大市场的设计概念随着设计走向多元化、市场逐渐多样化，将转变为个性市场的设计概念，产品对于使用者个体而言，会更舒适、更协调、更人性化。

1. 产品设计各阶段的人机工程学内容

许多产品在投入使用后达不到预期的效果，究其原因，不仅与产品的工艺、性能、材料、可靠性等有关，更为重要的是与所设计的产品与人的特性不匹配有关。后一问题的产生，均可归结于在产品设计阶段未能进行人机工程研究的原因。在产品设计阶段，如果不注重研究使用者的生理、心理及行为特性，忽视人的因素，即使设计的产品本身具有很好的性能，投入使用后也不可能得到充分发挥，甚至还可能导致事故的发生。表1-1列出了产品设计各阶段需要考虑的人机工程设计内容，具体步骤可参见本章后的案例分析。

表1-1　产品设计五个阶段需要进行的人机工程设计内容

设计阶段	人机工程设计内容
概念设计	1. 考虑产品与人及环境的相互联系，全面分析人在系统中的具体作用
	2. 明确人与产品的关系，确定人与产品关系中各部分的特性及人机工程要求设计的内容
	3. 根据人与产品的功能特性，确定人与产品的功能分配

设计阶段	人机工程设计内容
方案设计	1. 从人与产品、环境方面进行分析，在提出的众多方案中按人机工程学原理进行比较分析
	2. 比较人与产品的功能特性、设计限度、人的能力限度、操作条件的可靠性以及效率预测，选出最佳方案
	3. 按最佳方案制作草模，进行模型测试，将测试结果与人机工程学要求进行比较，并提出修改意见
	4. 对最佳方案写出详细说明：方案结果、操作条件和内容、效率、维修的难易程度、经济效益、提出的修改意见
细节设计	1. 从人的生理、心理、行为特性考虑产品的外形，确定其功能
	2. 从人体尺寸、人的能力限度考虑，确定产品的零部件尺寸
	3. 从人的信息传递能力考虑信息显示与信息处理
	4. 从人的操作能力考虑控制器的外形、尺寸及其与信息显示的兼容性
	5. 根据以上确定的产品外形和零部件尺寸选定最佳方案，再次制作模型，进行检测
	6. 从操作者的人体尺度参数、操作难易程度等方面进行产品可用性评价，预测可能出现的问题，进一步确定人机关系的可行性程度，再次提出修改意见
总体设计	对总体设计用人机工程学原理进行全面分析，反复论证产品的可用性，确保产品操作使用与维修保养方便、安全与高效，有利于创造良好的环境条件，满足人的生理、心理需求，并使经济效益、工作效率最优化
生产设计	1. 检查与人有关的零部件尺寸、显示与控制装置
	2. 对试制出的样机进行人机工程学总体评价，提出修改意见，完善设计，正式投产
	3. 编写产品使用说明书

2. 产品设计中的人机分析

在产品设计中进行人机分析的主要目的就是，把一切可能给使用者造成不便甚至是危险的因素消灭在设计之初，使各系统能够安全、有效、协调地运转。当然，解决人机问题并不是产品设计中的唯一任务。设计师作为一个总的协调者，要考虑到产品在生产、销售、使用以及回收中的各种因素：形态、色彩、质地、功能、材料、工艺、费用、生产、销售、使用、回收等。人机问题要纳入整个系统中加以权衡取舍，不可片面地强调一方而忽视另一方。对于不同的产品，设计时考虑的重点不同。即使是同一类型的产品，针对不同的消费人群，其侧重点也不一样。譬如，同样是座椅的设计，对于工作椅与躺椅，其考虑的人机因素就有不同。前者主要用于工作场合，因此设计时以提高系统工作效率为主，兼顾使用者的舒适度。而后者则主要用来休息、休闲，因此舒适度就成为其设计重点。类似地，同样是手机的设计，针对年轻人和老年人两个不同的消费群体，其人机因素的侧重点就大不一样。对于年轻人而言，小巧、时髦、功能多样成为设计的重点，因此在考虑人机关系时就要很好地协调这些要素之间的矛盾与冲突。而对于老年人而言，由于受到视力下降、动作减慢、反应不灵敏这些生理因素的影响，在设计时就要将按键和屏幕设计得适当大一些，按键的功能尽量简化，菜单的显示和变换清晰明了。总之，设计师要善于抓住主要矛盾，为设计确定正确的方向。产品设计中的人机分析，大致有以下几个方面。

（1）使用者的分析　任何设计都是以人为本的，而且任何设计都针对一定的目标用户，因此，在人机系统设计中首先要对使用者进行分析，只有这样，才能使设计出的产品适合目标用户群的使用。

① 使用者的构成分析。任何产品的设计都是有针对性的。由于人与人之间在年龄、性别、国籍、地域、观念、文化程度、经济基础等方面均存在着明显的差异，不同的群体对产品就有不同的要求。一个好的设计师应该将使用者作为一个群体来对待、分析和研究，了解该群体的共性与个性，以便有针对性地设计产品。

② 使用者的生理因素分析。设计师对使用者生理状态的了解可以来自直接经验、间接经验和书本知识。几十年来，生理学家、心理学家、人体测量学家、人机工程学家以及行为学家等都致力于对人体的研究，从而为设计师了解人类自身提供了丰富的资料和数据，设计师因此可了解人类生理运行机制的原理和特点。作为设计师，也应该不断地积累这方面的知识。除此之外，通过亲身体验所获得的经验和感受也是不可或缺的。从某种意义上讲，这种亲身体验甚至比书本知识以及前人的经验更重要。当然，在直接经验不可能获得的情况下，譬如一个健康正常的人要想了解残疾人的生理状况，就必须借助观察、询问、调研等方法去间接体验，设计师由体验所获得的知识往往更真实、更生动、更直观，从而使设计出的产品更人性化。

③ 使用者的行为方式分析。每个人在长期的生活、工作中，在特定的国家、地区、风俗习惯等环境下，受其职业、种族、宗教信仰、受教育程度、年龄、性别等各种因素的影响，会形成某些固定的动作习惯、处世方式、办事方法等。一个人的行为方式会直接影响他（她）对产品的操作使用，因此，设计师必须考虑或者利用这些因素。譬如，在设计电脑鼠标时，一般将左键与右键的功能区分开来，且常将右手为利手的使用者作为使用对象，但对于一些习惯使用左手的人而言，也就是我们常说的左利手，这样的鼠标的操作效率是可想而知的。

（2）使用环境分析　这里所说的环境是指影响产品人机关系的外界的限制性因素，包括物理环境和社会环境，如产品使用的气候、季节、场所、时间、安全性等。因为使用环境不同，街头休息椅与家庭躺椅就会有不同的设计要求，其使用条件和使用目的也会有很大的不同，这些都规定了设计活动的场所。设计者应使自己设计的产品在各种条件下都美观大方、安全耐用、使用方便，保持良好的人机关系。

（3）使用过程分析　对使用过程进行分析需要深入、仔细、科学。一些产品中的人机不匹配问题，不是仅凭常识就可以发现的，有时甚至在短时间内使用也体会不到。然而，如果长期使用该产品，其影响与危害性就会日积月累，最终导致对人体身心健康的伤害。这种问题尤其容易发生在工作场合，许多职业病如颈椎炎、肩周炎、腰肌劳损、静脉曲张、腕管综合征等以及其他一些疾病都与长期采用不合理的工作姿势有关。因此，在设计人们长时间、高频率使用的产品时，要认真地进行使用过程分析。使用过程分析一般包括以下步骤。

① 展示动作。借助辅助性的功能模型可展示使用过程，通过反复测试和使用来发现其中的问题。在这里，"反复"起着很重要的作用，人体有一种自动寻求省力的能力和本能，不合理的动作和使用方式重复的次数一多自然会被发现。图1-15是人体坐姿的分析研究。

② 记录动作。动作记录就是把展示的过程用摄像机、照相机、计时器、生理监测仪、脑

电仪等辅助设备记录下来，或者采用观察、询问、座谈、笔录的方式记下被测人员诉说的生理和心理感受（图1-16）。无论采用何种方法，都要保证记录结果的真实性。

图1-15 人体坐姿分析

图1-16 老年人户外健身行为观察

③ 分解动作。将整个动作过程分解成一系列单个的、简单的动作，并且详细记录下整个动作所花的时间、动作幅度的大小、动作活动的范围、完成这一动作的难易程度、获得的经验等（图1-17）。

④ 对动作分类。对动作分类是整个使用过程分析中最关键的环节，分类结果的好坏直接影响到设计的优劣。根据吉尔布雷斯夫妇的分类，可以将动作分成有效动作、辅助性动作和无效动作三大类，共18种动素（表1-2）。有效动作就是完成一项工作或者任务时所必需的动作，也可以称之为必要动作。譬如，厨房作业时拿取砧板和食材、切菜、洗菜等都属于有效动作（表1-3）。辅助性动作并不直接完成作业任务，有推迟有效动作的趋向，尽可能降低到最低为好。譬如，预先准备食材、寻找烹饪工具等就属于这一类动作。大多数

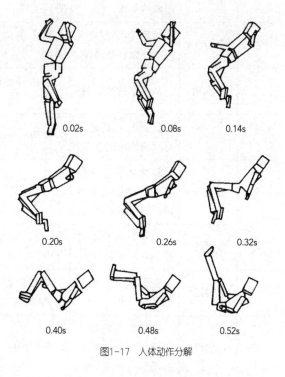

图1-17 人体动作分解

时候，有效动作和辅助性动作的界限不是很明显。最后一类动作是对完成作业没有任何帮助和益处的无效动作，又可称作多余动作，一定要设法消除。如老年人在厨房操作时，有时候手拿刀具，不知道下一步该如何操作。但是这些动作有时难以避免，特别是在注意力不集中、身体较疲倦或者操作不熟练时尤其难以消除。

表1-2　吉尔布雷斯动素分析表

序号	名称	定义	起点（瞬间）	终点（瞬间）	前接动素	后接动素	动素类型
1	伸手/TE	空手移动，伸向目标	手开始伸出	当手刚触及目的物	放手	握取	有效
2	移物/TL	手持物从一处移至另一处	手有所负荷并开始朝向目的地移动	有所负荷的手抵达目的地	握取	对准/放手	有效
3	握取/G	利用手指充分控制物体	手指或手掌环绕物体，欲控制该物体	物体已被充分控制	伸手/移物	持住	有效
4	装配/A	为了两个以上的物件的组合而做的动作	两个物件开始接触	两个物件完全配合	对准/预对	放手	有效
5	使用/U	利用器具或装置所做的动作	开始控制工具进行工作	工具使用完毕	/	/	有效
6	拆卸/DA	对两个以上组合的物体做分解动作	两个物体开始分离	两个物体完全分离	握取	移物/放手	有效
7	放手/RL	从手中放掉东西	手指开始脱离物体	手指完全脱离物体	/	/	有效
8	检查/I	产品和所制定的标准做比较的动作	开始检验物体	产品质量的优劣被决定	/	/	有效
9	定位/P	将物体放置于所需的正确位置为目的而进行的动作	开始放置物体至一定方位	物体已被安置于正确方位	/	/	辅助
10	寻找/Sh	确定目的物的位置的动作	眼睛开始致力于寻找	眼睛找到目的物	/	/	辅助
11	选择/St	在同类物件中选取其中一个	寻找的终点即为选择的起点	物件被选出	/	/	辅助
12	计划/Pn	在操作进行中为决定下一步骤所作的考虑	开始考虑	决定行动	/	/	辅助
13	发现/F	东西已找到的瞬间动作	眼睛开始寻找到物体	眼睛已找到物体	/	/	辅助
14	预定位/PP	物体定位前，先将物体安置到预定位置	开始放置物体至一定方位	物体已被安置于正确方位	/	/	辅助

序号	名称	定义	起点（瞬间）	终点（瞬间）	前接动素	后接动素	动素类型
15	持住/H	手握物并保持静止状态，又称拿住	用手开始将物体定置于某一方位	当物体不必再定置于某一方位上为止	握取	放手	无效
16	休息/R	因疲劳而停止工作	停止工作	恢复工作	/	/	无效
17	迟延/UD	不可避免的停顿	开始等候	连续开始工作	/	/	无效
18	故延/AD	可以避免的停顿	开始停顿	开始工作	/	/	无效

表1-3 老年人部分厨房行为动素记录

序号	关键行为	子行为	左手		右手		所在功能分区	备注
			动作内容	动素简写	动作内容	动素简写		
1	切（菜）	a 拿菜	拿菜	G	空闲	—	备餐	弯腰
		b 拿砧板	拿菜	G	拿砧板	G		
		c 移动砧板、菜	拿菜	TL	拿砧板	TL		
		d 放砧板	放菜	RL	放置砧板	RL		
		e 拿刀	空闲	—	拿刀	G		
		f 切菜	控制食材	G	拿刀	U		
		g 切菜完毕	放下食材	RL	放下刀	RL		
2	扔	—	扔掉废弃食材	RL	空闲	—	—	—
3	洗	a 洗刀	打开关闭水龙头	U	拿刀	G	洗涤	弯腰
		b 放回刀	空闲	—	放回刀	RL		

⑤ 重组动作。按照动作经济原则把各个动作进行挑选、改进与完善、重新组合和再设计，把它们变成一组同时满足系统目标和使用者两方面要求的动作序列，按这一动作序列设计产品或产品系统。

以上的分析过程是从纯推理的角度来进行的动作分析。在实际中，人的许多动作从完成工作的角度来讲是多余的，但是从生理乃至心理角度来看却是必需的，如伸腰、弯腿、抬胳膊、耸肩这类动作是人为了调整姿势、减轻疲劳、调节身心的有力手段。有些完全的下意识行为却是人心理的需要。从人机关系来看，这些看似无效的动作却是提高工作效率、促进身心健康所必需的，所以说，某些完全机械地按照"经济"原则重组的动作反而不是最"经济"的。要解决产品设计中的人机问题，也不存在一种十全十美的程序或者过程，只有依靠设计师的工作热情、责任感、创造力和社会意识，加上科学的设计方法，才能产生出优良的设计。

二、人机工程学在设计中的应用

人机工程学研究的内容在设计中的应用可概括为以下几个方面。

1. 为设计中"人的因素"提供人体尺度参数

一切"物"都是为人所使用和操纵的，在人机系统中如何充分发挥其能力，保护其功能，并进一步发挥其潜在的作用，是人-机-环境系统研究中最重要的环节之一。为此，必须应用人体测量学、生物力学、生理学、心理学等学科的研究方法，对人体的结构和机能特征进行研究，提供人体各部分的尺寸、重量、体表面积、比重、重心以及人体在活动时的相互关系和包络面范围等人体结构特征参数；提供人体各部分的出

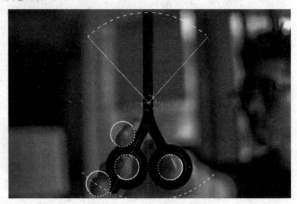

图1-18 人机分析示意图

力范围、出力方向、活动范围、动作速度与频率、重心变化以及动作习惯等人体机能参数；分析人的视、听、触、嗅以及肤觉等感受器官的机能特征；分析人在各种工作和劳动中的生理变化、能量消耗、疲劳机制以及人对各种工作和劳动负荷的适应能力和承受能力；探讨人在工作或劳动中的心理变化以及其对工作效率的影响（图1-18）。

2. 为设计中"物"的功能合理性提供科学依据

设计就是为满足人类不断增长的物质和精神需要，为人类创造一个更为合理、舒适的生活方式。任何一种生活方式，都是以一定的物质为基础，体现人的精神需求。因此，在设计中，除了要充分考虑人的因素之外，"物"的功能合理、运作高效也是设计师要加以解决的主要问题。如何使"物"与人的各种功能相匹配，从而达到最优化，创造出与人的生理、心理机能相协调的"物"，也是当今设计在功能问题上的新课题。譬如，在考虑人机界面的功能问题时，如显示器、控制器、工作台和工作座椅等部件的形状、大小、色彩、语义以及布局方面的设计基准，都是以

图1-19 宜家马尔姆六屉柜

人机工程学提供的参数和要求为设计依据。如图1-19所示的宜家马尔姆六屉柜在"物"的功能合理性上就存在设计问题，从而导致儿童安全隐患。

3. 为设计中的"环境因素"提供设计准则

众所周知，任何人都不可能离开一定的环境生存和工作，任何机器（产品）也不可能脱离一定的环境而运转。环境影响人的生活、健康、安全，特别是影响其工作能力的发挥，影响机器正常运行和性能。人机工程学通过研究外界环境中各种物理的（如声、光、热等）、化学的（如有害有毒物质）、生理的（如疾病、药物、营养等）、心理的（如动机、恐惧、心理负荷等）、生物的（如病毒、微生物等）以及社会的（如经济、文化、制度、习俗、政治等）因素对人体的生理、心理以及工作效率的影响程度，从而确定人在生产、工作和生活中所处的各种环境的舒适程度和安全限度。从保证人的高效、安全、健康和舒适出发，为设计中考虑"环境因素"提供分析评价方法和设计准则。

4. 为设计中"人-机-环境系统"的协调提供理论依据

人-机-环境系统中人、机、环境三个要素之间相互作用、相互依存的关系决定着系统总体性能的优劣。系统设计通常是在明确系统总体要求的前提下，着重分析和研究人、机、环境三个要素对系统总体性能的影响，系统中各个要素的功能及其相互关系，如人和机的职能如何分工与配合，环境如何适应人、机，机器又对人和环境有怎样的影响，等等。经过不断修正和完善三要素的结构方式，最终确保系统最优组合方案的实现。这是人机工程学为产品设计开拓的新的设计思路，并为其提供了独特的设计方法和相关的理论依据。

5. 为"以人为本"的设计思想提供工作程序

产品设计的对象是产品，但设计的最终目的并不是产品，而是满足人的需要，即设计是为人的设计。在产品设计中，人既是设计的主体，又是设计的服务对象，一切设计的活动和成果，归根结底都是以人为目的。

产品设计运用科学技术创造人的生活和工作所需要的物与环境，设计的目的就是使人与物、人与环境、人与人、人与社会相互协调，其核心是设计中的"人"。从人机工程学和工业设计两学科的共同目标来评价，判断两者最佳平衡点的标准，就是在设计中坚持"以人为本"的思想。"以人为本"的设计思想具体体现在产品设计中的各个阶段都应以人为主线，将人机工程学的各项原理和研究成果贯穿于设计的全过程。即使是AR产品，依然需要保证所有交互对象以"人"为中心。这一方面要求AR产品设计的交互流程都在当前认知范围内，另一方面要求做到防错和容错，比如提供撤销或重做功能，提供可操作的错误或修改提示等（图1-20）。

图1-20 AR产品使用图

第五节　人机工程学课程目标

　　人机工程学是一门独立的学科，不仅是工业设计、产品设计，而且诸如工业自动化、管理工程、机械、武器、航空等专业也要了解和学习人机工程学。我们应该学什么，优势又在哪里呢？产品设计涉及人机工程学，这是不容置疑的，但两者还是有差别的。人机工程学是从科学的角度出发，为设计提供依据，属于科学的范畴。学习人机工程学的目的在于设计实践，如果不能将人机工程学知识和原理有效地运用到产品设计上，就产品设计而言，是没有意义的。因此，学习人机工程学关键就是要理解三点：理解人机工程学的科学性；理解人机工程学和设计学的结合；理解人机工程学的核心理念。

　　本课程是工业设计和产品设计专业的基础课程，与专业内的设计课程以及其他设计专业联系紧密，既有知识传授，也有能力培养，还有价值引领，对学生的毕业设计具有重要的支撑作用。课程的总目标是：通过人机工程学的学习，加深对"人"与"物""环境"等研究对象科学、全面的了解，掌握人机工程学的基本理论和技术科学知识，了解本专业学习、工作与人机工程学的关系及相互作用；培养学生正确、科学的人机工程学观念以及实测、统计、分析的研究方法，学会运用基本理论、原理，用以解决实际设计过程中具体问题的综合能力。

　　具体而言，课程可分为以下几个学习目标。

　　课程目标一： 了解人机工程学的概貌，重点在于学习人机工程学的起源与发展，了解我国人机工程学的发展历程如何体现出我国科技的迅猛发展趋势，深刻认识中华传统造物的设计理念，继承我国优秀传统文化的精髓，激发民族自豪感。通过学习人机工程学的研究原则、步骤、内容与方法，树立正确的职业素养和职业道德，提升社会责任感，增强担当意识，主动担起服务人类的神圣职责。

　　课程目标二： 重点把握人体数据的测量与数据的运用。理解适应域、百分位、百分位数等专业术语，掌握人体测量中的主要统计函数并能掌握人体尺寸的应用方法。从人的生理特征角度，对工程设计、工作安排、环境布置等提出必要的数据和要求。

　　课程目标三： 通过学习理解人的信息处理与运动输出，重点理解感觉与知觉的特征，对视觉、听觉特性与视觉显示装置设计的具体设计应用。例如，标志及图形符号设计，尤其是信息显示界面设计。复杂人机系统如飞机驾驶舱、工程机械等信息显示的复杂度越来越高，显示仪表设计需适应新的形势发展，因此信息显示界面的设计是学习目标。另外，手、足部控制装置设计也是研究内容。学会运用人的生理、心理特征进行显示器、控制器的设计与合理布局，实现人机交互的安全性、舒适性与效率。

　　课程目标四： 掌握工作台椅和作业空间设计的基本原则、作业空间设计的基本要求和社会心理因素。对工作空间布局、工作站设计进行指导和改善，实现安全、健康的作业设计，解决空间布局等人因问题。除了理论教学外，要做好相应的调查和课题设计，注重学生动手能力的培养和对理论的实际应用；注重实践能力的培养，并在理论基础巩固的基础上，尽可能多地将理论知识与实践设计训练相结合，使学生学以致用。以办公座椅的提升促进办公环境的设计为例，强调一切以人为本，注重个性化需求。

课程目标五： 人对环境的适应程度，掌握噪声、照明、色彩等对人的心理、工作效率的影响。在讲授基础上，调研学校的金工实习车间、食堂或教室等环境，引导学生查阅资料，并进行课后学习兴趣小组讨论，写出全面设计或评估报告，培养学生综合分析问题的能力。

复习题

1. 回答出人机工程学的英文名称，并理解其深刻内涵。
2. 国际人类工效学学会（IEA）对人机工程学的定义发生了哪些变化？
3. 人机工程学经历了怎样的发展历程？
4. 人机工程学学科和产品设计的关系如何？

思考分析题

1. 在生活中发现和寻找不符合人机设计的产品进行分析，并尝试提出解决方案。
2. 针对切尔诺贝利核电站等你所了解的与人机有关的重大事故，谈谈你对人机工程学研究的理解与掌握。
3. 结合我国空间站的建立，谈谈人机工程学在现代设计中的作用与意义。
4. 观察日常生活或工作中的某项操作，用动素分析表对其行为动作进行分析，运用动作经济原则对其进行改善，提高操作绩效。

案例分析——贝尔电话的设计演变

本案例主要通过德雷夫斯设计小组为贝尔公司进行的一系列电话改进设计，学习掌握产品设计阶段中的人机分析步骤，更好地理解如何在设计中应用人机工程学的原理和方法。

▶ 扫码查看 ◀
案例详情

第二章

人体测量与
数据运用

第一节　人体测量的基本知识

人体测量学（anthropometry）是人类学的一个分支学科，主要研究人体测量和观察方法，并通过对人体整体测量与局部测量和观察来探讨人体的特征、类型、变异和发展。人体测量包括骨骼测量和活体测量两部分。人体测量对人类学的理论研究和国计民生都具有重要意义。从人机工程学角度来讲，人体测量学是人机工程学的主要组成部分。在设计时，要使人与产品（或设施）相互协调，就必须对产品（或设施）同人相关的各种装置作适合于人体形态、生理以及心理特点的设计，让人在使用过程中处于舒适的状态并方便地使用产品（或设施）。为此，设计师应了解人体测量学的基本知识，并熟悉人体测量基本数据。包括人体高度、人体重量，以及人体各部分长度、厚度、比例及活动范围等。

一、人体测量的基本术语

《用于技术设计的人体测量基础项目》（GB/T 5703—2010）规定了人机工程学使用的人体测量术语和人体测量方法，适用于成年人和青少年借助人体测量仪器进行的测量。标准规定：只有在被测者姿势、测量基准面、测量方向、测点等符合下列要求的前提下，测量数据才是有效的。

1. 体形

体形指人体外形特征及体格类型，它随性别、年龄、人种等不同会产生很大差异，体形与遗传、体质、疾病及营养有密切关系。一般人体体形的确定，是以身体五种部位的直径（围幅）大小为依据的。这五种部位是：头、脸和颈部；上肢（包括肩、臂和手）；胸；腹部和臀部；腿和足。人体测量中将人体体形分为肥胖形、瘦长形和标准形三种。

（1）肥胖形　身材肥满（腹、臀部尤为明显），脸圆胖，骨骼细小，肌肉柔软圆滑，皮下脂肪厚，给人一种体态臃肿感觉的体形特征。

（2）瘦长形　身材瘦小，体重较轻，骨骼细长，皮下脂肪少，动作敏捷，行走步幅较大，犹如竹竿形象的体形特征。

（3）标准形　身材均匀，骨骼较硬，力量强而有力，肌肉发达而强劲，丰满而不肥胖，结实而不瘦长，是人体测量对象的基本体形。

这三种体形的不同，主要在于肌肉与脂肪附着层的差异，它们的体表标志点并没有变化。

2. 测量姿势

人体测量的主要姿势分为以下两种。

（1）立姿　被测者挺胸直立，头部以眼耳平面定位，双目平视前方，肩部放松，上肢自然下垂，手伸直，手掌朝向体侧，手指轻贴大腿侧面，膝部自然伸直，左、右足后跟并拢，前端分开，使两足大致成45°夹角，体重均匀分布于两足。为确保立姿正确，被测者应使足后跟、臀部和后背部与同一铅垂面相接触。

（2）坐姿　被测者挺胸坐在被调节到腓骨高度的平面上，头部以眼耳平面定位，双目平视前方，左右大腿大致平行，膝大致屈成直角，足平放地面上，手轻放在大腿上。为确保坐姿正确，被测者的臀部、后背部应同时靠在同一铅垂面上。

无论采取何种姿势，身体都必须保持左右对称，由于呼吸而使测量值有变化的测量项目，应在呼吸平静时进行测量。

3. 测量基准面

人体测量的基准面主要有矢状面、冠状面和水平面，它们是由相互垂直的三个轴（铅垂轴、纵轴和横轴）来定位的（图2-1）。

（1）矢状面　通过铅垂轴和纵轴的平面及其平行的所有平面都称为矢状面。在矢状面中，把通过人体正中线的矢状面称为正中矢状面。正中矢状面将人体分成左、右对称的两个部分。

（2）冠状面（或额状面）　通过铅垂轴和横轴的平面及其平行的所有平面都称为冠状面。冠状面将人体分成前、后两部分。

（3）水平面　与矢状面和冠状面同时垂直的所有平面都称为水平面。水平面将人体分成上、下两部分。

（4）眼耳平面　通过左、右耳屏点及右眼眶下点的水平面称为眼耳平面（又叫法兰克福平面）。

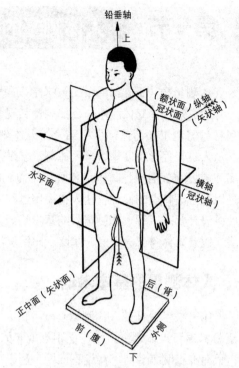

图2-1　人体测量的基准面和基准轴

4. 测量基准轴

（1）铅垂轴　通过各关节中心并垂直于水平面的一切轴称为铅垂轴。

（2）纵轴（或矢状轴）　通过各关节中心并垂直于冠状面的一切轴称为纵轴。

（3）横轴（或冠状轴）　通过各关节中心并垂直于矢状面的一切轴称为横轴。

5. 测量方向

（1）头侧端与足侧端　在人体上、下方向上，将上方称为头侧端，将下方称为足侧端。

（2）内侧与外侧　在人体左、右方向上，将靠近正中矢状面的方向称为内侧，将远离正中矢状面的方向称为外侧。

（3）近位与远位　在四肢上，将靠近四肢附着部位的称为近位，将远离四肢附着部位的称为远位。

（4）桡侧与尺侧　在上肢上，将桡骨侧称为桡侧，将尺骨侧称为尺侧。

（5）胫侧与腓侧　在下肢上，将胫骨侧称为胫侧，将腓骨侧称为腓侧。

二、人体测量类型及方法

人体形态测量数据主要有两类，即静态人体尺寸（或称人体构造尺寸）和动态人体尺寸（或称人体功能尺寸）。

1. 静态人体尺寸测量

静态人体尺寸测量是指被测者静止地站着或坐着进行的一种测量方法。静态测量的人体尺寸用于工作区间的大小、家具、产品界面元件以及一些工作设施等的设计依据。

2. 动态人体尺寸测量

动态人体尺寸测量是指被测者处于动作状态下所进行的人体尺寸测量。动态人体尺寸测量的重点是测量人在执行某种动作时的身体动态特征。图2-2为驾驶车辆的静态图和动态图。静态图强调驾驶员与驾驶座位、方向盘、仪表等的物理距离；动态图则强调驾驶员身体各部位的动作关系。

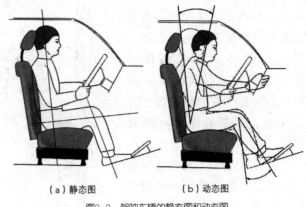

（a）静态图　　　　（b）动态图

图2-2　驾驶车辆的静态图和动态图

动态人体尺寸测量的特点是：在任何一种身体活动中，身体各部位的动作并不是独立完成的，而是协调一致的，具有连贯性和活动性。例如，手臂可及的极限并非唯一由手臂长度决定，它还受到肩部运动、躯干的扭转、背部的屈曲以及操作本身特性的影响。由于动态人体尺寸测量受多种因素的影响，故难以用静态人体尺寸测量资料来解决设计中的有关问题。动态人体尺寸测量通常是对手、上肢、下肢、脚所及的范围以及各关节能达到的距离和能转动的角度进行测量。

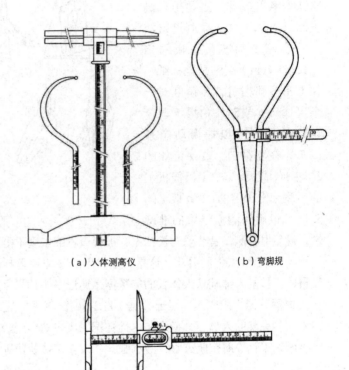

（a）人体测高仪　　　　（b）弯脚规

（c）直脚规

图2-3　常用人体测量仪器

3. 人体尺寸的测量方法

人体尺寸测量的方法主要有以下三种：普通测量法、摄像法、三维数字化人体测量法。

（1）普通测量法　在人体尺寸参数的普通测量法中，所采用的人体测量仪器有：人体测高仪、人体测量用直脚规、人体测量用弯脚规、人体测量用三脚平行规、坐高仪、量足仪、角度计、软卷尺以及医用磅秤等（图2-3）。我国对人体尺寸测量专用仪器已制定了标准，而通用的人体测量仪器可采用一般的人体生理测量的有关仪器。

测量应在呼气与吸气的中间进行。其次序为：从头向下到脚；从身体的前面，经过侧面，再到后面。测量时只许轻触测点，不可压紧皮肤，以免影响测量值的准确性（图2-4）。

测量项目应根据实际需要确定。如确定座椅尺寸，则需测定坐姿小腿加足高、坐深、臀宽，并测定人体两种坐姿——端坐（最大限度的挺直）与松坐（背部肌肉放松）的尺寸，以便确定靠背的倾斜度。

（2）摄像法　摄像法测量人体尺寸参数，是利用摄像机与带光源和坐标的投影板等仪器获取测量数据，主要用来测量动态人体尺寸。其测量方法为：在测量前布置背板网格（1cm×1cm）或粘贴坐标纸，并准备多部相机，多角度对一个身体尺寸或动作拍摄（调查动作特征时可以拍摄动态录像）。在测量中，要保证如图2-5中1（背板）与2（摄像机）的距离大于10倍的1（背板）的高度，以确保测量结果的准确

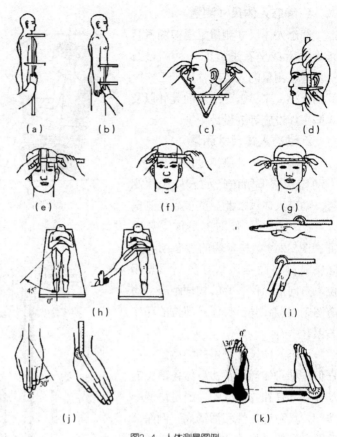

图2-4　人体测量图例

性。测量时，测试者还要对被拍摄、被调查者的主观不舒适区域的阐述做文字记录。

（3）三维人体测量法　这是目前常用的一种测量方法。通过使用光学技术结合光传感器装置，不接触人体捕获人体表面的数据。通过多个信息采集器进行多角度的信息采集，每个信息采集器获得不同的人体点云数据（图2-6）。将采集的信息处理后通过计算机进行图像的拼接，得到完整的人体三维模型。这种数据采集方法运用较广，尤其是特殊装备的数据采集，如特种服装设计（航空航天服、潜水服）、人体特殊装备等。

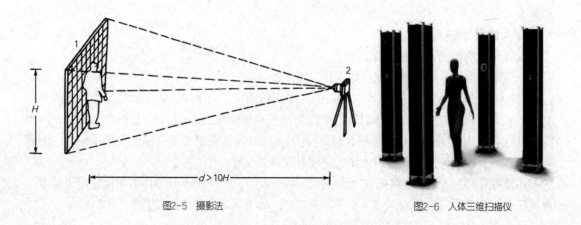

图2-5　摄影法　　　　　　　　　　图2-6　人体三维扫描仪

第二节　常用人体测量数据

一、影响人体测量数据差异的因素

人体测量数据的差异通常与年龄、性别、年代、地区与种族、职业等因素有关。

1. 年龄

人体尺寸的增长，一般男性在20岁结束，女性在18岁结束。通常男性15岁、女性13岁时的尺寸就达到一定的值。男性17岁、女性15岁时脚的大小也基本定型。成年人身高随年龄的增长而收缩一些，但体重、肩宽、腹围、臀围、胸围却随年龄的增长而增加（图2-7）。

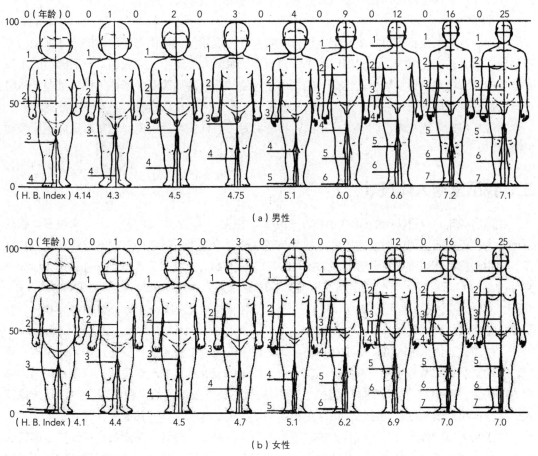

（a）男性

（b）女性

图2-7　人体不同年龄层次的身高尺寸比例

2. 性别

在男性与女性之间，人体尺寸、重量和比例关系都有明显差异。在大多数人体尺寸中，男性都比女性大些，但有些尺寸如胸厚、臀宽及大腿周长，女性比男性大。即使在身高相同的情况下，男女身体各部分的比例也是不同的。同整个身体相比，女性的手臂和腿较短，躯干和头占的比例较大，肩较窄，盆骨较宽。男女在皮下脂肪厚度及脂肪层在身体的分布上，也有明显差别。

3. 年代

随着人类社会的不断发展，卫生、医疗、生活水平的提高，以及体育运动的大力开展，人类的生长和发育也发生了变化。据调查显示，欧洲居民每隔10年身高增加1~1.4cm；荷兰城市男性青年1914年至2014年的100年间身高增长14cm；《中国居民营养与慢性病状况报告（2020年）》显示，2015年至2019年中国成人平均身高继续增长，18~44岁男性和女性的平均身高分别为169.7cm和158.0cm，与2015年发布结果相比分别增加1.2cm和0.8cm。身高的变化，势必带来其他形体尺寸的变化。

4. 地区与种族

不同国家、地区、种族的人体尺寸差异较大，即使是同一国家，不同区域也有差异。在我国成年人体测量工作中，从人类学的角度，将全国成年人人体尺寸分布划分为六个区域。在进行工业设计或工程设计时，应考虑不同国家、不同区域的人体尺寸差异。

5. 职业

不同职业的人在身体尺寸及比例上也存在着差异，例如，一般体力劳动者的尺寸都比脑力劳动者的稍大些。在美国，工业部门的工作人员要比军队人员矮小；在我国，一般部门的工作人员要比体育运动员身材矮小。也有一些人由于长期的职业活动改变了形体，使其某些身体特征与人们的平均值不同。因此，为特定的职业设计工具、用品和环境时，必须予以特别注意。

另外，数据来源不同、测量方法不同、被测者是否有代表性等因素，也常常造成测量数据的差异。

二、我国常用人体尺寸

我国1989年7月1日实施的GB/T 10000—1988《中国成年人人体尺寸》一直以来被多个标准引用，为各行业所使用。但人体尺寸数据具有较强的时效性，一般每10年就需修订一次，2021年，由中国标准化研究院等单位负责按照GB/T 1.1—2020《标准化工作导则 第1部分：标准化文件的结构和起草规则》的规定起草标准《中国成年人人体尺寸》（计划号20200842—T—469），此标准发布后将代替GB/T 10000—1988《中国成年人人体尺寸》与GB/T 13547—1992《工作空间人体尺寸》。

《中国成年人人体尺寸（征求意见稿）》适用于成年人消费用品、交通、服装、家居、建筑、劳动防护、军事等生产与服务产品、设备、设施的设计及技术改造更新，以及各种与人体尺寸相关的操作维修、安全防护等工作空间的设计及其工效学评价，使其适合中国人人体特征，提升产品的安全性和舒适性。该意见稿给出了我国成年人（18~70岁）人体基础尺寸（结构尺寸）和人体功能尺寸的基础数据统计值，涉及人体站姿、坐姿、头面部、手部、足部等部位共52项人体基础尺寸数据，以及两臂展开、两肘展开、跪姿、爬姿、俯卧姿等特定姿势下的16项功能尺寸数据，并按男、女性别分开列表。

1. 我国成年人人体结构尺寸

（1）人体主要尺寸　GB/T 10000—1988《中国成年人人体尺寸》给出体重、身高、上臂长、前臂长、大腿长、小腿长共6项人体主要尺寸数据。除体重外，其余5项主要尺寸的部位见图2-8。表2-1为我国成年人人体主要尺寸。

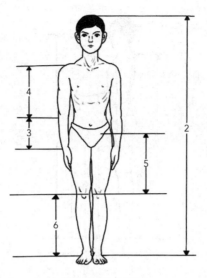

图2-8　人体主要尺寸

表2-1　我国成年人人体主要尺寸

测量项目	年龄分组												
	男（18~70岁）							女（18~70岁）					
	百分位数												
	1	5	10	50	90	95	99	1	5	10	50	90	95	99
1. 体重/kg	46.4	51.5	54.6	67.5	82.9	88.1	100.3	40.5	44.5	46.9	56.7	69.8	74.5	84.1
2. 身高/mm	1526	1577	1620	1686	1773	1800	1860	1438	1478	1499	1571	1650	1673	1724
3. 上臂长/mm	278	289	296	318	339	347	358	256	267	271	292	311	318	332
4. 前臂长/mm	199	210	217	235	256	263	274	188	195	202	217	238	242	253
5. 大腿长/mm	403	424	434	469	506	517	537	374	395	405	441	476	487	508
6. 小腿长/mm	320	336	345	374	405	415	434	297	310	318	345	375	383	401

（2）立姿人体尺寸　该标准中提供的成年人立姿人体尺寸有：眼高、肩高、肘高、手功能高、会阴高、胫骨点高，这6项立姿人体尺寸的部位见图2-9，相对应的我国成年人立姿人体尺寸见表2-2。

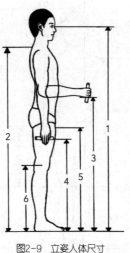

图2-9　立姿人体尺寸

表2-2　我国成年人立姿人体尺寸　　　　　　　　　　　　　　　　单位：mm

测量项目	年龄分组												
	男（18~70岁）							女（18~70岁）					
	百分位数												
	1	5	10	50	90	95	99	1	5	10	50	90	95	99
1. 眼高	1414	1462	1486	1565	1650	1677	1730	1327	1364	1383	1454	1530	1553	1601
2. 肩高	1236	1279	1299	1371	1450	1473	1525	1159	1194	1212	1276	1345	1366	1410
3. 肘高	921	956	974	1036	1102	1121	1161	867	894	909	963	1019	1035	1070
4. 手功能高	898	693	703	752	804	818	843	754	674	665	707	751	764	790
5. 会阴高	627	655	671	728	790	807	849	618	640	653	699	749	765	798
6. 胫骨点高	389	405	415	445	477	488	509	358	372	381	409	440	449	468

（3）坐姿人体尺寸　该标准中提供的成年人坐姿人体尺寸有：坐高、坐姿颈椎点高、坐姿眼高、坐姿肩高、坐姿肘高、坐姿大腿厚、坐姿膝高、坐姿小腿加足高（腘高）、坐姿臀-腘距、坐姿臀-膝距、坐姿下肢长，这11项坐姿人体尺寸的部位见图2-10，相对应的我国成年人坐姿人体尺寸见表2-3。

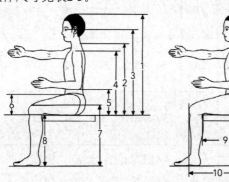
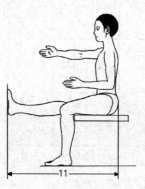

图2-10　坐姿人体尺寸

表2-3　我国成年人坐姿人体尺寸　　　　　　　　　　　　　　　单位：mm

测量项目	年龄分组												
	男（18~70岁）							女（18~70岁）					
	百分位数												
	1	5	10	50	90	95	99	1	5	10	50	90	95	99
1. 坐高	827	856	870	918	968	979	1007	776	805	820	863	906	921	943
2. 坐姿颈椎点高	599	621	635	672	715	726	746	560	581	592	628	664	675	697
3. 坐姿眼高	708	737	752	798	845	856	881	664	690	701	745	787	798	823
4. 坐姿肩高	534	560	570	610	653	664	686	498	520	531	570	607	617	636
5. 坐姿肘高	199	220	231	267	303	314	336	188	209	220	253	289	296	314
6. 坐姿大腿厚	112	123	130	148	170	177	188	108	116	123	137	155	163	173
7. 坐姿膝高	443	462	471	504	536	547	567	417	432	440	469	501	511	531
8. 坐姿腘高	361	378	386	413	442	450	469	341	351	356	380	408	418	439
9. 坐姿臀-腘距	407	427	438	472	507	518	538	396	416	426	459	492	503	524
10. 坐姿臀-膝距	508	525	535	567	601	613	635	489	506	514	544	577	588	607
11. 坐姿下肢长	830	872	892	956	1025	1045	1086	792	833	849	904	960	977	1015

（4）人体水平尺寸　该标准中提供的成年人人体水平尺寸有：胸宽、胸厚、肩宽、最大肩宽、臀宽、坐姿臀宽、坐姿两肘间宽、胸围、腰围、臀围，这10项人体水平尺寸的部位见图2-11，相对应的我国成年人人体水平尺寸见表2-4。

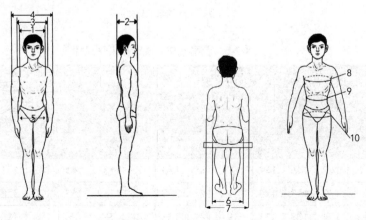

图2-11　人体水平尺寸

表2-4　我国成年人人体水平尺寸　　　　　　　　　　　　单位：mm

测量项目	年龄分组												
	男（18～70岁）							女（18～70岁）					
	百分位数												
	1	5	10	50	90	95	99	1	5	10	50	90	95	99
1. 胸宽	235	254	265	298	330	339	356	233	247	255	283	312	319	335
2. 胸厚	172	184	191	218	247	254	270	168	180	186	212	240	249	265
3. 肩宽	338	353	361	386	411	419	435	308	323	330	354	377	383	395
4. 最大肩宽	398	413	421	449	481	490	510	365	377	384	409	439	449	470
5. 臀宽	291	303	309	334	359	367	382	281	293	299	323	349	358	375
6. 坐姿臀宽	292	308	316	346	379	388	410	293	308	317	348	382	392	414
7. 坐姿两肘间宽	352	376	390	445	505	524	566	317	338	352	410	474	492	529
8. 胸围	770	809	832	927	1033	1064	1123	746	783	804	896	1009	1042	1110
9. 腰围	643	687	713	849	987	1023	1096	599	639	663	782	924	965	1047
10. 臀围	809	845	863	938	1018	1042	1098	802	837	854	921	1009	1040	1111

（5）头面部人体尺寸　该标准中提供的成年人头面部人体尺寸有：头宽、头长、形态面长、瞳孔间距、头围、头矢状弧、耳屏间弧、头高，这8项头面部人体尺寸的部位见图2-12，相对应的我国成年人头面部人体尺寸见表2-5。

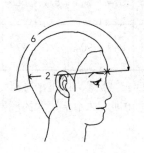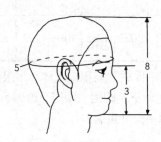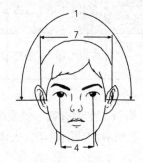

图2-12　头面部人体尺寸

表2-5　我国成年人头面部人体尺寸　　　　　　　　　　　　单位：mm

测量项目	年龄分组												
	男（18～70岁）							女（18～70岁）					
	百分位数												
	1	5	10	50	90	95	99	1	5	10	50	90	95	99
1. 头宽	142	146	149	158	167	170	176	137	141	143	151	159	162	168
2. 头长	170	175	178	187	197	200	205	162	167	170	178	187	189	194
3. 形态面长	104	108	111	119	129	133	144	96	100	102	110	119	122	130

测量项目	年龄分组												
	男（18~70岁）							女（18~70岁）					
	百分位数												
	1	5	10	50	90	95	99	1	5	10	50	90	95	99
4. 瞳孔间距	52	55	56	61	66	68	71	50	52	54	58	64	66	71
5. 头围	531	543	550	570	592	600	618	517	528	533	552	571	577	590
6. 头矢状弧	305	320	325	350	372	380	395	280	303	311	334	360	367	381
7. 耳屏间弧（头冠状弧）	320	334	340	360	380	386	397	313	324	330	349	368	375	385
8. 头高	202	210	217	231	249	253	260	199	206	213	227	242	246	253

（6）手部与足部人体尺寸　该标准中提供的成年人手部与足部人体尺寸有：手长、手宽、食指长、食指近位宽、食指远位宽、掌围、足长、足宽、足围，这9项手部与足部人体尺寸的部位见图2-13，相对应的我国成年人手部与足部人体尺寸见表2-6。

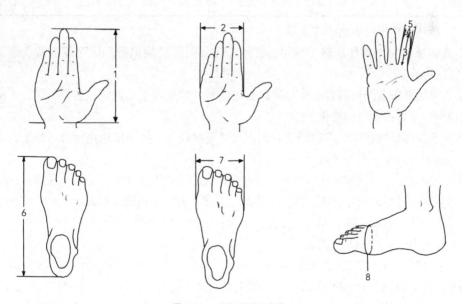

图2-13　手部与足部人体尺寸

表2-6　我国成年人手部与足部人体尺寸　　　　　　　　　　单位：mm

测量项目	年龄分组												
	男（18~70岁）							女（18~70岁）					
	百分位数												
	1	5	10	50	90	95	99	1	5	10	50	90	95	99
1. 手长	165	171	174	184	195	198	204	153	158	160	170	179	182	188
2. 手宽	78	81	82	88	94	96	100	70	73	74	80	85	87	90
3. 食指长	62	65	67	72	77	79	82	59	62	63	68	73	74	77

续表

测量项目	年龄分组												
	男（18～70岁）							女（18～70岁）					
	百分位数												
	1	5	10	50	90	95	99	1	5	10	50	90	95	99
4.食指近位宽	18	18	19	20	22	23	24	16	17	17	19	20	21	21
5.食指远位宽	15	16	17	18	20	20	21	14	15	15	17	18	18	19
6.掌围	182	190	193	206	220	225	234	163	169	172	185	197	201	211
7.足长	224	232	236	250	264	269	278	208	215	218	230	243	247	256
8.足宽	85	89	91	98	104	106	110	77	82	83	90	96	98	102
9.足围	218	226	231	247	263	268	278	200	207	211	225	240	245	254

（7）选用人体尺寸数据的注意要点

① 表列数值均为裸体测量的结果，在用于设计时，应根据各地区不同的着衣量而增加余量。

② 立姿时要求自然挺胸直立，坐姿时要求端坐。如果用于其他立、坐姿的设计（例如放松的坐姿），要进行适当的修正。

③ 由于我国地域辽阔，不同地区间人体尺寸差异较大。为了能选用适合各地区的人体尺寸，将全国划分为以下六个区域。

东北、华北区：包括黑龙江、吉林、辽宁、内蒙古、河北、山东、北京、天津；

中西部区：包括河南、山西、陕西、宁夏、甘肃、青海、新疆、西藏；

长江中游区：包括江苏、浙江、安徽、上海；

长江下游区：包括湖北、湖南、江西；

两广福建区：包括广东、广西、海南、福建；

云贵川区：包括云南、贵州、四川、重庆。

表2-7、表2-8所列数据为六个区域年龄为18～70岁成年男性和女性的身高和体重的均值M及标准差S_D值。

表2-7　六个区域成年男性的身高、体重、胸围的均值M及标准差S_D

测量项目	东北华北区		中西部区		长江中游区		长江下游区		两广福建区		云贵川区	
	M	S_D	M	S_D	M	S_D	M	S_D	M	S_D	M	S_D
身高/mm	1701	68	1686	65	1672	66	1693	68	1683	73	1662	69
体重/kg	71	12	69	11	66	10	68	11	67	11	65	10
胸围/mm	949	80	930	80	920	75	929	75	915	74	913	74

表2-8 六个区域成年女性身高、体重、胸围的均值M及标准差S_D

测量项目	东北华北区		中西部区		长江中游区		长江下游区		两广福建区		云贵川区	
	M	S_D	M	S_D	M	S_D	M	S_D	M	S_D	M	S_D
身高/mm	1584	62	1576	59	1564	55	1581	60	1563	61	1548	59
体重/kg	60	10	60	10	56	8	57	9	55	8	56	9
胸围/mm	908	86	915	81	892	73	897	77	883	73	908	77

2. 我国成年人人体功能尺寸

（1）常用的功能尺寸 人在各种工作时都需要有足够的活动空间，工作位置上的活动空间设计与人体的功能尺寸密切相关。标准给出了我国成年人（18~70岁）人体功能尺寸：中指指尖点上举高、双臂功能上举高、两臂展开宽、两臂功能展开宽、两肘展开宽、前臂加手前伸长、前臂加手功能前伸长、上肢前伸长、上肢功能前伸长、坐姿中指指尖点上举高、跪姿体长、跪姿体高、俯卧姿体长、俯卧姿体高、爬姿体长、爬姿体高，这16项人体功能尺寸的部位见图2-14，我国成年人人体功能尺寸见表2-9。

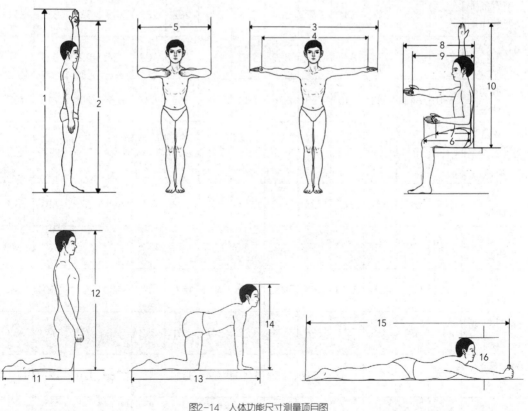

图2-14 人体功能尺寸测量项目图

表2-9　我国成年人人体功能尺寸　　　　　　　　　　　　　单位：mm

测量项目	年龄分组													
	男（18~70岁）							女（18~70岁）						
	百分位数													
	1	5	10	50	90	95	99	1	5	10	50	90	95	99
1. 中指指尖点上举高	1866	1946	1985	2103	2228	2266	2338	1740	1807	1836	1939	2046	2081	2152
2. 双臂功能上举高	1761	1841	1879	1992	2113	2150	2224	1640	1707	1736	1836	1942	1974	2048
3. 两臂展开宽	1542	1588	1610	1686	1763	1787	1841	1411	1450	1470	1541	1618	1641	1691
4. 两臂功能展开宽	1338	1378	1397	1462	1529	1550	1596	1254	1280	1294	1341	1393	1409	1443
5. 两肘展开宽	812	835	847	885	925	937	964	748	769	780	818	859	871	898
6. 前臂加手前伸长	403	418	425	451	478	486	501	372	386	393	416	441	448	462
7. 前臂加手功能前伸长	292	305	311	334	357	364	379	270	282	288	309	331	338	351
8. 上肢前伸长	727	759	774	822	873	889	920	639	692	709	756	805	821	857
9. 上肢功能前伸长	580	643	662	710	758	774	808	410	565	603	652	700	715	752
10. 坐姿中指指尖点上举高	1186	1241	1266	1347	1432	1456	1508	1081	1136	1158	1234	1306	1329	1372
11. 跪姿体长	589	617	631	677	725	740	773	599	613	620	645	673	681	699
12. 跪姿体高	1164	1199	1216	1274	1333	1352	1393	1102	1130	1145	1197	1254	1271	1308
13. 俯卧姿体长	1919	1981	2012	2114	2220	2253	2326	1823	1871	1895	1980	2074	2101	2161
14. 俯卧姿体高	343	351	355	374	396	404	422	347	351	353	362	375	379	388
15. 爬姿体长	1098	1146	1169	1247	1329	1354	1410	1090	1111	1122	1160	1201	1213	1240
16. 爬姿体高	741	763	774	811	849	861	887	714	726	732	754	778	785	800

（2）跪姿、俯卧姿、爬姿人体尺寸的计算 对于设计中所需的人体数据，当无条件测量，或直接测量有困难，或是为了简化人体测量的过程时，可根据人体的身高、体重等基础测量数据，利用经验公式计算出所需要的其他各部分数据。如在工作空间的工效学设计中，两臂和两肘展开宽、跪姿、俯卧姿、爬姿等基本人体尺寸项目数值可参照表2-10计算。

表2-10 尺寸项目推算表

尺寸项目	推算公式	
	男性	女性
两臂展开宽	$178.216+0.894H$	$6.234+0.977H$
两臂功能展开宽	$156.921+0.774H$	$306.081+0.659H$
两肘展开宽	$117.813+0.455H$	$-5.479+0.524H$
跪姿体长	$-251.99+0.551H$	$94.014+0.351H$
跪姿体高	$120.336+0.684H$	$64.719+0.721H$
俯卧姿体长	$126.542+1.18H$	$62.06+1.217H$
俯卧姿体高	$275.479+1.459W$	$308.342+0.949W$
爬姿体长	$-327.376+0.934H$	$339.544+0.522H$
爬姿体高	$70.681+0.439H$	$279.493+0.302H$

注：H为身高（mm）；W为体重（kg）

第三节 人体测量数据及应用

一、人体测量数据的主要统计函数

在人体测量中，被测者通常只是一个特定群体中的个体，其测量数值为离散的随机变量。为了获得设计所需的群体尺寸，则必须对通过测量个体所得到的测量值进行统计处理，以便使测量数据能反映该群体的形态特征及差异程度。

1. 分布与正态分布

（1）分布 人体尺寸的测量数据都是按统计规律来表示的。分布就是一个统计概念，可以说一组测量值确定一个分布，分布与出现频率的概念密切相关。以人体尺寸测量值为横坐标，以出现的频率为纵坐标，描点连线，即可得到所谓的分布曲线。

（2）正态分布 正态分布，顾名思义，就是"正常状态下的分布"的意思，是最常见、应用最广的一种重要的连续型分布。分布曲线若出现"两头小、中间大、左右对称"的情况，像"钟"形，就称这样的分布为正态分布。人体尺寸一般都是正态分布（图2-15）。

2. 总体和样本

统计学中，把所要研究的全体对象的集合称为"总体"。人体尺寸测量中，总体是按照一定的特征被划分的人群。如：中国成年人、中国飞行员等。而把从总体中取出的许多个体的全部称为"样本"。在实际测量和统计分析中，总是以样本来推测总体，而在一般情况下，样本与总体不可能完全相同，其差别就是由抽样引起的。

3. 均值和标准差

用数字方法来描述一个分布，必须用到两个重要的统计量：均值和标准差。前者表示分布的集中趋势，后者表示分布的离中趋势。

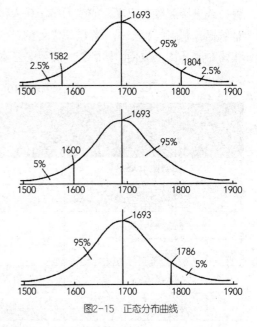

图2-15　正态分布曲线

（1）均值（Mean Value）　均值是人体测量数据统计中的一个重要指标，它表示样本的测量数据集中地趋向某一个值，可以用来衡量一定条件下的测量水平或概括地表现测量数据的集中情况，但不能作为设计产品和工作空间的唯一依据。对于有 n 个样本的测量值：x_1，x_2，$\cdots$，x_n，其均值按式（2-1）计算：

$$\bar{x} = \frac{x_1 + x_2 + \cdots + x_n}{n} = \frac{1}{n}\sum_{i=1}^{n} x_i \tag{2-1}$$

（2）标准差（Standard Deviation）　标准差表示一系列变数距平均值的分布状况或离中程度。标准差大，表示各变量分布广，远离平均值；标准差小，则表示各变量接近平均值。标准差常用来确定某一范围的界限，即某一标准的数值，并不只是恰好等于这个数值才符合标准，一般都有一个上下幅度范围，在这个范围内都属于标准水平。对于均值为 M 的 n 个样本测量值：x_1，x_2，$\cdots$，x_n，其标准差按式（2-2）计算：

$$S_D = \left[\frac{1}{n-1}\left(\sum_{i=1}^{n} x_i^2 - n\bar{x}^2\right)\right]^{\frac{1}{2}} \tag{2-2}$$

在正态分布的数据中，$M + S_D$，其适用度为68.27％；$M + 2S_D$，其适用度为95.46％；$M + 3S_D$，其适用度为99.73％。

（3）抽样误差　抽样误差又称为标准误差，即全部样本均值的标准差。抽样误差值大，表明样本均值与总体均值的差别大；反之，说明其差别小，即均值的可靠性高。当样本数据的标准差为 S_D，样本容量为 n 时，则抽样误差按式（2-3）计算：

$$S_D = \frac{S_p}{\sqrt{n}} \tag{2-3}$$

由上式可知，均值的标准差要比测量数值的标准差 S_D 小 n 倍。如果测量方法不变，样本容量越大，则测量结果精度越高。因此，在许可范围内增加样本容量，可以提高测量结果的精度。

4. 适应域、百分位和百分位数

（1）适应域　一个设计只能取一定的人体尺寸范围，只考虑整个分布的一部分"面积"，称为"适应域"。适应域是相对设计而言的，对应统计学的置信区间的概念。

适应域可分为对称适应域和偏适应域。对称适应域对称于均值；偏适应域通常是整个分布的某一边，如图2-16。例如，某设计对身高的考虑是按95％的人来处理的，则该设计的适应域为95％。

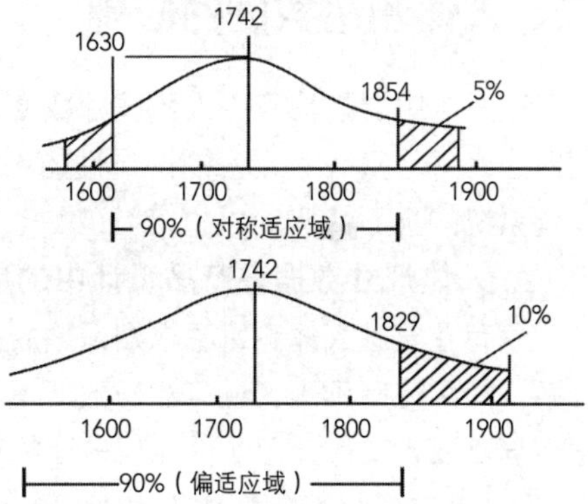

（2）百分位和百分位数　百分位由百分比表示，表示设计的适应域，称为"第几百分位"。如果已知某分布的均值和标准差，就可计算适应域对应的测量值，这个测量值就称为百分位数。百分位数也就是百分位对应的测量数值。

图2-16　适应域

适应域也可用百分位来表示，如适应域90％是指第5百分位至第95百分位之间的范围，百分位也称为统计率。在新的标准中，给出了常用人体尺寸的7个百分位数据，分别是第1、5、10、50、90、95、99百分位数据。在人机工程设计中，常用的是第5、50、95百分位数据。第5百分位数代表"小"身材，即只有5％的人群的数值低于此下限值；第50百分位数代表"适中"身材，即分别有50％的人群的数值高于或低于此值；第95百分位数代表"大"身材，即只有5％的人群的数值高于此上限值。

在设计中，当需要得到任一百分位数值时，则可按式（2-4）求出：

$$P_v = M \pm (S_D K) \qquad (2-4)$$

式中　P_v——百分位数；

　　　M——均值；

　　　S_D——标准差；

　　　K——百分比变换系数，由表2-11可查得。

表2-11　百分比与变换系数

百分比/%	K	百分比/%	K	百分比/%	K	百分比/%	K
0.5	2.576	15.0	1.036	70.0	0.524	95.0	1.645
1.0	2.326	20.0	0.842	75.0	0.674	97.5	1.960
2.5	1.960	25.0	0.674	80.0	0.842	99.0	2.326
5.0	1.645	30.0	0.524	85.0	1.032	99.5	2.576
10.0	1.282	50.0	0.000	90.0	1.282		

例：设计适用于95％中西部区女性使用的产品，应该按照怎样的身高范围进行设计？

解：由表2-8查得中西部区女性平均身高$M = 1576$mm，标准差$S_D = 59$。要求产品适用于95％的人，故以第2.5百分位为下限和第97.5百分位为上限，据此由表2-11查得变换系数$K = 1.960$。

$$P_v = M \pm S_D K$$
$$= 1576 \pm (59 \times 1.960)$$
$$= 1576 \pm 115.6$$

结论：按身高1460.4～1691.6mm设计产品尺寸，将适用于95％的中西部区女性。

二、人体测量数据的应用

在设计中要正确应用人体尺寸数据，必须熟悉人体测量基本知识，知道各种数据的来源。同时还必须了解有关设备的操作性能、人所处的工作环境，以及人的生理、心理特征和人-机-环境系统的全面情况。

1. 人体尺寸数据在产品设计中的应用基本原则

只有在熟悉人体测量基本知识之后，才能选择和应用各种人体数据，否则有的数据可能被误解。如果使用不当，还可能导致严重的设计错误。当设计中涉及人体尺度时，设计者必须熟悉数据测量定义、适用条件、百分比的选择等各方面知识。通常，在设计时应遵循以下原则。

（1）最新数据和标准化原则　前面提到过，随着年代发展，人的身高和体重会发生较大的变化，因此在选用数据时，尽量参考最新人体尺寸数据。如受条件所限找不到最新数据，必须在现有数据基础上加上功能修正量。此外，一定要使用标准化的数据，从而保证数据的准确性和适用性。

（2）极限设计原则　该原则根据设计目的，选择最大或最小人体尺寸。由人体身高决定的物体，如门、船舱口、通道、床等的尺寸要采用最大尺寸原则；而由人体某些部位的尺寸决定的物体，如防止儿童手指误入的孔、洞的尺寸要采用最小尺寸原则。

（3）可调性设计原则　与健康、安全关系密切的设计要使用可调原则，即所选的尺寸应在第5百分位和第95百分位之间可调，例如汽车座椅必须在高度、靠背倾角、前后距离等尺度方向可调。

（4）平均尺寸设计原则　虽然"平均人"这个概念在设计中不太合适，但门铃、插座、电灯开关等应以常用平均值进行设计，即以第50百分位数为设计依据，从而简化设计步骤。

2. 人体尺寸数据在产品设计中的应用步骤

在设计中，人体尺寸的应用主要包括以下步骤。

（1）确定预期的用户人群　任何产品都是针对一定的使用者来进行设计的，因此，在设计时必须弄清设计的使用者或操作者的状况，分析他们的特征，包括性别、年龄、种族、地区、体形、身体健康状况等。

（2）确定所有相关尺寸　任何产品都是针对一定的使用者来进行设计的，因此，在设计时必须分析与产品设计相关的人体尺寸。例如汽车座椅的设计，需要静态下的坐高（挺直）、坐姿眼高、肩宽、胸高、前臂长、臀宽、手、脚等各部位的尺寸，以及动态下的功能极限尺寸（臂、脚）、最佳视角等人体尺寸。而教室用椅，需要静态下的体重、坐姿肘高、坐姿膝高、臀宽、腰、背等人体尺寸。

（3）确定所设计产品的类型　在涉及人体功能尺寸的产品设计中，设定产品功能尺寸的主要依据是人体尺寸百分位数，而人体尺寸百分位数的选用又与所设计产品的类型密切相关。在GB/T 12985—1991《在产品设计中应用人体尺寸百分位数的通则》标准中，依据产品使用者人体尺寸的设计上限值（最大值）和下限值（最小值）对产品尺寸设计进行了分类，产品类型的名称及其定义见表2-12。凡涉及人体尺寸的产品设计，首先应按该分类方法确认所设计的对象属于其中的哪一类型。

（4）选择人体尺寸百分位数　除了表2-12所列的产品尺寸设计分类外，产品还可按其重要程度分为涉及人的健康、安全的产品和一般工业产品两个等级。在确认所设计的产品类型及其等级之后，选择人体尺寸百分位数的依据是满足度。人机工程学设计中的满足度是指所设计产品在尺寸上能满足多少人使用，通常以合适的百分数表示。表2-13列出了产品尺寸设计的类型、等级、满足度与人体尺寸百分位数的关系。

表2-12 产品尺寸设计分类

产品类型	产品类型定义	说明
Ⅰ型产品尺寸设计	需要两个人体尺寸百分位数作为尺寸上限值和下限值的依据	又称双限值设计
Ⅱ型产品尺寸设计	只需一个人体尺寸百分位数作为尺寸上限值和下限值的依据	又称单限值设计
ⅡA型产品尺寸设计	只需一个人体尺寸百分位数作为尺寸上限值的依据	又称大尺寸设计
ⅡB型产品尺寸设计	只需一个人体尺寸百分位数作为尺寸下限值的依据	又称小尺寸设计
Ⅲ型产品尺寸设计	只需要第50百分位数（P_{50}）作为产品尺寸设计的依据	又称平均尺寸设计

表2-13 人体尺寸百分位数的选择

产品类型	产品重要程度	百分位数的选择	满足度
Ⅰ型产品	涉计人的健康、安全的产品	选用P_{99}和P_1作为尺寸上、下限值的依据	98%
	一般工业产品	选用P_{95}和P_5作为尺寸上、下限值的依据	90%
ⅡA型产品	涉计人的健康、安全的产品	选用P_{99}和P_{95}作为尺寸上限值的依据	99%或95%
	一般工业产品	选用P_{90}作为尺寸上限值的依据	90%
ⅡB型产品	涉计人的健康、安全的产品	选用P_1和P_5作为尺寸下限值的依据	99%或95%
	一般工业产品	选用P_{10}作为尺寸下限值的依据	90%
Ⅲ型产品	一般工业产品	选用P_{50}作为尺寸的依据	通用
成年男、女通用产品	一般工业产品	选用男性的P_{99}、P_{95}或P_{90}作为尺寸上限值的依据	通用
		选用女性的P_1、P_5或P_{10}作为尺寸下限值的依据	

　　具体设计时，应根据预期目标用户以及产品应用场合，选择合适的百分位数据。例如普通的通道入口设计，高度应允许95%的男性通过，其余高个人群低头通过即可；应急出入舱口的设计，在充分考虑着装因素下，宽度应允许99%的男性通过（表2-14）。

表2-14　人体尺寸百分位数的选择依据

设计项目	取适应大多数人的人体尺寸	说明
通道入口	应取允许95%的男性通过的高度	其余5%的高个可低头通过
应急出入舱口	其宽度应允许99%的男性通过	应考虑通行者的穿着，增加功能修正量
控制板（非紧要的）	各旋钮间隔应允许90%的男性使用	如戴手套操作，间距应更大
仅允许旋凿进入的孔眼	其孔径应取最小，只有1%的女性手指可通过	确保不让人的手指插入孔眼

（5）确定功能修正量　大部分人体尺寸数据是裸体或是穿背心、内衣、内裤时静态测量的结果。设计人员选用数据时，不仅要考虑操作者的穿着情况，而且还应考虑其他可能配备的装置，如手套、头盔、靴子及其他用具。也就是说，在考虑有关人体尺寸时，必须在所测的人体尺寸上增加适当的着装修正量。我国目前尚无统一的着装人体尺寸修正量，表2-15给出了一组建议调整数据，供设计时参考使用。例如，在人体测量时要求躯干为挺直姿势，而人在正常作业时躯干为自然放松姿势，因此应考虑由于姿势不同而引起的变化量。对姿势修正量的常用数据是，立姿时的身高、眼高减10mm；坐姿时的坐高、眼高减44mm。

此外，还需考虑实现产品不同操作功能所需的修正量。功能修正量随产品不同而不同，通常为正值，有时也可能为负值。如在考虑手控制装置的安放距离时，功能修正量应以上肢功能前伸长为依据，而上肢功能前伸长是后背至中指指尖的距离，因此对应不同操作功能的控制装置应作不同的修正。如对按钮开关可减12mm；对推滑板推钮、扳动扳钮则减25mm。

表2-15　正常人着装尺寸修正量

项目	尺寸修正量/mm	修正理由	项目	尺寸修正量	修正理由
站姿高	25~38	鞋高	两肘间宽	20	—
坐姿高	3	裤厚	肩-肘	8	手臂弯曲时，肩肘部衣物压紧
站姿眼高	36	鞋高	臂-手	5	—
坐姿眼高	3	裤厚	叉腰	8	—
肩宽	13	衣	大腿厚	13	—
胸宽	8	衣	膝宽	8	—
胸厚	18	衣	膝高	33	—
腹厚	23	衣	臀-膝	5	—
立姿臀宽	13	衣	足宽	13~20	—
坐姿臀宽	13	衣	足长	30~38	—
肩高	10	衣	足后跟	25~38	—

（6）确定心理修正量　为了克服人们心理上产生的"空间压抑感""高度恐惧感"等心理感受，或者为了满足人们"求新""求美""求奇"等心理需求，一般在产品功能尺寸上附

加一项增量，称为心理修正量。心理修正量是用实验方法求得，一般是通过被试者主观评价表的评分结果进行统计分析，求得心理修正量。

（7）设定产品功能尺寸　通常所测得的静态人体尺寸数据，虽然可解决很多产品设计中的问题，但由于人在操作过程中姿势和体位经常变化调整，静态测得的尺寸数据会出现较大误差，设计时需用动态测得的尺寸数据加以适当调整。

此外，作业空间的尺寸范围的确定，不仅与人体静态测量数据有关，同时也与人的肢体活动范围及作业方式方法有关。如手动控制器最大高度应使第5百分位数身体尺寸的人直立时能触摸到，而最小高度应是第95百分位数的人的指点高度。设计作业空间还必须考虑操作者进行正常运动时的活动范围的增加量，如行走时头顶的上下运动幅度可达5cm。

产品功能尺寸有两种：最小功能尺寸和最佳功能尺寸。通常而言，最小功能尺寸＝人体尺寸的百分位数＋功能修正量；最佳功能尺寸＝人体尺寸的百分位数＋功能修正量＋心理修正量。

3. 人体尺寸数据在设计中的应用

（1）主要人体尺寸的应用原则　为了使人体测量数据能有效地为设计者所利用，可从大量的人体测量数据中精选出部分工业设计常用的数据，并将这些数据的定义、应用条件、选择依据、注意事项等列入表2-16，设计时可根据具体的产品、使用者以及使用环境加以选用。

表2-16　主要人体尺寸的应用原则

人体尺寸	应用条件	百分位选择	注意事项
身高	用于确定通道和门的最小高度，一般建筑规范规定的和成批生产制作的门和门框高度都适用于99%以上的人，因此，这些数据对于确定人头顶上的障碍物高度可能更为重要	由于主要的功能是确定净空高度，所以应先应用百分位数据。由于天花板高度一般不是关键尺寸，设计者应考虑尽可能适合100%的人	使用时应考虑鞋的厚度
立姿眼高	可用于确定在剧院、礼堂、会议室等地方的人的视线，用于布置广告和其他展品，以及屏风和开敞式大办公室内隔断的高度	百分位选择将取决于关键因素的变化。如果设计问题是决定隔断或屏风的高度以保证使用者的私密性要求，则隔断高度就与较高人（第95百分位或更高）的眼高有关。反之，如果设计问题是允许人看到隔断里面，则隔断高度应考虑较矮的人（第5百分位或更低）的眼高	该尺寸还应加上鞋的厚度，男子大约为25mm，女子大约为76mm。这些数据还应与脖子的弯曲和旋转以及视线角度资料结合使用，以确定不同状态、不同头部角度的视觉范围
肘高	用于确定柜台、梳妆台、厨房案板、工作台以及其他站着使用的工作面的舒适高度。据科学研究发现，低于人的肘部高度76mm为最舒适的工作面高度。另外，休息平面的高度应该低于肘部高度25～38mm	假定工作面高度确定为低于肘部高度约76mm，那么从880mm（第5百分位）到1045mm（第95百分位）的高度范围适合90%的男性使用者。如果要考虑第5百分位到第95百分位的女性使用者，则范围应为818～959mm	确定上述高度时必须考虑活动的性质以及每个人对舒适高度的不同感受，这一点有时比推荐的"低于肘部高度76mm"还重要

人体尺寸	应用条件	百分位选择	注意事项
挺直坐高	用于确定座椅上方障碍物的允许高度。如双层床的布置、创新的节约空间设计以及阁楼下面的空间利用都要用到这个关键尺寸来确定高度。在确定办公室、餐厅、酒吧、火车座以及其他场所的隔断时也要用到这个尺寸	由于涉及间距问题，采用第95百分位的数据比较合适	具体设计时必须考虑座椅的倾斜度、坐垫的弹性、衣服的厚度以及坐下和站立时的活动
放松坐高	用于确定座椅上方障碍物的允许高度。如双层床的布置、创新的节约空间设计以及阁楼下面的空间利用都要用到这个关键尺寸来确定高度。在确定办公室、餐厅、酒吧、火车座以及其他场所的隔断时也要用到这个尺寸	由于涉及间距问题，采用第95百分位的数据比较合适	具体设计时必须考虑座椅的倾斜度、坐垫的弹性、衣服的厚度以及坐下和站立时的活动
坐姿眼高	当视线是设计问题的中心时，确定视线和最佳视区要用到这个尺寸。如剧院、礼堂、教室和其他需要良好视听条件的室内空间	假如有适当的可调节性，就能适应从第5百分位到第95百分位或者更大的范围	应考虑头部与眼睛的转动范围、坐垫的弹性、椅面高度和座椅的可调范围
坐姿的肩中部高度	大多用于比较紧张的工作空间（如驾驶室）的设计中，很少用于建筑和室内空间的设计。但是该尺寸有助于确定妨碍视线的障碍物高度，因此在设计那些对视觉有要求的空间如火车座的高度以及类似情形下也许有用	由于涉及间距问题，一般使用第95百分位的数据	要考虑坐垫的弹性
肩宽	可用于确定环绕桌子的座椅间距和影剧院、礼堂中的排椅座位间距，也可用于确定公用和专用空间的通道间距	由于涉及间距问题，一般使用第95百分位的数据	使用这些数据时应考虑衣服的厚度（薄衣服加7.9mm，厚衣服加76mm）以及躯干和肩的活动所带来的空间变化
坐姿两肘间宽	可用于确定会议桌、餐桌、柜台和排桌周围座椅的位置	由于涉及间距问题，一般使用第95百分位的数据	应与肩宽尺寸结合使用
坐姿臀宽	可用于确定座椅内侧尺寸，以及酒吧、柜台和办公座椅的设计	由于涉及间距问题，一般使用第95百分位的数据	根据具体条件，与两肘间宽和肩宽结合使用
坐姿肘高	与其他一些数据和因素一起考虑，用于确定座椅扶手、工作台、书桌、餐桌和其他特殊设备的高度	该高度既不涉及间距问题，也不涉及伸手够物的问题，其目的只是放松手臂，使之得到休息。可选择第50百分位左右的数据，根据使用需求适当升高或降低	应考虑坐垫的弹性、座椅表面的倾斜度以及身体姿势等

人体尺寸	应用条件	百分位选择	注意事项
坐姿大腿厚	是设计需要把腿放在工作面下的室内设备如柜台、书桌、会议桌以及家具等的关键尺寸。特别对于那些有直拉式抽屉的工作面，需要大腿与工作面下部有适当的间距，这些数据是必不可少的	由于涉及间距问题，应使用第95百分位的数据	应同时考虑座椅高度、腿弯高度和坐垫的弹性等因素
坐姿膝高	确定从地面到工作面下部（如餐桌、书桌和柜台底面）距离的关键尺寸，尤其适合使用者需要把大腿大部分放在工作面下方的场合。使用者与工作面底部之间的靠近程度，决定了膝盖高度和大腿厚度是否是关键尺寸	由于涉及间距问题，应使用第95百分位的数据	应同时考虑座椅高度、腿弯高度和坐垫的弹性等因素
坐姿腘高（小腿加足高）	确定座椅面高度的关键尺寸，尤其对确定座椅前缘的最大高度更为重要	应选用第5百分位的数据，因为如果座椅太高，大腿会受到压力而使人感觉不舒适。而一个座椅高度如果能适应小个子，也就能适应大个子	需考虑坐垫的弹性
臀-腘距	可用于座椅的设计中，尤其适用于确定腿的位置、长凳和靠背椅等前面的垂直面以及椅面的长度	应选用第5百分位的数据，这样能适应大多数的使用者	需考虑椅面的倾斜度
臀-膝距	可用于影剧院、礼堂等地固定排椅的设计中，用于确定椅背到膝盖前方障碍物之间的距离	由于涉及间距问题，应选用第95百分位的数据	该长度比臀部至足尖长度要短，如果座椅前面的家具或其他设施没有放置足尖的空间，就需使用下面的尺寸
臀部至足尖长度	可用于影剧院、礼堂等地固定排椅的设计中，用于确定椅背到膝盖前方障碍物之间的距离	由于涉及间距问题，应选用第95百分位的数据	如果座椅前方的家具或其他设施有搁脚的空间，而且间隔要求比较重要，就可以使用上述尺寸
臀部至脚后跟长度	可用于布置休息室座椅或不拘礼节的就座座椅，还可用于搁脚凳、理疗和健身等设施的空间设计	应选用第5百分位的数据，这样能适应大多数人	需考虑椅面的倾斜度和坐垫的弹性

续表

人体尺寸	应用条件	百分位选择	注意事项
坐姿指尖点上举高	主要用于确定头顶上方的控制位置和开关等专业设备的位置	应选用第5百分位的数据，这样能适应大多数人	使用时应适当考虑鞋的厚度
立姿侧向手握距离	可用于确定控制开关等装置的位置，以及某些特定的室内场所如医院、实验室等的设计。如果使用者是坐着的，这个尺寸可能会稍有变化，但仍能用于确定人侧面的书架位置	应选用第5百分位的数据，这样能适应大多数人	如果涉及的活动需要使用专门的手动装置、手套或者其他特殊设备，应考虑这些设备的延长量
手臂平伸手握距离	有时人们需要越过障碍物去够一个物体或者操纵设备，如在工作台上安装搁板或在办公室工作桌前面的低隔断上安装小柜等，这些数据可用于确定障碍物的最大尺寸	应选用第5百分位的数据，这样能适应大多数人	要考虑操作或者工作的特点
人体最大厚度	该尺寸可能对设备设计人员更有用，但也有助于建筑师在较紧张的空间里考虑间隙，或者在人们排队的场合下设计所需空间	由于涉及间距问题，应使用第95百分位的数据	应考虑衣服的厚度、使用者的性别以及其他一些细微的因素
人体最大宽度	可用于设计通道宽度、走廊宽度、门和出入口宽度以及公共集合场所等	由于涉及间距问题，应使用第95百分位的数据	应考虑衣服的厚度、人走路或做其他事情的情况以及其他一些细微因素的影响

（2）人体身高尺寸的应用　人体尺寸主要决定人机系统的操纵是否方便和舒适宜人。各种工作面的高度和设备高度如操纵台、仪表盘、操纵元件等的安装高度以及用具的安置高度等，都可以根据人的身高确定。因此，以人体身高为基准，根据设计对象高度与人体身高一般成一定比例关系的原则，可利用图2-17和表2-17来推算工作面、设备以及用具的高度。

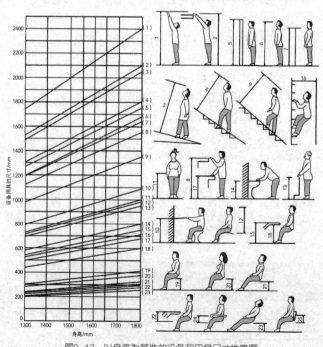

图2-17　以身高为基准的设备和用具尺寸推算图

表2-17　设备及用具的高度与身高的关系

序号	定义	设备高与身高之比
1	举手可达高度	4/3
2	可随意取放东西的搁板高度（上限值）	7/6
3	倾斜地面的顶棚高度（最小值，地面倾斜角5°～10°）	8/7
4	楼梯的顶棚高度（最小值，地面倾斜角25°～35°）	1/1
5	遮挡住直立姿势视线的隔板高度（下限值）	33/34
6	直立姿势眼高	11/12
7	抽屉高度（上限值）	10/11
8	使用方便的搁板高度（上限值）	6/7
9	斜坡大的楼梯的天棚高度（最小值，倾斜角50°左右）	3/4
10	能发挥最大拉力的高度	3/5
11	人体重心高度	5/9
12	坐高	6/11
13	灶台高度	10/19
14	洗脸盆高度	4/9
15	办公桌高度（不包括鞋的厚度）	7/17
16	垂直踏踩爬梯的空间尺寸（最小值，倾斜角80°～90°）	2/5
17	使用方便的搁板高度（下限值）	3/8
18	桌下空间（高度的最小值）	1/3
19	工作椅高度	3/13
20	轻度工作的工作椅高度	3/14
21	小憩用椅子的高度	3/16
22	桌椅高度差	3/17
23	休息用椅子高度	1/6
24	椅子扶手高度	2/13
25	工作用椅面至靠背点的高度	3/20

第四节　人体模板及应用

由于人体各部位的尺寸因人而异，而且人体的工作姿势随着作业对象和工作情况的不同而不断变化，因而要从理论上来解决人机相对位置的问题是比较困难的。但是，若利用人体结构和尺寸关系，将人体尺寸用各种人体模型来代替，通过"机"与人体模型相对位置的分析，便可以直观地求出人机相对位置的有关设计参数，为合理布置人机系统提供可靠条件。

目前，在人机系统设计中采用较多的是二维人体模板（简称人体模板）。这种人体模板是根据人体测量数据进行处理和选择而得到的标准人体尺寸，利用塑料板或密实纤维板等材料，按照1:1或1:5等设计中的常用比例，制成人体各个关节均可活动的裸体穿鞋的人体侧视模型。

一、坐姿人体模板

《坐姿人体模板功能设计要求》（GB/T 14779—1993）标准规定了三种身高等级的成年人坐姿模板的功能设计基本条件、功能尺寸、关节功能活动角度、设计图和使用条件。图2-18是该标准提供的坐姿人体模板侧视图。

1. 模板的基准线

人体模板上各肢体上标出的基准线（图2-18中的细实线）用以确定各关节角，这些角度可由人体模板相应位置的刻度盘上读出。头部标出的线相当于正常视线，与眼耳平面成向下倾斜的15°角。鞋上标出的基准线表示人的脚底。

2. 模板的关节

人体模板可在侧视图上演示关节的多种功能，但不能演示侧向外展和转动运动。人体模板上的关节有一部分涉及轴关节（肘、手、髋、脚），有一部分是根据经验数据设计的关节结构（肩、腰区、膝）。

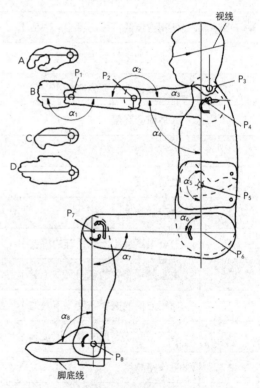

图2-18　坐姿人体模板侧视图

由于技术上的原因，所用的腰区关节结构（P₅），没有反映人体这一区域的全部生理作用，因此背部的外形与人体实际的腰区弧线也不完全相符，故不适宜用作座椅靠背曲线的设计。

3. 模板的活动范围

图2-18所示的人体模板上带有角刻度的人体关节活动范围（调节范围），包括健康人在韧带和肌肉不超过负荷的情况下所能达到的位置（表2-18）。此处不考虑那些虽然可能发生，但对劳动姿势来说已超出有生理意义的界限的运动。

表2-18　人体模板关节角的调节范围

人体关节		调节范围					
		侧视图		俯视图		正视图	
P_1	腕关节	α_1	140°~200°	β_1	140°~200°	γ_1	140°~200°
P_2	肘关节	α_2	60°~180°	β_2	60°~180°	γ_2	60°~180°
P_3	头/颈关节	α_3	130°~225°	β_3	55°~125°	γ_3	155°~205°
P_4	肩关节	α_4	0°~135°	β_4	0°~110°	γ_4	0°~120°
P_5	腰关节	α_5	168°~195°	β_5	50°~130°	γ_5	155°~205°
P_6	髋关节	α_6	65°~120°	β_6	86°~115°	γ_6	75°~120°
P_7	膝关节	α_7	75°~180°	β_7	90°~104°	γ_7	—
P_8	脚关节	α_8	70°~125°	β_8	90°	γ_8	165°~200°

4. 手的姿势变化

根据手在实际操作中的姿势的不同，可选择使用以下四种手型模板（图2-19）。

（1）A型　三指捏在一起的手。

（2）B型　握住圆棒的手，且手的横轴位于垂直面。这是一种主要抓握形式。

（3）C型　握住圆棒的手，且手的横轴位于水平面。

（4）D型　伸开的手，表示手的可及范围。

A　　　　　　　　B　　　　　　　　C　　　　　　　　D

图2-19　四种手型模板

二、立姿人体模板

《人体模板设计和使用要求》（GB/T 15759—1995）标准提供了设计用人体外形模板的尺寸数据及其图形（图2-20）。该模板按人体身高尺寸不同分为四个等级：

一级采用女子第P_5百分位身高；

二级采用女子第P_{50}百分位身高与男子第P_5百分位身高重叠值；

三级采用女子第P_{95}百分位身高与男子第P_{50}百分位身高重叠值；

四级采用男子第P_{95}百分位身高。

该模板的关节角度调节范围符合表2-18的规定。

三、人体模板的应用

按人机工程学的要求，在设计机械、作业空间、家具、交通运输设备，特别是设计各种运动式机械时，对车身形式的选择、驾驶室空间的确定、显示与操纵机构的布置、驾驶座及乘客座椅尺寸等方面的设计参数，都是以人体尺寸作为依据的。因而人体模板的应用也就十分广泛，主要可用于辅助制图、辅助设计、辅助演示或模拟测试等方面。

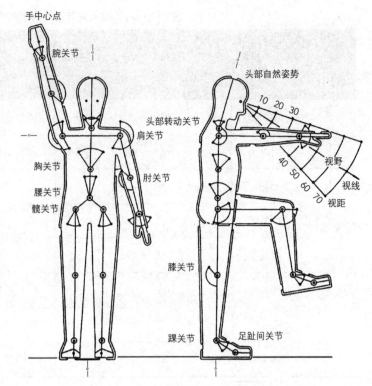

图2-20　立姿人体模板设计图

1. 人体模板的使用要求

① 应根据表2-13的规定合理选用对应不同身高等级的人体模板；

② 应根据设计中的典型工作姿势合理使用人体模板；

③ 人体模板使用中必须考虑链式组合的多关节，如脊椎的运动应用由腰关节和胸关节的转动完成；

④ 人体模板尺寸设计宜采用合适的通用比例；

⑤ 应根据着装的不同，对人体模板外形尺寸增加合理的宽放余量。

2. 人体模板百分位数的选择

在应用人体模板进行辅助制图、辅助设计、辅助演示或模拟测试的过程中，选择人体模板的百分位数是很关键的问题。通常，必须根据设计对象的结构特征和设计参数来选择适当百分位数的人体模板（表2-19）。

表2-19　设计参数与人体模板百分位数的关系

结构特征	设计参数举例	选用人体模板百分位数
外部尺寸	手臂活动触及范围	应选用"小"身材，如第5百分位数
内部尺寸	腿、脚活动占有空间，人体、头、手、脚等部位通过空间	应选用"大"身材，如第95百分位数
力的大小	操作力	应选用"小"身材，如第5百分位数
	断裂强度	应选用"大"身材，如第95百分位数

3. 人体模板的应用

在人机系统设计时，人体模板是设计或制图人员考虑主要人体尺寸时有用的辅助手段。例如，生产区域中工作面的高度，坐平面高度和脚踏板高度是在一个工作系统中相互关联的数值，但主要是由人体尺寸和操作姿势决定的。如借助于人体模板，可以很方便地得出在理想操作姿势下各种百分位的人体尺寸所必须占有的范围和调节范围。

在汽车、飞机、轮船等交通运输设备设计中，驾驶室或驾驶舱、驾驶座以及乘客座椅等相关尺寸，也是由人体尺寸及其操作姿势或舒适的坐姿确定的。但是，由于相关尺寸非常复杂，人与"机"的相对位置要求又十分严格，为了使设计能更好地符合人的生理要求，在设计中，可以采用人体模板来校核有关驾驶室空间尺寸、方向盘等操纵机构的位置、显示仪表的布置等是否符合人体尺寸与规定姿势的要求。图2-21是用人体模板校核小汽车驾驶室设计的实例。

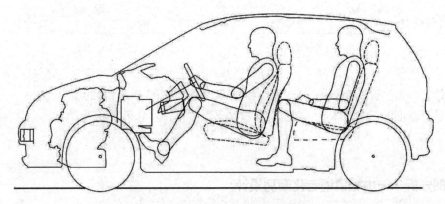

图2-21　人体模板用于小汽车驾驶室的设计

对于各类运行式工程机械，由于其机种多、结构形式与工作条件多变，其操作装置与操作姿势也不完全相同，要从理论上确定操作人员究竟采用何种姿势及其占有的作业空间，尚存在一定困难。因而在设计这类机械的驾驶室或控制室时，就可以把选定百分位数的人体模板放在相关设计图纸的相关部位上，来演示分析操作姿势的变化对操作空间和操纵机构布置所产生的影响（图2-22）。同样，借助于绘图板上的人体模板，也可以模拟测量座椅、显示装置、操纵机构等与人体操作姿势的配合是否属于最佳状态。图2-23为利用人体模板进行工作系统设计的实例。

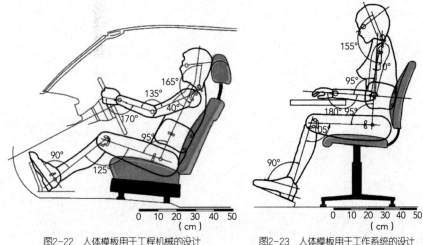

图2-22　人体模板用于工程机械的设计　　　　图2-23　人体模板用于工作系统的设计

复习题

1. 简述人体测量方法。
2. 什么是正态分布？
3. 简述均值、标准差、适应域、百分位、百分位数的概念。
4. 人体尺寸数据有哪些应用原则？在设计时应如何灵活运用？
5. 举例说明在设计中，应如何选择百分位？

思考分析题

1. 分析公交车扶手的人机工程学设计。
2. 根据所学人体尺寸百分位、百分位数的知识，分析身边产品的尺寸设计依据。
3. 结合办公座椅设计案例，分析说明人体尺寸数据在产品设计中的应用步骤。
4. 对照新旧国标的人体尺寸数据，你看到了哪些变化并分析。

🔊 案例分析——小城镇适老化厨房设计

本案例的设计对象为小城镇的空巢老人，通过分析老人的厨房操作行为、真实需求以及生理和心理特点，围绕厨房功能分区、空间布局和操作台尺寸等要素，采用动线分析和动素分析法，提出一套安全舒适的适老化厨房设计方案，有效解决了小城镇老年住宅厨房布局不合理、人机尺寸不适合等问题。

▶扫码查看◀
案例详情

第三章

人体感知、信息处理与运动输出

第一节　感觉与知觉的特征

一、感觉及其特征

感觉是人脑对直接作用于感觉器官的客观事物的个别属性的反映。来自体内外的环境刺激通过眼、耳、鼻、口、舌、皮肤等感觉器官产生神经冲动，通过神经系统传递到大脑皮质感觉中枢，从而产生感觉。例如，我们面前有一根香蕉，用眼睛去看，知道它是黄色的、长长的、弯弯的；用手去摸，有硬硬的、滑滑的感觉；用嘴去咬，知道它是甜的、软的；用鼻子去闻，具有香味；拿在手上掂量，知道它有一定的重量。这里的黄、长、弯、甜、软、香、重就是香蕉的个别属性。我们的大脑接受和加工了这些属性，进而认识了这些属性，这就是感觉。

感觉是一种最简单而又最基本的心理过程，在人的各种活动过程中起着极其重要的作用。感觉具有以下特征。

1. 适宜刺激

感觉器官只对相应的刺激起反应，这种刺激形式被称为该感觉器官的适宜刺激。各种感觉器官的适宜刺激及其识别特征见表3-1。

表3-1　适宜刺激和识别特征

感觉类型	感觉器官	适宜刺激	识别特征
视觉	眼	光	大小、形状、色彩、方向等
听觉	耳	声	声音的强弱、高低、远近、方向等
嗅觉	鼻	挥发性物质	气味
味觉	舌	被唾液溶解物	酸、甜、苦、辣、咸等
肤觉	皮肤及皮下组织	物理化学作用	触压、温度、痛觉等
平衡觉	半规管和前庭系统	运动和位置变化	旋转、直线运动和摆动
深度觉	肌体神经和关节	物质对肌体的作用	撞击、重力、姿势等

2. 适应

感觉器官接受刺激后，若刺激强度不变，则经过一段时间后，感觉会逐渐变弱以至消退，这种现象称为"适应"。通常所说的"入鲍鱼之肆，久而不闻其臭"，就是嗅觉器官产生适应的典型例子；下水游泳时，刚开始感觉有点冷，但过一会儿就不觉得冷了，是温度感觉的适应现象。对于人体而言，不同的感觉器官，其适应的速度和程度不同，触觉和压觉的适应最快，痛觉的适应现象较不明显。

3. 感觉阈限

感觉阈限是用来表示各种感觉的共性量值。只有适当的刺激，才能引起受体的有效反应。"适当"两字的含义是指刺激能量的强度和量都要适度，超过或不足都不能引起正常的、有效的感觉。若刺激的强度太小，就不能被感受到；若刺激的强度太大，则会超过感受器的承受能力，甚至有可能造成感受器的损伤。感觉阈限可分为绝对感觉阈限和差别感觉阈限两类。

（1）绝对感觉阈限　刚刚能引起感觉的最小刺激能量的强度或量称为绝对感觉阈限的下限。例如，人视觉在夜晚晴朗时可以看见50km处的一只烛光（波长在380~780nm），安静环境中可于6m处听见手表秒针走动的声音（20~20000Hz），可尝出在7.5L水中加入的1茶匙糖的甜味，可闻到在三居室中弥漫的一滴香水的气味，蜜蜂翅膀从1cm高处落在面颊上即有感觉。刚刚导致感觉消失的最大刺激能量的强度或量称为绝对感觉阈限的上限。为了使信息能有效地被感受器接收，应把刺激的强度控制在感觉阈上、下限范围之内。表3-2列出了各种感觉的感觉阈限值。

表3-2　各种感觉的感觉阈限值

感觉	感觉阈限	
	感觉阈下限	感觉阈上限
视觉	$(2.2 \sim 5.7) \times 10^{-17}$J	$(2.2 \sim 5.7) \times 10^{-8}$J
听觉	1×10^{-12}J/m^2	1×10^{2}J/m^2
嗅觉	2×10^{-7}kg/m^3	—
味觉	4×10^{-7}（mol/m^3）	—
温觉	6.28×10^{-9}kg·J/（m^2·s）	9.13×10^{-6}kg·J/（m^2·s）
触压觉	2.6×10^{-9}J	—
振动觉（振幅）	2.5×10^{-4}mm	—

（2）差别感觉阈限　当刺激物引起感觉之后，如果刺激强度有微小的变化，人的感觉器官能察觉这种变化的范围，即是差别感觉阈限。以质量感觉为例，把100g砝码放在手上，若加上1g或减去1g，一般是感觉不出质量变化的，而当增减量达到3g时，才刚能觉察出其变化。3g就是原有100g质量的基础上刚刚能感受到质量差别的差别感觉阈限。图3-1展示了双关图形（a "Man" or a "Girl"，Fisher，1967）在差别感觉阈限内的演变。

图3-1　差别感觉阈限内的图形演变

通常，差别感觉阈限的运用包括两个方面：一是将差异性和变化性控制在差别感觉阈限范围之内，使人们不易察觉。尤其是那些深得消费者喜爱的品牌，有时会担心品牌升级、产品换型等的过分变化影响该品牌在消费者心目中的形象，故常将变化性降低到差别感觉阈限之下，使消费者能逐步接受这种变化。例如，图3-2所示的2018年华为的新旧Logo，新Logo只是简单地对原来Logo进行了扁平化处理，取消了渐变效果；六个英文字母也有所改变，字体风格由圆润变成了方正；最鲜明的"E"字母也开始和其他字母统一，更加硬朗。但总的来讲，变化性不大，新旧Logo之间有着良好的延续性。二是依据差别感觉阈限，强化差异性和变化性，使人们易于识别。例如，图3-3所示的两款农机驾驶室控制器，左图通过手柄形态、色彩的对比设计，带来各手柄视觉、触觉上的较大差异，识别性强，易于盲操作，减少误操作；而右图各手柄无论是形态还是色彩都十分相似，甚至有些完全一致，容易引发误操作。

（a）旧Logo　　　　　　　　（b）新Logo

图3-2　2018年华为新旧Logo的对比（见彩插）

图3-3　农机驾驶室控制器的设计对比

4. 相互作用

一种感受器官只能接受一种刺激和识别某一种特征，如眼睛只接受光刺激，耳朵只接受声刺激。在一定条件下，各种感觉器官对其适宜刺激的感受能力都会因受到其他刺激的干扰影响而降低，这种使感受性发生变化的现象称为感觉的相互作用。例如，同时有多种视觉信息或多种听觉信息，或视觉与听觉信息同时输入时，人们往往倾向于注意一个而忽视其他信息。如果同时输入的是两个强度相同的听觉信息，则对要听的那个信息的辨别能力下降50%，并且只能辨别最先输入的或是强度较大的信息。当视觉信息与听觉信息同时输入时，听觉信息对视觉信息的干扰较大，视觉信息对听觉信息的干扰较小。此外，味觉、嗅觉、平衡觉等都会受其他感觉刺激的影响而发生不同程度的变化。

5. 对比

同一感受器接受两种完全不同但属同类的刺激物的作用，而使感受器发生变化的现象称为对比。感觉对比分为同时对比和继时对比两种。

几种刺激物同时作用于同一感受器时所产生的对比称为同时对比。例如，同一个灰色的图形，在白色背景上看起来显得深一些，而在黑色背景上则显得浅一些，这是明度的同时对比，如图3-4（a）；灰色图形放在蓝色背景上会稍带橙色，而放在橙色背景上会呈蓝色，则是彩度的同时对比，如图3-4（b）。

几个刺激物先后作用于同一感受器时，将产生继时对比现象。例如，吃过糖之后再吃苹果，会觉得苹果发酸，这是味觉的继时对比现象；看过一张红色图片后再看白墙，会觉得墙壁发绿，这是视觉的继时对比现象。

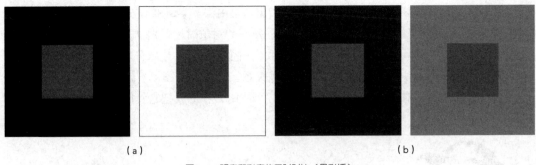

(a) (b)

图3-4 明度和彩度的同时对比（见彩插）

6. 余觉

刺激消失后，感觉可存在极短的时间，这种现象叫余觉。例如，我们通常所说的"余音绕梁，三日不绝"就是声音产生的余觉现象。还有，我们观看亮着的白炽灯，过一会儿闭上眼睛会发现灯丝在空中游动，这是发光灯丝留下的余觉。中国古代的走马灯，儿时的"鸡兔同笼"游戏，现代的电影、电视剧、动画片等都是这一现象的应用。

二、知觉及其特征

知觉是人脑对直接作用于感觉器官的客观事物和主观状况整体的反映。知觉是在感觉的基础上，现实刺激和已储存的知识经验相互作用产生的，它为人们对外界的感觉信息进行组织和解释。在认知科学中也可看作一组程序，包括获取感觉信息、理解信息、筛选信息、组织信息。感觉的过程是收集、转换、分析、编码的过程，把数据源源不断地向大脑发送，而知觉的过程就是大脑将感觉组织成有意义的模式的过程。

例如，看到一把椅子、听到一首歌、闻到鲜花的芬芳、春风拂面感到丝丝凉意等，都属于知觉现象。还是以香蕉为例，我们不仅要知道它的颜色和味道，还要把它作为一个整体与其他东西区分开来。我们看到的是香蕉的黄色，尝到的是香蕉的甜味，闻到的是香蕉的香味，我们认识到的是一个整体的香蕉，这就是知觉。

根据知觉时起主导作用的感官的特性，可把知觉分成视知觉、听知觉、触知觉、味知觉等。如对物体的大小、形状、颜色、距离和运动的知觉属于视知觉；对声音的高低、强弱、节奏、旋律、方位等的知觉属于听知觉。在这些知觉中，除了起主导作用的感官以外，还有其他感觉成分参加。如在物体形状和大小的视知觉中，常常有触觉和动觉的成分参加；在言语的听知觉中，常常有动觉的成分参加。

根据人脑所认识的事物特性，可以把知觉分成空间知觉、时间知觉和运动知觉。空间知觉处理物体的大小、形状、方位和距离的信息；时间知觉处理事物的延续性和顺序性；运动知觉处理物体在空间的位移等。知觉具有以下基本特性。

1. 整体性

人的知觉系统具有把个别属性、个别部分综合成为一个统一的有机整体的能力，这种特性称为知觉的整体性。例如，人们在观察图3-5（a）时，根据其组合特性，会把这些看似杂乱无章的色块知觉为牛头的形状。通常，人们认知事物往往是从整体出发的，也就是说，知觉的整体性占优。图3-5（b）所示的图形，一个由若干字母S组成的大写字母H，人们首先反映到大脑的是图形的整体轮廓——字母H，然后才细辨出它是由许多字母S组成的。

一方面，知觉的整体性可使人们在感知自己熟悉的对象时，只根据其个别属性或主要特征即可将其作为一个整体而被知觉；另一方面，我们对个别成分（或部分）的知觉，又依赖于事物的整体特性。图3-6说明了部分对整体的依赖关系。同样一个图形"**13**"，当它处在数字序列中时，我们把它看成数字13；当它处在字母序列中时，我们就把它看成字母"B"了。

（a）牛头   （b）H还是S呢

图3-5 知觉的整体性   图3-6 部分对整体的依赖关系

在感知不熟悉的对象时，则倾向于把它感知为具有一定结构的有意义的整体。影响知觉整体性的因素包括：邻近性、相似性、对称性、封闭性、连续性、简单性等，它们被称作视觉感知的格式塔原理。

（1）邻近性 在其他条件相同时，空间上彼此接近的部分容易形成整体，如图3-7（a）。

（2）相似性 视野中相似的成分容易形成整体，如图3-7（b）。

（3）对称性 视野中对称的部分容易形成整体，如图3-7（c）。

（4）封闭性 视野中封闭的部分容易形成整体，如图3-7（d）。

（5）连续性 在图3-7（e）中，具有良好连续性的点列，更容易被人们知觉为一个整体，例如m形。

（6）简单性 视野中具有简单结构的部分，容易形成整体。例如图3-7（f）中，我们更倾向于将左侧的图形理解为两个圆形，而不是右侧的形状。

2021年，日本设计师吉田由奈（Yuni Yoshida）联手优衣库推出Disney Art系列T恤，正是利用知觉的这一特性，在创作过程中通过多种物件与人进行巧妙摆拍，为

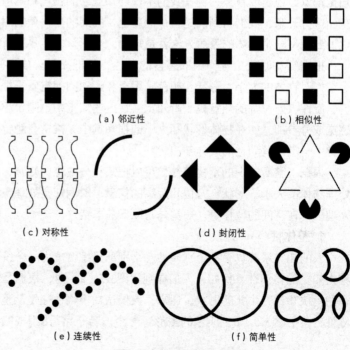

（a）邻近性   （b）相似性

（c）对称性   （d）封闭性

（e）连续性   （f）简单性

图3-7 影响知觉整体性的因素

米奇与米妮打造出别具新意的艺术形象，如图3-8所示。

图3-8 优衣库Disney Art系列T恤

2. 选择性

人在知觉客观世界时，总是有选择地把少数事物当成知觉的对象，而把其他事物当成知觉的背景，以便更清晰地感知一定的事物与对象，这种特性被称为知觉的选择性。影响知觉选择的因素，从客观方面来看，有刺激的变化、对比、运动、大小、强度、反复出现等；从主观方面来看，有经验、情绪、动机、兴趣、需要等。从知觉背景中感知出对象，一般取决于下列条件。

（1）对象和背景的差别　对象和背景的差别越大（包括颜色、形态、刺激强度等），对象就越容易从背景中区分出来，并优先突出，给予清晰的反映。如新闻或广告标题往往用彩色套印或者特殊字体排印，就是为了突出标题。

（2）对象的运动　在固定不变的背景上，运动的物体容易成为知觉对象。如警车、急救车用闪光作为信号，更能引人注目，提高知觉。

（3）主观因素　人的主观因素对于选择知觉对象来说相当重要，当任务、目的、知识、年龄、经验、兴趣、情绪等因素不同时，选择的知觉对象便不同。

双关图形是一些模糊的、不稳定的图形，它们使人们对单一的图像在知觉和辨认上产生多种可能。就双关图形的知觉选择而言，既可以把它知觉为一种图形，也可以把它知觉为背景或另一种图形，即可以在两种图形中相互转换，因而体现的是知觉的选择性。图3-9所示的少女与老妇、纳克方块和鲁宾之壶都是非常经典的双关图形。

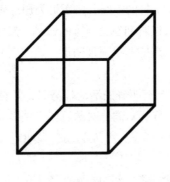

（a）少女与老妇　　　　（b）纳克方块　　　　（c）鲁宾之壶

图3-9 双关图形

3. 理解性

在知觉时，用以往所获得的知识经验来理解当前的知觉对象的特性称为知觉的理解性。理解还有助于知觉的整体性。人们对自己理解和熟悉的东西，容易当成一个整体来感知。在观看某些不完整的图形时，正是理解帮助人们把缺少的部分补充完整（图3-10）。

（a）骑马的人

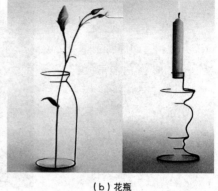

（b）花瓶

图3-10　知觉的理解性

影响知觉理解性的因素有以下几个方面。

（1）知识经验　知觉的理解性是以知识经验为基础的，有关知识经验越丰富，对知觉对象的理解就越深刻、越全面，知觉也就越迅速、越完整、越正确。

（2）言语提示　言语对人的知觉具有指导作用。言语提示能在环境相当复杂、外部标志不太明显的情况下，唤起人的回忆，运用过去的经验来进行知觉。言语提示越准确、越具体，对知觉对象

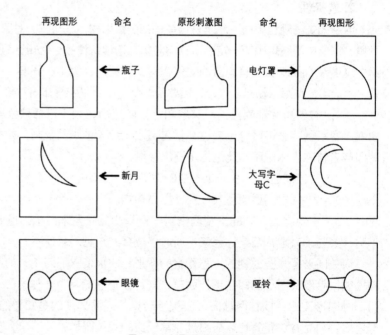

图3-11　言语对知觉理解性的影响

的理解也越深刻、越广泛。图3-11的中间一排图形为原形刺激图，第一组被试听到原形刺激图左边一排的命名，而第二组被试听到右边一排的命名，然后拿走原形刺激图，让他们画出所知觉的图形，分别得到左边和右边的两排再现图形。这一实验结果表明了不同的言语指导，会影响人们对原始图形的知觉。

（3）实践活动的任务　当有明确的活动任务时，知觉服从于当前的活动任务，所知觉的对象比较清晰、深刻。不同的任务对同一对象可以产生不同的知觉效果。

（4）主观因素　除了以上因素，个人的动机与期望、情绪与兴趣爱好以及定式等也会影响人对知觉对象的理解。

理解还能产生知觉期待和预测。例如，熟悉英语单词的人，在读到字母"THE……"后，会预期出现Y、M、N等字母，因为他们知道只有这些字母才能与"THE"组成一个英文单

词。在这里，人们已有的知识结构在当前的感知中起着重要的作用。

4. 恒常性

当知觉的客观条件在一定范围内改变时，人们的知觉映像在相当程度上却保持相对稳定的特性，这叫作知觉的恒常性。知觉的恒常性可分为形状恒常性、大小恒常性、方向恒常性、明度恒常性、颜色恒常性等，其中，形状、大小、方向恒常性的产生主要来自两个方面的信息：一是画面中的情境线索；二是人们的先验知识。

（1）形状恒常性　当我们从不同角度观察同一物体时，物体在视网膜上投射的形状是不断变化的。但是，我们知觉到的物体形状并没有显出很大的变化，这就是形状的恒常性。图3-12从不同的角度看钟表，它的形状发生了很大的变化，但我们仍然认为它是圆的。

（2）大小恒常性　当我们从不同距离观看同一物体时，物体在视网膜上成像的大小是不同的。距离大，视网膜成像小；距离小，则视网膜成像较大。但是，在实际生活中，人们看到的对象大小的变化，并不和视网膜影像大小的变化相吻合。例如，一位身高为1.7m的人从远处渐渐向我们走来，虽然随着距离的不断缩小，他在我们视网膜上的影像会越来越大，但我们总是把他感知为一样高，这就是大小恒常性。我们通过各种视觉线索，形成了近大远小的概念，这就使得图3-13中的空白背景下是相同大小的人。在特定背景下，由于深度线索的干扰，我们就会认为后面那个人更高大。

（3）方向恒常性　方向恒常性是指个体不随身体部位或视像方向的改变而感知物体实际方位的知觉特征。方向恒常性依赖于耳中的前庭系统，通过结合前庭系统的输出和视网膜上的朝向，人获得了准确知觉物体在环境中朝向的能力。图3-14中人的眼睛和嘴其实都被颠倒过了，但是倒着看的时候却似乎并没有什么不对，因为我们的方向恒常性在起作用。然而，当照片正过来之后，这些摆错了的五官会突然产生强烈的不和谐感。

（4）明度恒常性　在照明条件改变时，物体的相对明度保持不变，这叫作明度恒常性。例如，白墙在阳光和月色下观看，它都是白的；而煤块无论在白天还是晚上，看上去总是黑的。白墙总是被感知为白色，煤块总是被感知为黑色，是因为无论在阳光还是月色下，它们反射出来的光的强度和从背景反射出来的光的强度比例相同。可见，我们看到的物体明度，并不取决于照明条件，而是取决于物体表面的反射系数。

图3-12　形状恒常性

图3-13　大小恒常性　　　　图3-14　方向恒常性

（5）颜色恒常性　一个有颜色的物体在色光照明下，其表面颜色并不受色光照明的严重影响，而是保持相对不变。正如室内的家具在不同灯光照明下，它的颜色相对保持不变一样，这就是颜色恒常性。图3-15左图圆圈中的五个色块由左至右看起来是"蓝黄红蓝绿"，而右图圆圈中的五个色块看起来也是"蓝黄红蓝绿"。然而，当我们把它们独立出来时，左图中蓝色方块的颜色是灰色，而右图的黄色方块的

图3-15　颜色恒常性（见彩插）

颜色也是灰色，这两个灰色方块看起来却分别变成了蓝色和黄色。所以，即使左右两图的背景光源完全不同，也并不影响我们对这五个色块的色彩判断，这一案例反映了颜色恒常性。

5. 错觉

错觉是对外界事物不正确的知觉，即我们的知觉不能正确地表达外界事物的特性，而出现种种歪曲。总的来说，错觉是知觉恒常性的颠倒。

错觉的种类很多，有空间错觉、时间错觉、运动错觉等。空间错觉又包括大小错觉、形状错觉、方向错觉、倾斜错觉、形重错觉等，其中，大小错觉、形状错觉和方向错觉有时统称为几何图形错觉。

（1）大小错觉　是人们由于种种原因对几何图形大小或线段长短所产生的错觉。

① 缪勒-莱尔错觉（Müller-Lyer illusion），又叫箭形错觉，两条长度相等的直线段，由于受到两端箭头方向的影响，上边的直线显得比下边的长，如图3-16（a）。

② 潘佐错觉（Ponzo illusion），又叫铁轨错觉，两条辐合线的中间有两条等长的直线，结果一条直线看上去比另一条要长些，如图3-16（b）。

③ 垂直-水平错觉（Horizontal-vertical illusion）是指两条等长的直线，一条垂直于另一条的中点，结果垂直线看上去比水平线要长些，如图3-16（c）。

④ 贾斯特罗错觉（Justrow illusion）是指两条等长的曲线，下面的一条比上面的一条显得长些，如图3-16（d）。

⑤ 多尔波也夫错觉（Dolboef illusion）是指两个面积相等的圆形，被大圆包围的比被小圆包围的看上去要小些，如图3-16（e）。

（a）缪勒-莱尔错觉　　　　（b）潘佐错觉　　　　（c）垂直-水平错觉

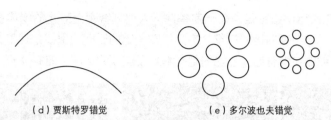

（d）贾斯特罗错觉　　　　　　　（e）多尔波也夫错觉

图3-16　大小错觉

（2）方向错觉

① 佐尔拉错觉（Zollner illusion），指若干条相互平行的直线，由于受到其上面的短线段的干扰而产生不平行的感觉，如图3-17（a）。

② 冯德错觉（Wundt illusion），指两条平行线由于附加线段的影响，看起来好像是弯曲的，如图3-17（b）。

③ 波根多夫错觉（Poggendoff illusion），指两条线段本是在同一直线上，由于受到垂直线的干扰，看起来像已错位，如图3-17（c）。

④ 爱因斯坦错觉（Einstein illusion），指正方形由于受到环形曲线的影响而使四边看上去向内弯曲，如图3-17（d）。

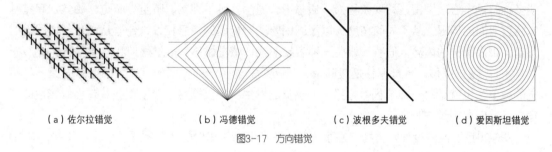

（a）佐尔拉错觉　　　　　（b）冯德错觉　　　　　（c）波根多夫错觉　　　　　（d）爱因斯坦错觉

图3-17　方向错觉

（3）对比错觉

① 马赫带（March belt）。在马赫带左半部的暗区看到一条更暗的线条，而在亮区看到一条更亮的光带，如图3-18（a）。

② 赫曼方块（Heman diamonds）。若干并置的黑色方块之间，好像存在一些灰色的阴影，其实这些阴影实际上是不存在的，只是眼睛产生的错觉而已，如图3-18（b）。

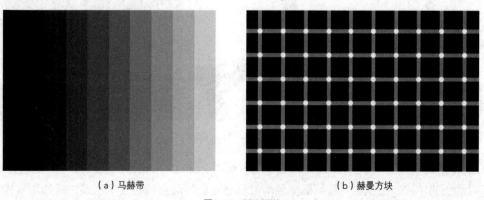

（a）马赫带　　　　　　　　　　　　（b）赫曼方块

图3-18　对比错觉

（4）运动错觉　运动错觉是指在一定条件下人们把客观上静止的物体看作运动的一种错觉。似动现象就是一种典型的运动错觉，它是指在一定的时间和空间条件下，人们在静止的物体上看到了运动，或者在没有连续位移的地方看到了连续的运动（图3-19）。

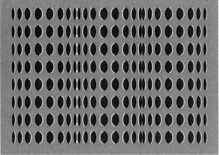

图3-19　似动现象

三、感知觉的设计应用

1. 通感设计

在生活中，常常会有一些事或物让我们产生感官上的错位，即一种感官的刺激触发另一种或多种感觉，心理学把这种现象称为"通感"。通感打破了视觉、听觉、味觉、触觉、嗅觉基本感官之间的界限，从不同的角度，以不同的方式对传递的信息加以组合，从而达到情感上的互通，带来别样的体验。通感一般有三种表现形式：感觉挪移、多觉叠加和意象互通。

（1）感觉挪移　感觉挪移是最简单、最初级的通感形式，指的是一种感觉转向另一种感觉的现象，也就是由一种感觉引起另一种感觉的发生。感觉挪移一般出现在具有相似属性的感觉之间，例如视觉与听觉。

图3-20是巴西的设计师古托·雷奎（Guto Requena）和他的团队制作的一个利用噪声与3D打印互动的椅子，构建了听觉到视觉的通感，并利用3D打印技术呈现出声音的三维形态。用户可以通过程序配置各种声音，同时，可以看到噪声椅子（Noize Chair）的打印过程，利用声波频率制造不同的形状，这也是一种录"音"的方式，只不过换成了用"形"来表达。

图3-20　3D打印噪声椅

图3-21所示的涟漪水龙头由设计师史密斯·纽南（Smith Newnam）设计，它巧妙地利用了人们对颜色的体验，把视觉上看到的颜色与触觉感受的冷暖直接建立了联系，其造型就像一滴水在水面上泛起的涟漪。水龙头的出水量和水温都由中心的"水滴球"控制，球离开圆心越

远，水流越大，反之越小。而水温则可以根据小球在圆盘上的不同角度来调节。为了让水温调节更为直观，底部的LED灯还可以根据水温的不同来变换不同的色彩，蓝色表示冷水，红色则表示热水。

图3-21 涟漪水龙头（见彩插）

（2）多觉叠加 多觉叠加是指多种感觉相融叠加的一种现象，这种通感形式有时还会把相融叠加的感觉利用联想联系在一起，进一步产生连锁反应，从而将多重感觉综合在一起，它是建立在主体思想和知觉整体性上的"通感形式"。当不同的感官被调动起来，或感官之间形成交织，就能够使人们对同一件事物产生全新的感受。

图3-22是深泽直人（Naoto Fukasawa）以"果汁的肌肤"为题设计的一系列包装。果汁有香蕉、草莓、猕猴桃等口味，包装就选用具体口味下的水果外形，以视觉形象激发用户产生味觉、心理和触觉上的熟悉感觉。用户利用视觉、触觉信息，不自觉地激发其他感觉器官进行反馈，这就产生了从视觉到触觉再到味觉的通感。

图3-22 "果汁的肌肤"包装设计（见彩插）

图3-23所示的上海紫外线餐厅（Ultraviolet by Paul Pairet），是全世界第一个感官餐厅，也是上海的米其林三星的餐厅。与其说是食物色香味俱全，不如说餐

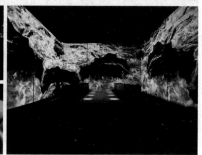

图3-23 紫外线餐厅（见彩插）

厅洞悉了用户对味觉之外的感官期待。餐厅利用投影机、音乐、灯光，乃至气味营造出不同的环境，为食客提供全方位的五感体验。正式用餐时，每一道菜肴都会搭配独特的餐具、影像、音乐、气味，屏幕墙上会显示相关菜品名称信息，菜品的造型和创意烹饪也让人惊喜连连。以"海水浸龙虾"这道菜为例，用餐者被镜头带到海边，被海浪环绕着，伴随着海鸥的叫声，主厨捧着蒸汽中带有海水的咸味的炊具在房间漫步，让整个空间都弥漫着海的味道。

（3）意象互通　意象互通产生的要素是在本觉产生时融入人的情感后引发出另一种感觉。其中，"意"是对生活经历的记忆感受，带有强烈的主观色彩；"象"是感觉器官在外界刺激下传达出的最直接感受，是客观且具体的感觉。

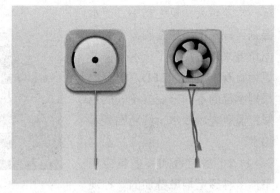

图3-24　CD播放器与换气扇

深泽直人设计的CD播放器（图3-24）利用通感设计，打破了触觉和听觉的界限。用户听到音乐，还能感受到音乐像微风一样在空气中流动。具体而言，"象"是用户拉动拉绳后，音乐传出，是听觉的反馈。"意"是用户内心对换气扇的回忆，所产生的微风吹过的触感。

2. 感官代偿设计

针对老年人、视听障碍者等弱势群体，其由于某些感觉器官退化或者功能性缺失，从而影响到其对产品的体验。而感官代偿设计则正是利用在人的某些感官受到损害时，其他感官的功能会相应增强这一特点，避免或是减少其缺失或损坏的感官的感受，充分增强其他代偿器官的感受。

图3-25所示的盲文积木是乐高为盲人和有视觉障碍的儿童制作的一系列代表不同盲文字母、数字的积木。由于视力受损，盲人对于空间的理解能力存在明显不足，而乐高盲文积木则可以让他们在组建模型的过程中培养自己的空间意识，让他们对模型的外观、布局和构造有更多的理解。

图3-25　乐高盲文积木

3. 错觉设计

产生错觉既有客观的原因，又有主观的原因。研究错觉具有重要的理论意义，它有助于揭示人们正常知觉客观世界的规律。研究错觉还有实践的意义，它有助于消除错觉对人类实践活动的不利影响，人们可以利用某些错觉为人类服务。例如在服装设计中，利用图案和线条的错觉，可以使肥胖的人显得瘦，瘦弱的人显得胖。在室内空间设计中，通过对空间的水平和垂直线条的划分，可以使空间看上去更开阔或者更小巧。同样在产品设计中，我们可以利用表面颜色的区别来造成同一物品轻重不同的错觉：在小巧轻便的日用品表面涂浅色，使产品显得更加轻巧；而在大型机械设备的基础部分涂深色，以增强稳固之感。面积相对较大的纯平面常常会给人一种下陷的感觉，为了弥补这一错觉，往往方形的大平面会设计为向外凸出，如图3-26（a）。灯具设计也会利用线框，在二维平面上显示出三维空间感，增添使用时的乐趣，如图3-26（b）。

（a）汽车设计

（b）灯具设计

图3-26 错觉的应用

在具体实践中，设计师常通过二维与三维的转换、飘浮、材质替换、不平衡、利用镜子等方式创造错觉，带来奇幻的视觉效果和丰富的情感体验。

（1）二维与三维的转换 荷兰版画家莫里茨·科内利斯·埃舍尔（Maurits Cornelis Escher）因其绘画中的数学性而闻名。在他的作品中可以看到对分形、对称、密铺平面、双曲几何和多面体等数学概念的形象表达。他是著名的视错觉画家，他的画作中大部分都是不可能图形，例如图3-27（a）所示的《瀑布》。

（a）埃舍尔的《瀑布》

（b）《纪念碑谷》游戏

图3-27 二维与三维的转换

图3-27（b）中风靡一时的《纪念碑谷》游戏的灵感也来自埃舍尔。在游戏《纪念碑谷》中运用了大量的"不可能图形"的概念，最为直观的便是主人公一次又一次地行走在无限循环的奇妙立体空间，闯过一个又一个奇妙关卡。我们惊叹于设计者巧妙地在每一帧画面当中运用了空间悖论，通过立体空间给人营造视觉上的错觉冲击。

（2）飘浮 图3-28所示的三件产品通过材质变化、光影组合等方式，制造对抗重力的视觉效果，使产品仿佛拥有了魔力，飘浮在空中，颠覆了人们对其三维造型的认知。

图3-28 飘浮错觉

（3）材质替换 通过材质替换，人们产生视觉与触觉甚至其他感官的冲突。巧克力铅笔（Chocolate-pencils，图3-29）是日本设计工作室Nendo为甜品店Tsujiguchi Hironobu设计的甜点。不同颜色深度的巧克力棒如同铅笔形状，每支笔

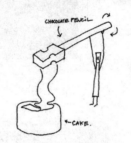

图3-29 Nendo创意巧克力铅笔

还有不同的标号，代表不同的可可混合比例，并且配备了一个卷笔刀。削下来的碎屑不再是被抛弃的部分，而是食品上的点睛之笔，整个过程让人享受。

（4）不平衡 通过倾斜或者隐藏的方式，制造视觉上的不平衡和不稳定感。图3-30是日本设计工作室Nendo创始人佐藤大设计的Sinking about Furniture系列家具，他将传统的家具进行"分解"，赋予其新的使用方式，矮柜变成了长凳、桌子变身为休闲椅、凳子化身成雨伞架。虽然其色彩灰暗，但其颠覆了用户对家具的认知，打破了用户内心家具的固有原型，引起了巨大轰动，使人们开始重新思考家具功能与形式的关系。

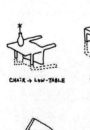

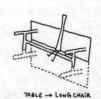

图3-30 Sinking about Furniture系列家具

（5）利用镜子　通常，人们对镜子的认知是镜子前和镜中的事物是一致的，当这种一致性被打破的时候，错觉就产生了。日本设计团队D-BROS创作出了可以反射的镜面咖啡杯Waltz（图3-31），杯盘组合在一起时显现出和谐的图案，但将杯子拿起来时，图案就会从镜面的杯子上慢慢滑落下来，非常有趣。

图3-31　镜面咖啡杯

第二节　人的信息处理系统

在人和机器发生关系和相互作用的过程中，最本质的联系是信息交换。人在人机系统中特定的操作活动上所起的作用，可以比作是一种信息传递和处理过程。因此，从人机工程学的角度出发，可以把人视为一个单通道的有限输送容量的信息处理系统。

有关机器状态的信息，通过各种显示器传递给人，人依靠眼、耳和其他感官接受这些信息。由各种感官组成的感觉子系统将获得的这些信息通过神经信号传递给大脑中枢。中枢的信息处理子系统接收传入的信息并加以识别，作出相应的决策，产生某些高级适应过程并组织到某种时间系列之中。被处理加工后的信息，既可以贮入贮存子系统中的长时记忆中，也可以贮入短时记忆中。最后，信息处理系统可以发送输出信息，通过反应子系统中的各种控制装置和语言器官，产生运动和语言反应。

一、人的信息接收与传递

1. 信息接收

人的眼、耳、鼻、舌等各种感受器是接收信息的专门装置。来自人体内外的各种信息通过一定的刺激形式作用于感受器，引起分布于感受器内的神经末梢发生神经冲动，这种神经冲动沿着神经通路传送到大脑皮层相应的感觉区而产生感觉。前面已提及，每一种感受器只对适宜刺激产生反应，对于非适宜刺激的作用，一般不发生反应，或只能发生很模糊的反应。例如，视觉感受器的适宜刺激是波长范围为380～780nm的电磁波，听觉感受器的适宜刺激是频率范围为20～20000Hz的声波。超过这个范围，人就要借助特殊的仪器和设备才能达到识别的目的。

2. 信息传递

根据信息论的观点，人机系统中典型的信息传递模式可用图3-32表示。

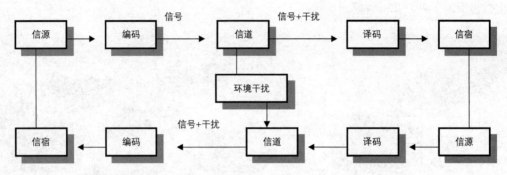

图3-32　人机系统的信息传递模式

（1）信息计量　在人机系统中所讨论的信息是指人类特有的信息，它是客观存在的一切事物通过物质载体（即信道）所发出的消息、情报、指令、数据、信号和标志等所包含的一切传递与交换的知识内容。

信息是可以严格定量的。信息量以计算机的"位"（bit）为基本单位，称为比特。一个比特信息量的简单定义是：在两个均等的可能事件中需要区别的信息量。例如，瞭望塔上的士兵以信号灯的闪光次数传递信息：闪光一次表示"敌人进攻"，闪光两次表示"敌人撤退"。每传递一次信号，无论是闪光一次还是两次，都带一个比特的信息。用定义来解释就是："敌人进攻"和"敌人撤退"是两个均等的可能事件。所以，无论哪种情况出现，都只带一个比特的信息量。当可能事件多于两个，即变化的可能性在两个以上时，可用式（3-1）来计算信息量：

$$\log_2 N = n \,（bit）\tag{3-1}$$

式中　N——均等的可能事件；

　　　n——信息量。

如果上例中再加上闪光三次为"敌人停止活动"，闪光四次为"敌人投降"，则可能事件为4个，通过公式可计算：$\log_2 4 = 2$（bit）。所以，每当出现一个事件时，这个事件所带的信息量为2比特。

（2）信道容量　信道的关键是信道的容量，即单位时间内可传输的最大信息量。人从刺激发生到作出反应，其信息传递需经历三个阶段：第一阶段是感觉输入阶段，即信息从感受器接收后传递到大脑；第二阶段是大脑对信息进行加工，作出判断、决策；第三阶段是运动输出，即信息从大脑传递到运动器官。人有多种不同的信息输入通道以及多种不同运动器官的信息输出通道，各种信道的传递能力有明显差异。信道容量与单位时间内能正确辨认的刺激数量有关，可用式（3-2）表示：

$$C = n \,（\log_2 N）/T\tag{3-2}$$

式中　C——信道容量；

　　　N——辨认的刺激数目；

　　　n——单位时间内能作出正确反应的刺激数目；

　　　T——对一个刺激作出正确辨认反应的时间。

研究表明，人的各种感觉信道容量有明显的差别，而且在同一性质的感觉中，信道容量还会由于刺激维度不同而变化。表3-3是视觉和听觉通道对不同的单维刺激的信道容量。如果是多维复合刺激，则信道容量比单维刺激时明显增大（表3-4）。

表3-3　绝对判断中视觉和听觉通道对单维刺激的信道容量

感觉通道	刺激维度	绝对正确辨认的刺激数目/个	信道容量/bit
视觉	点在直线上的位置	10	3.2
	方块大小	5	2.2
	颜色	9	3.1
	亮度	5	2.3
	面积	6	2.6
	线段长度	7~8	2.6~3.0
	直线倾斜度	7~11	2.8~3.3
	弧度	4~5	1.6~2.2
听觉	纯音音响	5	2.3
	纯音音高	7	2.5

表3-4　绝对判断中视觉和听觉通道对多维复合刺激的信道容量

感觉通道	复合刺激维度	能绝对辨认的刺激数目/个	信道容量/bit
视觉	大小、明度、色调等	18	4.1
	亮度、颜色（色调、饱和度）	13	3.6
	点在正方形中的位置	24	4.6
听觉	音响、音高	9	3.1
	频率、强度、间断率、持续时间、方位	150	7.2

（3）信息编码　编码就是按一定规则，把信息变换成符号或信号的过程。在通信系统通道中实现信息传递需要对信息进行编码。研究表明，人的感觉信息的传递也是以各种编码方式进行的。哪些编码方式的信息传递效率最好，对设计而言是富有实践意义的研究课题。

从以上表格可以看出，声音信号的编码，若只以强度的不同来代表不同的信息内容，则是单维的；若信号不仅在强度上，而且在频率上也有所变化，则是二维的。研究结果表明，增加信息编码的维度可提高信息传递的绩效。例如，告警系统采用不同强度和不同频率的声音混合进行编码，能提高告警信号的传信绩效。

编码方式的优劣与工作性质有密切的关系，见表3-5。一般来说，在辨认工作中数码、字母、斜线等是较好的；在搜索定位工作中则以颜色为最优，数码和形状次之；在计数工作中以数码、颜色、形状为较优；但在比较和验证工作中，则这些符号对工作效率几乎没有差别。编码优劣与工作条件也有一定关系。例如，在辨认工作中，如果时间不限，则颜色优于斜线。如果呈现时间较短（0.1~1.0s），则斜线较颜色更优。总之，依据感觉系统信息处理的原理，巧妙地利用不同的编码方式，可以设计出高效的、高质的人机界面。

表3-5　编码方式的优劣

所用的标志或符号种类	工作性质及条件	较好的符号或标志 （按优劣先后排列）
颜色、斜线	辨认（时间不限）	颜色
数码、颜色、斜线	辨认（短时呈现）	数码、斜线
数码、斜线、椭圆、颜色	辨认（短时呈现）	数码、斜线
数码、字母、形状、颜色、图案	辨认	数码、字母、形状
颜色、形状、大小、明度	搜索定位	颜色、形状
数码、字母、形状、颜色、图案	搜索定位	颜色、数码
颜色、数码、形状	搜索定位	颜色、数码
颜色、字母、形状、数码、图案	比较	无明显差别
颜色、字母、形状、数码、图案	验证	无明显差别
颜色、字母、形状、数码、图案	计数	数码、颜色、形状
颜色、军用图形、几何图形、飞机图形	目标搜索	颜色、军用图形（如雷达、飞机等图形）
颜色、数码、颜色加数码（颜色卡片上印有数码）	辨认（短时呈现）	颜色加数码、数码、颜色

例如，生活中常见的公交站牌，需要对车次、始发站、途经站、当前站、终点站、发车时间等信息进行编码。图3-33中的两个站牌就采用了不同的编码方式，在信息识别的难度、效率等方面存在着一定的差异。

（4）信息的冗余度　冗余度在通信理论中表示一定数量的信号单元所携带的信息量低于它所能携带的最大信息量的程度。研究表明，信息编码如果过剩，也就是说，如果存在信息的冗余度，则会使传信绩效降低，但却有利于提高通信的抗干扰能力。例如在广告设计中，为使受众能有效及时地记住所宣传的产品，经常会不断地强调和重复该产品的某些重要特征或者是商品名称，以达到让受众记住并接受该产品的目的。

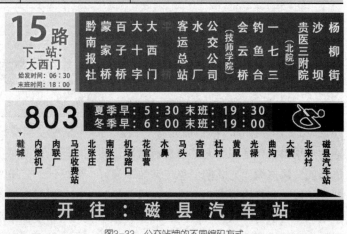

图3-33　公交站牌的不同编码方式

二、人的信息加工

1. 人的信息加工过程

人的信息加工过程可用图3-34所示的模型来表示，该模型描述了人的信息加工的各个基本机能及其相互关系。模型中的每一个方框代表信息加工的一种机能，简称机能模块，箭头则表示信息流动的路线和方向。以下分别简述各个模块的机能。

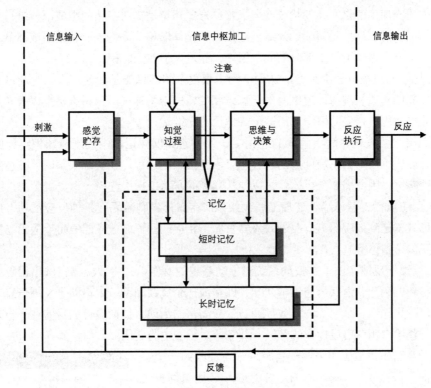

图3-34 人的信息加工模型

（1）感觉贮存 又称感觉登记、感觉记忆或者瞬时记忆。它贮存输入感觉器官的刺激信息，保持极短时间的记忆，是人接受信息的第一步。由于人的感觉通道的容量有限，而人所接受的输入信息又大大超过了人的中枢神经系统的通道容量，因此大量的信息在传递过程中被过滤掉了，而只有一部分进入神经中枢的高级部位。

感觉信息传入神经中枢后，在大脑中贮存一段时间，使大脑能够提取输入感觉器官中的有用信息，抽取特征和进行模式识别。这种感觉信息贮存过程衰减很快，所能贮存的信息数量也有一定限度，延长显示时间并不能提高它的效率。

（2）知觉过程 信息的中枢加工，主要表现在知觉、记忆、思维决策过程中。知觉是在感觉基础上进行的，是多种感觉综合的结果，知觉过程也是当前输入信息与记忆中的信息进行综合加工的结果。

知觉过程的信息加工，可分为"自下而上"和"自上而下"两种相互联系、相互补充的方式。自下而上加工是指由外部刺激开始的加工，主要依赖于刺激物自身的性质和特性。对信息的分析从基本的细小特征开始，逐步形成完整知觉。自上而下的加工是由有关知觉对象的一般知识开始的加工，常体现于上下文效应中。利用已有的知识，迅速把各种感觉特征组织为一个有意义的整体。

知觉过程还涉及整体加工和局部加工的问题。作为知觉对象的客体，包含着不同的部分。例如，一个水果包含有形、色、香、味等属性；一座房子包含有墙、顶、门、窗等组成部分；一个图形包含有点、线、面等构成要素。对于一个客体，是先知觉其各部分，进而再知觉整体，还是先知觉整体，再由此知觉其各部分？对此问题有两种不同的看法：一种认为在客体的知觉过程中优先加工的是客体的构成成分，整体形象知觉是在对客体的组成部分进行加工后综合而成的。另一种则认为对客体的知觉过程是先有整体形象，而后才反映其组成部分。如格式塔心理学派提出，整体不等于部分的简单相加，而是大于部分之和。

（3）思维与决策　思维是人的认识活动中最复杂的信息加工活动。人只有通过思维活动才能认识事物的本质和规律。思维有形象思维和抽象思维两种。形象思维是指以表象形式进行的思维，而抽象思维是借助概念或语词形式进行的思维。

人的思维主要表现在解决问题的过程中。人在遇到仅凭记忆中的现成知识不能解决问题时，就会开展思维活动。解决问题的过程也是不断决策的过程。在实际决策时，往往包含多种可能的行动方案，因此需要分析比较，以便从众多的方案中择优选择。

（4）反应执行　信息经上述加工后，如果决定对外界刺激采取某种反应活动，这种决策将以指令形式输送到效应器官，支配效应器官做出相应的动作。效应器官是反应活动的执行机构，包括肌肉、腺体等。

（5）反馈　反馈实质上是被动系统对主动系统的反作用。将效应器官做出相应动作的结果作为一种新的刺激，返回传递给输入端，即构成一个反馈回路。人借助于反馈信息，加强或者抑制信息的再输出，从而更为有效地调节效应器官的活动。反馈设计的目的在于告知用户发生了什么，让用户明白自己操作的结果，并知道系统发生的变化。

例如，在音乐播放器里下载一首歌，你不会收到一个弹框"歌曲下载完成"，你只会在"本地音乐"里看到一个小红点，这就意味着下载完成。小红点虽然用得不多，但是它的存在可以缓解弹框的压力（图3-35）。

声音是我们接触最早也是很受设计师青睐的一种反馈方式，以前打电话按键，每按一下就会发出"嘀"的声响，告诉用户按键成功。同样，在汽车驾驶室的设计中，经常会利用声音反馈来提示用户是否操作准确，譬如是否系好安全带、是否关好车门、下车时是否熄火等。

（6）注意　注意是心理活动或意识对一定对象的指向和集中，是和意识紧密相关的一个概念，从感觉贮存开始到反应执行的各个阶段的信息加工几乎都离不开注意。注意的重要功能在于对外界的大量信息进行过滤和筛选，即选择并跟踪符合需要的信息，避开和抑制无关的信息，使符合需要的信息在大脑中得到精细的加工。注意保证了人对事物清晰的认识、更准确的反应和更有序可控的行

图3-35　音乐播放器上的小红点
（见彩插）

为，是人们获取知识、掌握技能、完成各种实际操作和工作任务的重要心理条件。

当然，注意并不总是指向和集中在同一对象上，根据当前活动的不同需要，注意可有意识地从一个对象转移到另一个对象。在某些情形下，注意还可以在同一时间内分配给两种或多种活动。如打字员在录入文档时，既要注意电脑屏幕上的文字，又要查看所输入的文字材料。随着现代科技的日益复杂，在一些大型的人机系统中，如飞机显示舱，操作者只有具备较高的注意分配能力，才能提高工作效率，避免出现差错和发生事故。影响注意的因素有以下几方面。

① 强度：非常强烈的刺激通常更容易得到注意；

② 重复：重复刺激也容易达到注意；

③ 变化：没有变化的重复会导致习惯化；

④ 动机：动机在注意中发挥重要作用。

在人机系统设计中应该有意识地强化这些因素，从而使操作者的注意力集中，提高操作效率。

其他两大机能模块——短时记忆和长时记忆，将在"人的信息贮存"中详细阐述。

2. 人的信息贮存

从感受器输入的信息，一般以一定的编码形式贮存在记忆系统中。人的记忆可分为感觉记忆、短时记忆和长时记忆三个阶段，这三个阶段是相互联系、相互影响并密切配合的，也是三个不同水平的信息处理过程，见图3-36。

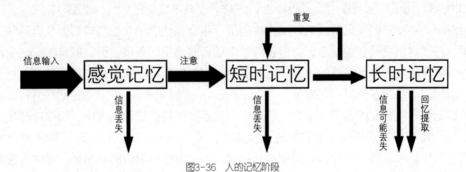

图3-36 人的记忆阶段

（1）感觉记忆　感觉记忆是记忆的初始阶段，它是外界刺激以极短的时间一次呈现后，一定数量的信息在感觉通道内迅速被登记并保持一瞬时的过程，因此又被称为瞬时记忆或者感觉登记。感觉记忆具有形象鲜明、信息保持时间极短、记忆容量较大等特点，其保存的信息如果得不到强化，就会很快淡化而消失；若受到强化，就会进入短时记忆系统。

感觉记忆的功能在于为大脑提供对输入的信息进行选择和识别的时间。常见的感觉记忆包括图像记忆和声象记忆两种。图像记忆是指作用于视觉器官的图像消失后，图像立即被登记在视觉记录器内，并保持约300ms时间的记忆。声象记忆是指作用于听觉器官的刺激消失后，声音信息被登记在听觉记录器内，并保持约4s时间的记忆。

（2）短时记忆　短时记忆又称工作记忆或操作记忆，是指信息一次呈现后，保持时间在1min以内的记忆。

短时记忆的容量较小，信息一次呈现后，能立即正确记忆的最大量一般为7±2个不相关的项目。但若把输入的信息重新编码，按一定的顺序或按某种关系将记忆材料组合成一定的结构形式或具有某种意义的单元（组块），减少信息中独立成分的数量，即可明显提高短时记忆的广度，增加记忆的信息量。因此，为了保证短时记忆的作业效能，一方面需要短时记忆数量尽量不超过人所能贮存的容量，即信息编码尽量简短，如电话号码、商标字母等最好不超过7个；另一方面则可改变编码方式，如选用作业者十分熟悉的内容或者信号编码，从而提高短时记忆的记忆容量。有意识的短时记忆方法是组块记忆法，即把一定的记忆材料分成适当的组块或类别，可以应用于背单词、记电话号码等。

7±2法则是指一般人的短时记忆容量约为7个加减2个，即5~9个之间，可以理解为7加减2个组块。该法

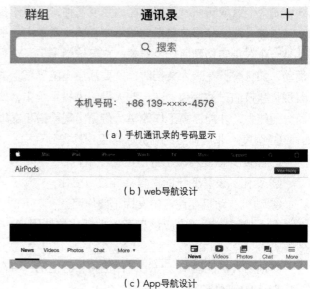

（a）手机通讯录的号码显示

（b）web导航设计

（c）App导航设计

图3-37　7±2法则在交互设计中的应用

则常被应用于交互设计中，例如手机通讯录中的手机号码被分割成"×××-××××-××××"的形式，减轻了用户记忆负担，如图3-37（a）；web导航或选项卡尽量不要超过9个，如图3-37（b）；移动应用交互设计上，选项卡一般不会超过5个，如图3-37（c）。

短时记忆中贮存的信息若不加以复述或运用，也会很快忘记。如打电话时从电话簿上查到的号码，打了电话后就会很快忘记。但若打过电话后对该号码复述数遍，就可在记忆中保持得长一些，复述次数越多，保持的时间就越长。这是因为短时记忆中的信息经过多次复述后就会转入长时记忆，保留在长时记忆库中。

短时记忆在现代化的通信、生产、管理和人机系统中具有重要的作用。如在自动化监控系统中，作业者根据仪表所显示的数据进行操作和控制，操作完毕，即可忘记刚才所记住的数据。而日常生活和工作中也经常要用到短时记忆，如上课或听报告时做笔记、接线员接听外界电话及翻译人员进行口译等，都离不开短时记忆。在设计人机系统时，更是应该考虑人的短时记忆的特点，以免增加操作者的心理负荷，造成人为差错与失误。

此外，事物在记忆中的存储取决于人对该事物的理解程度，理解程度会影响记住的信息量，因为理解程度影响记忆的基本单位。例如对一局棋的记忆，高手与菜鸟有很大差异。

（3）长时记忆　长时记忆是记忆发展的高级阶段，其保持时间在1min以上。长时记忆中贮存的信息，大多是由短时记忆中的信息通过各种形式的复述或复习转入的，但也有些是由于对个体具有特别重大的意义而印象深刻的事物在感知中一次形成的。譬如，有些广告由于其形式新颖、编排奇特从而使人过目不忘。

长时记忆中的信息是按意义进行编码和组织加工的。编码主要有两类：一类是语义编码，对语言材料多采用此类编码；另一类为表象编码，即以视觉、听觉以及其他感觉等心理图像形式对材料的意义编码，设计中的编码多属于此类编码。

长时记忆具有极大的容量，可以说没有限度，可以包含人一生所获得的全部知识和经验。但这并不意味着人总是能记住和利用长时记忆中的信息，这是因为：一是找不到读取信息的线索，即无法进行信息提取；二是相似的信息和线索混在一起彼此干扰，以致阻碍目标信息的读

取。所以有时尽管某个信息客观上贮存在长时记忆中，但实质上已丧失了它的功能。

图3-38 "朝九晚五"时钟

人们在成长过程中不断获得一些存在某些联系的知识和体验，这些知识和体验在记忆中按照一定的模式连接起来，就是概念。概念形成是对世界的体验的归纳、概括和抽象化的过程，人们通过概念表示客体（如鸟、书、电话等）、特征（如红色、明亮、大的）、抽象思想（如爱、理想）以及关系（如按下红色按键机器就会停止）。概念是记忆的基本单元，它所指的通常为人对事物的典型体验——原型。人们无须看到对象的全部细节也能匹配相应的原型，这样能提高人们的识别速度。并且，只要存在相应的原型，新的、不熟悉的模式也是可以识别的。

图3-38是一款专为办公室而设计的时钟，它巧妙地将上班族熟悉的"朝九晚五"的概念与时钟的产品功能联系起来，希望把"朝九晚五"的时间变得生动、趣味化。表盘部分应用了代表"家"的图形来代替部分时间区域，指针则设置为和"家"相一致的颜色。当时针进入"家"的时区时就如同被隐形了，因为这时候时钟的功能已经变得不再重要了，人们可以尽情去享受家的温暖。

三、人的信息输出

在人机系统中，人的信息的输出，通常表现为效应器官（如手、足）的操作活动。因此，效应器的速度和准确度直接关系到人机系统的效率和可靠性。

1. 人的操作运动的类型

根据完成操作的情况，人的操作运动可分为以下几种。

（1）定位运动　定位运动是在作业过程中，人体或肢体根据作业所要求达到的目标，由一个定位位置运动到另一个特定位置的运动，是操作控制的一种基本运动。定位运动包括视觉定位运动和盲目定位运动，前者是在视觉控制下进行的运动，如驾驶员在驾车过程中，视线要注意前方路面上出现的过往行人、车辆、路面状况，以及各种交通信号、标志等；后者则是排除视觉控制，凭借记忆中储存的关于运动轨迹的信息，依靠运动觉反馈而进行的定位运动，如驾驶员操纵方向盘、踩刹车、按喇叭等各种动作都要依靠盲目定位运动来完成。

（2）重复运动　重复运动是在作业过程中，连续不断地重复相同的动作，如调节音量时调节旋钮、输入文档时敲击键盘、用小锤钉钉子等。

（3）连续运动　连续运动又叫追踪运动，是操作者对操作控制对象连续地进行控制、调节的运动，如拖动鼠标在电脑上作图，铣工按线条用机、手并动的方法铣削零件等。

（4）逐次运动　逐次运动是若干个基本动作按一定顺序相对独立进行的运动。例如，我们在开启电脑时的动作，就是按照接通电源、开主机、打开显示屏、进入菜单等一连串有序的基本动作来完成，这即为逐次动作。

（5）静态调整运动　静态调整运动是在一定时间内，没有运动表现，而是把身体的有关部位保持在特定位置上的状态。例如，在焊接作业时，手持焊枪使其稳定在一定位置上，以保证焊接质量。

2. 影响信息输出（即操作）质量的因素

信息输出质量的高低取决于以下两个方面的因素。

（1）反应时间 反应时间又称反应时，是指刺激作用于人，到人明显作出反应开始时所需要的时间，即刺激呈现到反应开始之间的时间间隔。人接受刺激时并不会立即有反应，而是有一个发动过程，这个过程包括感觉器官接受刺激后产生活动，由传入神经传至大脑神经中枢，经加工后，再由传出神经传到运动器官，运动器官接受神经冲动，引起肌肉收缩。通常，把这一过程所需要的时间称为反应时间，有时也叫反应的潜伏期。

① 反应时又可分为简单反应时和选择反应时两种，前者是指单一信号、单一运动反应、有准备条件下测得的反应时。同一感觉器官接受的刺激不同，其简单反应时也不同。简单反应时的特点是刺激信号简单，容易反应，不必进行识别、判断。后者是指呈现的刺激不只一个，对各个刺激出现时作出不同的反应而测得的相应的时间。例如，信号是红、绿、黄三种颜色的灯，被试要根据信号颜色按相应的按钮。由于中枢加工的信息量的增加，处理时间会延长。中枢加工时间是反应时的主要部分，所以选择反应时比简单反应时明显增加。选择反应时的特点是刺激信号内容多而复杂，需要进行识别、判断和选择，容易出错。

② 影响反应时的因素主要包括刺激与人两个方面，下面分别加以说明。

第一，刺激信号的通道。不同的感觉通道其简单反应时不同，其中触觉和听觉的反应时最短，其次是视觉。表3-6比较了各种感觉通道的简单反应时。根据反应时的感觉通道特点，在告警信号的设计中，常常以听觉刺激作为告警刺激形式；在普通信号设计中，则多以视觉刺激作为主要刺激形式。

表3-6 各种感觉通道的简单反应时

感觉通道	反应时间/ms
触觉	117～182
听觉	120～182
视觉	150～225
冷觉	150～230
温觉	180～240
嗅觉	210～390
痛觉	400～1000
味觉	308～1082

第二，刺激信号的性质和强度。人对各种不同性质刺激的反应时是不同的（表3-7），且对于同一种性质的刺激，其刺激强度和刺激方式的不同，反应时也有显著的差异（表3-8）。

表3-7 对各种刺激的反应时

刺激	反应时/ms
光	176

刺激	反应时/ms
电击	143
声音	142
光和电击	142
光和声音	142
声音和电击	131
光、声音和电击	127

表3-8　不同刺激强度的反应时

刺激	对刺激开始的反应时/ms	对中间的反应时/ms
中强度	119	121
弱强度	184	183
阈限	779	745
强	162	167
弱	205	203

第三，刺激的清晰度和可辨性。刺激信号的清晰度包括两方面的含义：一是刺激信号本身的清晰度，二是刺激信号与背景的对比度，这两者共同影响着反应时的长短。因此，在设计灯光信号时，除了考虑灯光本身的清晰度外，还要考虑信号与背景的亮度比。在设计标志信号时，要考虑信号与背景的颜色对比；设计声音信号时，要考虑信号与背景的信噪比及频率的不同。例如，在进行办公室的室内空间设计时，就要求有一定的隔光、吸音措施，目的就是保证办公室工作人员的工作速度。

当刺激信号的持续时间不同时，反应时随刺激时间的增加而减少。但当刺激持续时间达到某一界限时，再增加刺激时间，反应时却不再减少。

第四，刺激维度。刺激维度属于一种刺激物具有的、可引起心理反应的特性或属性，可用作信息编码。根据刺激物特性的数量可分为单维刺激和多维刺激。单维刺激只在单一特性上发生变化，如只在色调上变化的颜色，只在声调上变化的声音。多维刺激具有两种及两种以上的特性，如具有响度、音高、音色等特性的声音。多维刺激比单维刺激包含更多的信息量，反应时更短，具有更高的信息传递效率（图3-39）。

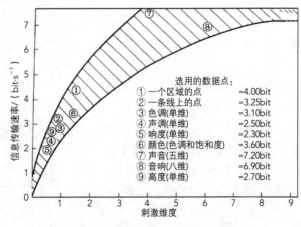

图3-39　刺激维度与信息传输速率的关系

此外，刺激信号的数量对反应时的影响最为明显，即反应时随刺激信号数量的增加而明显地延长。需要辨别两种刺激信号时，两种刺激信号的差异愈大，则其可辨性愈好，即反应时愈短。

第五，预备时间。预备时间是指从预备信号发出到刺激呈现这一段间隔时间，也指相邻两个刺激间的间隔时间。预备时间太短或太长，都会使反应时延长。此外，若事先熟知预备时间，则反应时短，反之则长。

第六，人的适应状态。人如果越适应某一环境和任务，则反应时就越短，反应灵敏。不断反复地练习可提高人的适应能力，从而提高人的反应速度和准确度，训练可以明显缩短反应时。如辨认熟悉的图形信号或训练有素的司机，与辨认不熟悉的图形信号或不熟练的司机相比，前者的反应速度比后者高10～30倍。适应性问题在视、听刺激反应中应特别加以重视。

第七，人的疲劳程度。人在肌体疲劳以后，注意力、肌肉工作能力、动作准确性和协调性会降低，从而使反应时变长。因此，反应时可作为测定疲劳程度的一项指标。

第八，其他因素。反应时还随年龄、性别不同而有所差异。一般男性比女性快，20岁前反应时随年龄增加而缩短，20岁后则随年龄增加而变长。动机因素对反应时也有较大的影响：对于与自己关系不大的刺激的反应，反应时较长；而对于与自己关系密切的刺激的反应，反应时较短。

③ 在人机系统中缩短反应时的措施：合理选择感觉通道，更好地利用剩余感觉通道；选择适宜的刺激信号，有意识地利用多维刺激；合理设计显控装置，使人容易辨认，方便操作；合理设计人机通道，提升刺激与反应之间的协调性；进行职业选拔和培训，提高人的技术熟练程度；劳动定额和工作组织要符合人的生理和心理特点，最大限度地发挥人的能力。

（2）运动准确性　准确性是衡量信息输出质量的一个重要指标。在人机系统中，如果人的操作准确性程度不高，那么即使反应时和操作时间很短也无济于事，甚至危害更大。影响运动准确性的主要因素有运动时间、运动类型、运动方向、操作方式等。

① 速度—准确性互换特性。费茨定律表明，定位运动时间与目标宽度成反比。在运动速度与运动准确性方面也存在着类似的关系，即做得快时差错多或误差大，做得慢时准确性高或误差小。速度与准确性两者间的这种相互补偿关系称为速度—准确性互换特性。

如果以反应时作为横轴，以准确性为纵轴，所描绘的曲线称为速度—准确性操作特性曲线（图3-40）。其表明反应时对准确性的影响遵循"边际递减"规律，即随着反应时的增大，最初准确性程度迅速提高，但当准确性接近最大时，反应时的增大对准确性程度的提高的影响逐渐变得很小。说明在人机系统设计中，过分强调速度或过分强调准确性都会得不偿失。

② 快速定位运动的准确性。为了研究快速运动的准确性，施密特（R. A. Schimidt）研究了短于200ms的定位运动。结果发现，随着运动时间的延长，垂直方向和水平方向上的准确性均提高。同时，随着运动距离的增加，准确性下降。

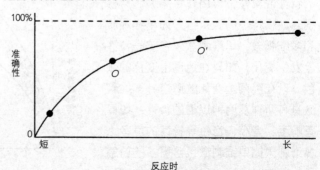

图3-40　速度—准确性操作特性曲线

手的不同运动方向也影响着准确性。当被试者手握着笔沿图3-41中狭窄的槽运动时，笔尖碰到槽壁即为一次错误，此错误可作为手臂颤抖的指标。结果表明，在垂直面上，手臂做前后运动时颤抖最大，其颤抖方向是上下的；在水平面上，做左右运动时颤抖最小，其颤抖方向是前后的。

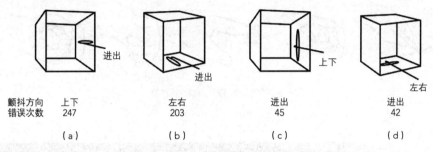

颤抖方向	上下	左右	进出	进出
错误次数	247	203	45	42
	（a）	（b）	（c）	（d）

图3-41 手臂运动方向的影响

③ 盲目定位运动的准确性。在实际操作中，当视觉负荷很重时，往往需要人在没有视觉帮助的条件下，根据对运动轨迹的记忆并凭借运动觉反馈进行盲目定位运动。例如，当视觉集中注意一个目标同时伸手去抓控制器，就属于盲目定位运动。费茨（1947）研究过手的盲目定位运动的准确性：他将靶子排列在被试左右0°、45°、90°、135°和上下0°、45°的位置上，要求被试在蒙住眼睛后，用一支铁笔去刺靶子的靶心，实验结果如图3-42所示。图中每个圆表示击中相应靶子的准确性，圆越向下表示准确性越高，圆中的四个黑圆点表示击中相应象限的准确性。圆点越小，表示准确性越高。

从这个研究可得出：正前方盲目定位准确性最高，右方稍优于左方，在同一方位，下方和中间均优于上方。

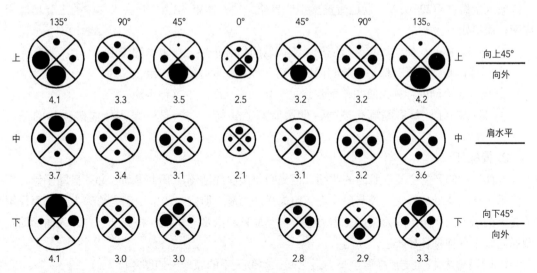

图3-42 费茨盲目定位研究

④ 操作方式与准确性。由于手的解剖学特点和手的不同部位随意控制能力的不同，因此手的某些运动比另一些运动更灵活、更准确。其对比分析结果如图3-43所示，上排优于下排。该研究结果对人机系统中控制装置的设计提供了有益的思路。

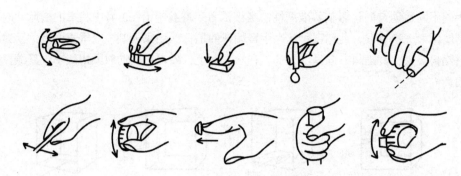

图3-43 不同操作方式对准确性的影响

第三节 运动系统及其特征

人体的一切活动都是通过人体的运动系统完成的。人体运动系统主要由骨骼、关节和肌肉三大部分组成。人体的运动是以关节为支点，通过附着于骨面上的骨骼肌的收缩与舒张，牵动骨骼改变位置而产生的。因此，在运动过程中，骨是运动的杠杆，关节是运动的枢纽，而骨骼肌则是运动的动力源。

一、骨和骨杠杆

1. 骨的机能

成人全身共有206块骨，通过骨连接组成骨骼，约占体重的1/5。骨在人体中的主要功能和作用可概括如下。

① 构成人体的支架，具有维持体形、支撑软组织和承担全身重量的作用；

② 形成体腔壁，具有保护大脑和内脏器官，以及帮助呼吸的作用；

③ 是人体运动的杠杆，肌肉牵动骨绕关节转动，从而产生各种运动；

④ 骨中的红、黄骨髓具有造血、储藏脂肪的功能，同时骨还是人体内矿物盐的储备仓库。

2. 骨杠杆

人体运动的产生主要靠肌肉的收缩，但光有肌肉收缩还不能产生运动，必须借助于骨杠杆的作用。在人体骨杠杆中，关节是支点，肌肉是动力源，肌肉与骨的附着点称为力点，而作用于骨上的阻力的作用点成为重点（阻力点），其原理和参数与机械杠杆完全一样。人体活动主要通过以下三种骨杠杆产生。

（1）平衡杠杆 支点在重点与力点之间，类似天平的原理，如图3-44（a）。

（2）省力杠杆 重点在力点与支点之间，类似起重机的原理，如图3-44（b）。

（3）速度杠杆 力点在重点与支点之间，阻力臂大于力臂，如图3-44（c）。

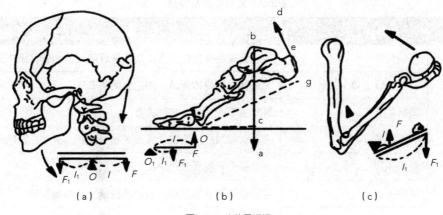

图3-44　人体骨杠杆

二、关节及其运动

1. 骨连接

骨与骨之间凭借纤维结缔组织、软骨或骨组织相连接，称为骨连接。人体的骨连接可分为以下两种。

（1）直接连接　两骨之间通过结缔组织、软骨或骨相连接，其间无间隙，活动范围很小或根本不活动。

（2）间接连接　两骨之间借助膜性囊互相连接，其间具有腔隙，活动性较大，又被称为关节。

2. 关节的运动及形式

关节的运动是绕轴的运动，其运动形式与关节面的形态有密切关系。根据关节轴的方位，关节运动有以下四种形式。

（1）屈伸运动　关节绕冠状轴所进行的运动。同一关节的两骨之间，角度减小为屈，角度增大为伸。如肘关节连接的前臂骨与肱骨之间角度减小时为屈肘，反之则为伸肘。

（2）内收外展运动　关节沿矢状轴所进行的运动。内收为骨向正中面靠拢的运动，外展刚好相反。

（3）旋转运动　骨围绕垂直轴或桡骨本身的纵轴进行的旋转运动。骨的前面转向内侧称为旋内，反之则称为旋外。

（4）环转运动　骨的近侧端在原位转动，远侧端做圆周运动，全骨形成一圆锥形运动轨迹，这种运动实际上是屈、展、伸、收的依次连续运动。

根据关节面的形态和运动形式，关节可分为单轴关节、双轴关节和多轴关节（表3-9）。

单轴关节的关节头呈圆柱状或滑车状，骨只能绕一个运动轴做一组运动；双轴关节的关节头呈椭球状或马鞍状，关节可沿两个相互垂直的运动轴做屈、伸和收、展两组运动，也可做一定程度的环转运动；多轴关节的关节窝包绕呈圆球状的关节头，可沿三个相互垂直的运动轴做屈、伸、收、展、旋转和环转等各种运动，是运动形式最多的关节。

表3-9　关节类型及特点

类型		特点
单轴关节	车轴关节	骨绕垂直轴做旋转运动，如桡骨近侧关节和寰枢正中关节
	屈戌关节（滑车关节）	沿冠状轴做屈伸运动，如指骨间关节
	涡状关节	滑车关节的变形，如肘关节
双轴关节	椭圆关节	沿冠状轴做屈伸运动，并沿矢状轴做收展运动，如绕腕关节
	鞍状关节	可做屈伸和收展运动，如拇指腕掌关节
多轴关节	球窝关节	可做多种形式的运动，运动范围最大，如肩关节
	杵臼关节	可做多种形式的运动，运动范围较大，如髋关节
	平面关节	为巨大的球窝关节的一小部分，如肩锁关节

此外，关节还有单关节、复关节和联合关节之分：单关节由两块骨构成，如肩关节；复关节由两块以上的骨构成，如肘关节；联合关节具有两个或以上的完全独立的结构，但必须同时进行运动，如下颚关节。

三、骨骼肌

人体的肌肉依其形状构造、分布和功能特点，可分为三种：第一类为横纹肌，附着于骨，故又称骨骼肌，又因骨骼肌的运动受神经系统的支配，能随人的意志运动，也称随意肌；第二类为平滑肌，构成人体某些内脏器官的管壁，其活动不受意志支配，故称不随意肌；第三类为心肌，分布在心脏的房、室壁上，组成心肌层，也属不随意肌。由于人体运动主要与骨骼肌有关，所以人机工程学所讨论的肌肉仅限于骨骼肌，以下简称肌肉。

1.肌肉的工作机理

肌肉运动的基本特征是收缩与放松：收缩时长度缩短、横截面增大，放松时则呈相反变化。其机理是由于肌原纤维由许多肌微丝构成，肌微丝又因其形态和化学成分不同分为两种：肌球蛋白微丝和肌动蛋白微丝。肌肉收缩就是由于两种肌微丝的蛋白之间不断地结合或离解，从而使肌动蛋白微丝在相邻的肌球蛋白微丝之间滑动而向肌节中心靠拢，使肌节缩短；放松时则与此相反（图3-45）。

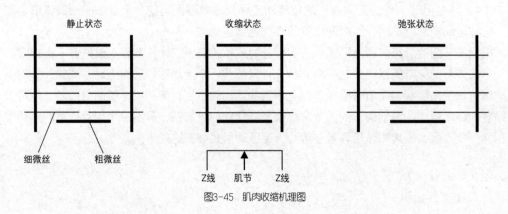

图3-45　肌肉收缩机理图

2. 肌肉收缩的形式

肌肉的收缩和放松都是由神经系统的支配而产生的，两者都是由于肌纤维接受刺激后所发生的机械性反应。这种机械性反应分为两种：肌纤维的张力增加和肌纤维的长度发生改变。

（1）等长收缩　肌肉收缩所产生的拉力等于外界阻力时，肌肉的长度不变，这种收缩形式称为等长收缩。等长收缩所产生的力主要用来维持身体一定的姿势，如人体直立不动时，许多组肌肉都处于收缩状态。

（2）等张收缩　肌肉收缩所产生的拉力不等于外界阻力时，肌肉的张力不变但长度缩短，这种收缩形式称为等张收缩。

人体在正常条件下进行活动时，不会产生单纯的等张收缩或等长收缩，而是既有张力改变又有长度改变的混合性收缩。例如，在无负荷情况下，四肢运动近似于等张收缩，但也不是纯粹的等张收缩，因为肢体本身还有一定的自重负荷；又如，举重运动员在提举杠铃失败时，近似等长收缩，但也并非纯粹的等长收缩，因为杠铃虽未举起，但身体本身会或多或少发生一些扭曲，肌肉的长度还是会有所缩短。

3. 肌力

肢体的力量来自肌肉收缩，肌肉收缩时所产生的力称为肌力。人的一条肌纤维所产生的力约为0.01～0.02N，肌力为许多肌纤维的收缩力之和。一个人能产生多大的肌力取决于其肌肉横截面积的大小，肌肉的最大肌力为30～40N/cm^2。肌力还与收缩肌肉的长度有关，当肌肉长度处于静息状态长度时，肌肉产生的力量最大。随着肌肉长度的缩短，肌肉产生力量的能力也逐渐下降。

影响肌肉力量的因素很多，如遗传、营养、体重、年龄、性别、训练状况等。年龄对肌力的影响是十分明显的，一般10岁以内，肌肉力量迅速增长；20～30岁时达到峰值；40～50岁时肌力则下降到峰值的75%～85%。肌力与性别的关系一般是在年龄与训练状况基本相同的情况下，女性比男性的肌力小30%。训练可使肌纤维增粗，从而增大了肌肉的横截面积，肌力也随之增大。通过训练可提高原肌力的30%～50%。表3-10为中等体力的20～30岁男性、女性工作时身体主要部位肌肉所产生的力。

表3-10　身体主要部位肌肉所产生的力　　　　　　　　　　　　单位：N

肌肉部位		手臂肌肉	肱二头肌	手臂弯曲时的肌肉	手臂伸直时的肌肉	拇指肌肉	背部肌肉（躯干屈伸肌）
男	右	382	284	284	225	118	1196
	左	363	274	274	206	98	
女	右	216	127	206	176	88	696
	左	196	127	196	167	78	

在操作活动中，肢体所能发挥的力量除了取决于上述人体肌肉的生理特征外，还与施力姿势、施力部位、施力方式和施力方向有密切关系。只有在这些综合条件下的肌肉出力的能力和限度才是操纵力设计的依据。图3-46为人体立姿弯臂时的力量分布。

（1）手臂操纵力

① 坐姿手臂操纵力。手臂操纵力的一般规律是：右手臂的力量大于左手臂；手臂处于

内、外下方时，推力、拉力均较小，但其向上、向下的力量较大；拉力略大于推力；向下的力略大于向上的力；向内的力大于向外的力。坐姿下男性手臂在不同角度和方向上的推力和拉力如表3-11所示。

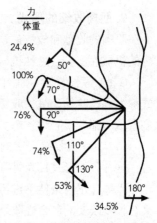

图3-46　立姿弯臂时的力量分布

② 立姿手臂操纵力。图3-47为在直立姿势下手臂伸直时，不同角度位置上拉力和推力的分布图。由图可知，手臂最大拉力在肩下方的180°方向上；最大推力在肩上方的0°方向上。伸直前臂时，向前推的力略大于向侧推的力。因此，推拉形式的控制器应尽量布置在有利于发挥最大操纵力的位置上。

表3-11　坐姿下男性手臂在不同角度和方向的操纵力　　　　单位：N

手臂的角度	拉力						推力					
	左手			右手			左手			右手		
	向后	向上	向内	向后	向上	向内	向前	向下	向外	向前	向下	向外
180°	230	40	60	240	60	90	190	60	40	230	80	60
150°	190	70	70	250	80	90	140	80	40	190	90	70
120°	160	80	90	190	110	100	120	100	50	160	120	70
90°	150	80	70	170	90	80	100	100	50	160	120	70
60°	110	70	80	120	90	90	100	80	60	160	90	80

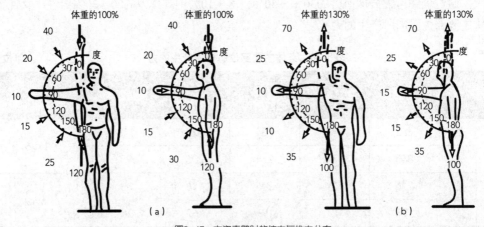

图3-47　立姿直臂时的拉力与推力分布

③ 握力。一般男性青年右手平均瞬时最大握力可达556N，左手可达421N。握力大小与手的姿势和持续时间有关，在持续1min后，右手平均握力下降为275N，左手为244N。利用手柄操作时，操纵力的大小与手柄距离地面的高度、操纵方向以及左右手等因素有关，表3-12所示为使用手柄操纵时最适宜的力。

表3-12 使用手柄操纵时最适宜的力　　　　　　　单位：N

手柄离地面高度/mm	手的用力					
	左手			右手		
	向上	向下	向侧方	向上	向下	向侧方
500～650	137	69	39	118	118	29
650～1050	118	118	59	98	98	39
1050～1400	78	78	59	59	59	39
1400～1600	88	137	39	39	59	29

（2）脚的操纵力　在很多场合下，控制器是用脚来操纵的，如汽车离合器踏板、刹车踏板、冲床和蒸汽锤的脚踏控制装置等，这样可以腾出双手来进行其他工作。

脚产生的力的大小与下肢的位置、姿势和方向有关。下肢伸直时脚所产生的力大于下肢弯曲时所产生的力，坐姿有靠背支持时，两脚蹬踩可产生最大的力。图3-48为坐姿时下肢不同位置上的蹬力大小，图中的外围曲线就是足蹬力的界限，箭头表示用力方向。从图可知，最大蹬力一般在膝部屈曲160°时产生。脚产生的蹬力也与体位有关，蹬力的大小与下肢离开人体中心对称线向外偏转的角度大小有关，下肢向外偏转约10°时的蹬力最大。

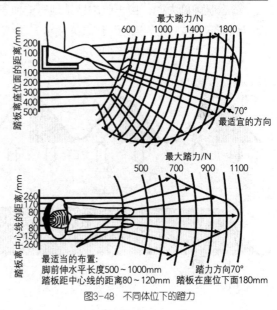

图3-48 不同体位下的蹬力

应当注意的是：肢体所有力量的大小，都与持续时间有关。随着持续时间延长，人的力量很快衰减。

（3）人体操作姿势与用力的关系

① 一般而言，人手的垂直运动快于水平运动，且准确性高；

② 手从上往下运动比从下往上运动快；

③ 在水平面内，手的前后运动比左右运动快，做旋转运动比做直线运动快，且逆时针方向比顺时针方向快；

④ 大多数人的右手运动比左手快，力量大，且右手向右运动比向左运动快；

⑤ 手朝向身体方向的运动比离开身体方向的运动快，但手离开身体方向的运动准确度比朝向身体方向时的要高；

⑥ 单手操作比双手操作的精确度高、速度快。

4. 静态肌肉施力

（1）肌肉施力的类型　肌肉收缩所产生的肌力作用于骨，通过人体结构再作用于其他物体上，称为肌肉施力。肌肉施力有两种方式：动态肌肉施力和静态肌肉施力。

① 动态肌肉施力是对物体交替进行施力与放松，使肌肉有节奏地收缩与舒张。在动态肌肉施力的情况下进行作业，称为动态作业，如驾驶汽车时控制方向盘的上肢状态。

动态肌肉施力时，肌肉有节奏地收缩与舒张，对于血液输送而言，相当于一个泵的作用，见图3-49（a）。肌肉收缩时将血液压出肌肉，舒张时又使血液进入肌肉，此时血液输送量比平常提高几倍，有时可达静息状态输入肌肉血液量的10～20倍。血液大量流动不但使肌肉获得足够的糖和氧，而且迅速排除了代谢废物。因此，只要选择合理的作业节奏，动态作业可以延续很长时间而不疲劳。

② 静态肌肉施力是依靠肌肉等长收缩所产生的静态性力量，较长时间地维持身体的某种姿势，致使肌肉相应地作较长时间的收缩。在静态肌肉施力情况下进行作业称为静态作业，如教师站在讲台上讲课时小腿的状态即为静态肌肉施力状态。

静态肌肉施力时，由于肌肉持续地压迫血管，从而阻止了血液进入肌肉，肌肉无法通过血液得到充足的氧分，容易引起肌肉疲劳，造成肌肉酸痛，见图3-49（b）。由于肌肉酸痛难忍，因此静态作业的时间受到限制。

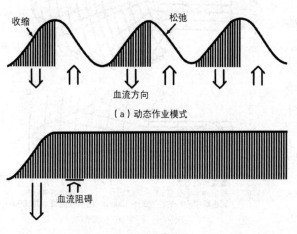

（a）动态作业模式

（b）静态作业模式

图3-49　动态作业与静态作业的血流量模式图

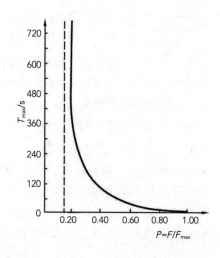

图3-50　肌肉施力与持续时间的关系曲线图

（2）静态施力极限　静态肌肉施力时向肌肉供血受阻的程度，与肌肉收缩产生的力成正比，即静态肌肉施力越大，肌肉内压力越大，血液向肌肉流动所受的阻力也越大。静态施力的用力大小达到最大肌力的60％时，血液输送几乎完全中断。用力较小时，仍能获得部分血液循环。当用力只有个体最大肌力的15％～20％时，血液循环基本正常。肌肉收缩的持续时间与肌肉施力的关系可用图3-50中的曲线表示。

由曲线可见，肌肉施力若超过最大肌力的50％，肌肉收缩时间最长只能持续1min；但肌肉施力若只有最大肌力的20％，则肌肉收缩时间可以相当长。图中虚线表示，施力持续时间可以很长直至出现如厌烦、枯燥等其他情绪。由此可知，在长时间工作的情况下，不应使操作者的肌肉负荷超过其最大肌力的15％。

（3）静态施力的生理效应　假如其他作业条件相似，静态施力与动态施力相比有下列生理效应：更大的能量消耗；心搏率加快；需要更长的恢复期。造成这些现象的主要原因首先是供氧不足，糖的代谢无法释放足够的能量以合成高能磷酸化合物；其次是肌肉内积累了大量的乳酸，氧债是静态施力的必然结果。因此，肌肉的有效工作能力受到损害。

（4）常见静态作业对人体的影响　在日常生活与劳动中，不论采取何种人体姿势，都有一部分肌肉静态受力。静态肌肉施力一方面加速肌肉疲劳过程，引起难忍的酸痛；另一方面，长期受静态施力的影响，就会发生永久性疼痛的病症，不仅肌肉酸痛，而且会扩散到关节、腱和软骨。表3-13列举了一些常见的静态作业姿势和可能的疼痛部位。

表3-13　常见静态作业姿势可能引起人体疼痛的部位

作业姿势	可能疼痛的部位
长期站立于一个位置	腿和脚，腿部静脉曲张
长期使用过高的工作台	肩胛、颈部、手臂等疼痛性肌肉痉挛
使用无靠背的座椅	背部的伸肌、腰椎
使用太高的座椅	膝关节、大腿、小腿和脚
使用太低的座椅	臀部、肩和颈
坐或站时弯背	腰部、颈和肩，椎间盘症状
水平或向上伸手	肩和手臂，肩周关节炎症
过分低头和抬头	颈和肩，椎间盘症状
不自然地抓握工具	前臂，腱部炎症

（5）避免静态肌肉施力　避免静态肌肉施力的关键在于协调人机关系，使操作者在作业过程中能够采取随意姿势并能自由改变体位，从而保持身体的舒适、自然状态，而不迫使操作者只能采取一种姿势和不良姿势。

由此可见，为保障操作者的健康，提高工作效率，无论是进行机器、仪器、设备和工具的设计，还是进行工作台、座椅以及作业空间的设计，都应遵循避免静态肌肉施力这一基本原则。为避免静态肌肉施力，设计时应使操作者尽可能地避免出现下列不良作业姿势和体位。

① 长时间或反复地向前或向两侧弯腰，如在过低的工作台上作业。弯腰使腰背部肌肉静态受力而造成能耗明显增加，坐姿、立姿的能耗大约只有弯腰时的2/3。

② 长时间地抬手作业或上臂上举进行作业，如在设计过高的工作台上操作。这种姿势不仅使手臂和肩部肌肉静态受力，而且也会影响作业的精确性。为避免这种状态，作业面应与肘关节高度相当或在肘关节以下。

③ 负荷不平衡，单侧肢体承重或单手操作。如单肩背书包或者手提书包，造成肢体受力不均匀，久而久之就会造成脊柱变形（图3-51）。改为双肩背书包之后，可大大减缓该情况的发生。

④ 头部和眼睛的不自然姿势，造成头部和颈部肌肉的静态施力。如现在常见的低头族，长时间近距离盯着手机屏幕，容

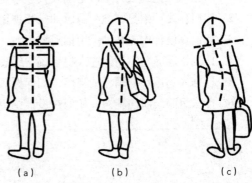

（a）　　　　（b）　　　　（c）

图3-51　书包提挎方式与脊柱形态

易造成颈椎病等各种不适。为避免这种状态，操作时手最好距离眼睛25～30cm，视线在水平线以下15°的方向。

⑤ 长时间地单手或双手前伸。最频繁的作业动作，应在肘关节弯曲的情况下即可以完成。

⑥ 长时间静止不动地站立于一个位置上。这种作业姿势如站在讲台上讲课，不仅造成静态肌肉施力，而且容易引起腿部静脉曲张。因此，坐着工作通常比站着省力。

⑦ 长时间、高频率地使用一组肌肉。如长时间手握鼠标，就会造成腱鞘炎或者鼠标肘。

应当指出的是，并非只有不良的作业姿势才会引起操作者静态肌肉受力，即使是一种非常适合操作者的作业姿势，长时间地维持这一种姿势，同样也会造成静态肌肉施力。因此，设计还应使操作者在作业过程中能够自由地变换多种体位。现在广为流行的坐立交替办公系统，如升降桌、升降台等，就是通过调节适合人体办公高度，实现坐立交替的办公方式，以缓解"久坐"给人们带来的亚健康。一般建议一天至少站立2小时，即每坐着工作45分钟，就需要交替站立15分钟（图3-52）。

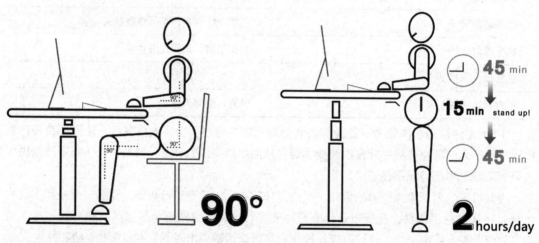

图3-52 坐立交替办公建议图解

复习题

1. 感觉与知觉的相同点、区别及其关系是什么？
2. 如何在设计中更好地利用感知觉和视错觉？
3. 如何在设计中更好地运用信息编码？
4. 什么是反应时？如何在人机系统中缩短反应时？
5. 根据人的运动准确性的特点，如何更好地进行人机界面设计？
6. 什么是静态肌肉施力？如何在设计中更好地避免静态肌肉施力？

思考分析题

1. 发现和寻找数种应用了通感的产品设计案例，谈谈你对其中设计方法的理解。

2. 搜索年度最佳视错觉大赛（The Best Illusion of the Year Contest）的获奖作品，选取其中两个案例进行分析。

3. 发现和寻找数种应用了错觉的产品设计案例，对每种错觉现象加以分析，并尝试应用错觉的不同设计手法完成某件产品的设计。

4. 发现和寻找数种应用了信息编码的产品设计案例，对每种编码方式进行分析，谈谈自己的看法。

▲ 案例分析——视错觉在沙发造型设计中的应用

本案例以SOHO一族作为设计定位人群，将"舒适性""功能性""安全性"作为沙发设计的三大原则，利用视错觉中的不平衡方法和飘浮方法，设计出两组造型独特的沙发，满足了娱乐、工作休闲、会客交流等不同场景的需要。

▶扫码查看◀
案例详情

第四章

视觉特性
与视觉显示
装置设计

视觉是人类与外部世界发生联系的最重要的感觉通道。人们所掌握的关于外部世界的信息有80%以上是通过视觉获得的。因此，视觉显示器是人机系统中使用最多、作用最大的人机界面。人在人机系统中的工作效率和工作可靠性很大程度上取决于视觉显示器与人的视觉功能的匹配程度。

第一节 视觉及其基本特性

视觉显示最基本的要求是要使显示的信息看得见、看得清、看得快和看得准。看得见和看得清就是要让信息显示能使人注意和具有较高的清晰度，而看得快和看得准则要让信息显示具有良好的可辨性和理解性。要满足这些要求，一方面需要提高显示器的技术含量和技术性能；另一方面则需要了解人的视觉特性，并使显示器的显示特点与人的视觉信息加工特点相适应。

一、眼睛和视觉过程

1. 眼睛的构造和功能

视觉系统包括眼睛、传入神经和脑皮层视区等部分。眼睛是视觉系统的外周部分，外形近似圆球形，位于眼眶内后端，由视神经直接连于间脑，如图4-1所示。眼睛的结构和照相机有些相似，包括折光部分和感光部分。折光部分包括眼球正前方外露的透明组织——角膜和白色不透明的巩膜。角膜凭借其弯曲的形状实现眼球的折光功能。巩膜主要起巩固和保护眼球的作用。虹膜位于角膜和晶状体之间，其中央有一圆孔，称之为瞳孔。虹膜具有伸缩性，可使瞳孔放大或缩小，用来调节进入眼睛的光量，使眼睛适应外部环境的不同亮度。瞳孔后面是晶状体，起着对远近不同物体的聚焦调节作用。由于晶状体周围的睫状肌的伸缩作用，可以随时改变晶状

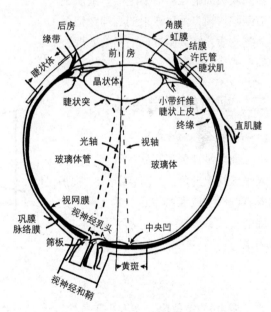

图4-1 人眼的构造

体的凸度，以调节晶状体透镜的焦距。看远物时，晶状体呈扁平状，曲率半径增大，折光能力减小；看近物时，晶状体厚度增加，曲率半径减小，折光能力增大。眼球中间的很大一部分充满玻璃体。玻璃体为透明的胶状物，它的功能为经常维持足够的眼压，以防止眼球凹陷，从而保持眼球的正常形状。

眼球最内一层是眼睛的最重要部分——视网膜，它是眼球的感光装置，内有两种感光细胞：视杆细胞（杆体细胞）和视锥细胞（锥体细胞）。在视网膜的中央部分有一凹陷，称为中

央凹。中央凹及视网膜中心仅有视锥细胞，向视网膜外缘方向视锥细胞逐渐减少，视杆细胞逐渐增加。视锥细胞对光线的敏感度较低，数量较视杆细胞要少，大概为几百万个，具有感受强光和分辨颜色的能力，主要在白天看物时起作用；而视杆细胞对光刺激很敏感，其为眼睛在昏暗光线下看见东西的主要神经元。视杆细胞的数量较多，达一亿多个，但不能分辨颜色，因此主要在弱（暗）光时起作用。这两种细胞在受到光刺激时会产生电脉冲，并通过视神经传输到大脑，这就产生了视觉。

2. 视觉过程

人眼成像的视觉过程如图4-2所示。来自物体的反射光，首先通过瞳孔进入眼球，经折光装置到达视网膜，在视网膜上形成清晰的物像。由于视网膜中的视杆细胞和视锥细胞含有感光物质，在光刺激的作用下可发生光化学反应，从而使光能转换为生物电能，引起视细胞产生和神经冲动。神经冲动沿相反方向传递至视网膜的双极细胞层、节细胞层，最后由节细胞的轴突汇集成束的视神经传至大脑皮质。经大脑皮质的加工处理，便形成视觉映像。

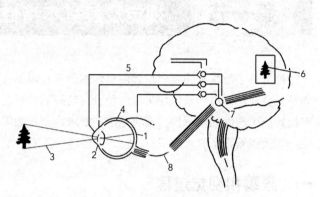

图4-2 人眼成像的视觉过程

1. 中央凹；2. 瞳孔；3. 光线；4. 视网膜；5. 反馈系统；

6. 视觉意识中的像；7. 突触；8. 视神经。

二、视觉的视觉特性

1. 视角

视角是被看目标物的两点光线投入眼球时的夹角，如图4-3所示。视角θ与观察距离L和被看目标物上两点之间的直线距离D有关，可用式（4-1）表示：

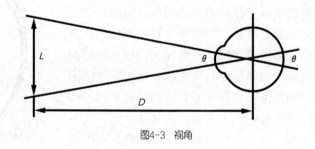

图4-3 视角

$$\theta = 2arctg\frac{2L}{D} \qquad （4-1）$$

视角θ的单位用′表示。在各种设计中，视角往往是确定设计对象尺寸的根据。在视觉研究中，常常用视角表示物体与眼睛的关系。

2. 视力

视力又称视敏度或视锐度，是指眼睛分辨视野中很小间距的能力，通常用被辨别物体最小间距所对应的视角倒数表示，可用式（4-2）表示：

$$视力 = 1/临界视角 \qquad （4-2）$$

在一定视距条件下，能分辨物体细节的视角越小，视力就越大。视力是评价人的视觉功能的主要指标，在身体素质测定或职业人员选择中，通常都要测定视力。按标准规定，人站在离视力检查表5m远处观看表中倒数第4行"E"字，若能分辨清楚，视力为1.0，即视力正常，此时的临界视角＝1′。一个人若能分辨0.5′视角的物体细节，其视力为2.0。若视力下降，则临界视角值增大。

视力与光照亮度有关，亮度从1坎德拉/平方米（cd/m²）增加到159坎德拉/平方米时，视力可提高150%。但视力与亮度并非呈线性变化关系，亮度为159坎德拉/平方米时，视力最高。此外，视觉对象与背景的亮度对比也会影响到一个人的视力。若视力测量符号与其背景的亮度对比增强，视力也会提高；若原来对比很弱，则对比增强对视力提高的效果特别明显。视力与照度有关，视力与照度对数成比例，可用式（4-3）表示：

$$V=K\log E \tag{4-3}$$

式中 V——视力；

K——系数；

E——照度。

视力与物体的运动有关，通常看静止物体的视力高于看运动物体的视力。视力还与人的主体因素有关。视网膜不同部位的视力有明显差别，中央凹处视力高，离中央凹越远，视力越低。视力也与瞳孔大小有关，当瞳孔直径小于1mm时，视力与瞳孔直径呈线性增长关系。瞳孔直径继续增大，视力的提高减慢，当瞳孔直径增加到5mm时，视力不再提高。视力还与年龄有关，人的视力会随年龄的增大而降低，动态视力比静态视力下降得更快。视力一般在14～20岁时最高，40岁后开始下降，60岁以后的视力只有20岁时的1/4至1/3。因此，在设计视觉显示器时，必须考虑到年龄因素。

3. 视野

（1）一般视野　视野是当人的头部处于正常姿势，头和眼球不动时眼睛向前平视时能察觉到的空间范围，通常以角度来表示。视野可分为双眼视野和单眼视野。在水平面内，最大固定双眼视野为180°，扩大的视野为190°（图4-4）；在垂直面内，标准视线为水平视线时，最大固定双眼视野为115°，扩大的视野为150°（图4-5）。

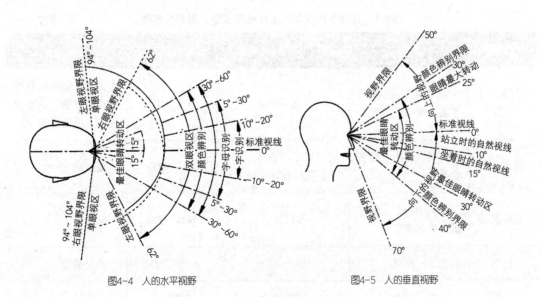

图4-4 人的水平视野　　　　　　图4-5 人的垂直视野

人眼在垂直方向3°和水平方向3°的范围内看到的物体，其映像落在视网膜的黄斑中央的中央凹处，上下、左右视野均只有1.5°左右，为最佳视野区；在垂直面内水平视线以下30°和水平面内零线（即标准视线）左右两侧各15°的范围内，获得的物像最清晰，为良好视野区；在垂直面内水平视线以上25°、以下35°，在水平面内零线左右各35°的视野范围为有效视野区。

在垂直面内，实际上人的自然视线低于水平视线，站立时低10°，坐着时低15°，放松站立和坐着时分别低30°和40°。因此，视野范围在垂直面内的下限值也应随放松坐姿、立姿而改变。譬如，人在放松的状态观看展览时，展示物的位置应在低于标准视线30°的区域内。

操作者在进行作业时，除要注视操作对象外，还要求看到周围情况。如果视野很小或缺损，将会对工作效率产生影响，甚至造成工作事故。因此，在选择飞行员以及车、船驾驶员时，必须检查其正常视野范围。各方面视野都缩小10°以内者称为工业盲。

（2）颜色视野　不同的颜色对人眼的刺激不同，所以视野也不同。如图4-6所示，整个视野都能感受白色或非彩色，彩色视野的大小次序依次为蓝、黄、红、绿。蓝色视野边缘外的区域只能感受非彩色。

4.视距

视距是人眼观察操作系统时的正常观察距离。一般操作的视距在380～760mm之间，其中以560mm处最为适宜，视距过近或过远都会影响人的认读速度和准确性。观察时头部转动角度，左右均不宜超过45°，上下均不宜超过30°，当视线移动时，在移动过程中97%的时间中视觉是不真实的。因此，应避免在移动视线过程中进行观察。此外，观察距离与工作的精密程度密切相关，在选择最佳视距时，应视具体工作任务的要求而定。表4-1为不同性质的工作任务视距及视野的推荐值。

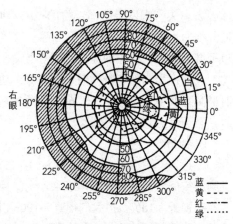

图4-6　正常单眼颜色视野（右眼）

表4-1　几种不同性质的工作任务视距、视野推荐值　　　　　单位：mm

工作性质	举例	视距（眼至视觉对象）	固定视野直径	备注
最精细的工作	安装最小的部件（表、电子元件等）	120～250	200～400	坐着，部分依靠视觉辅助手段（小型放大镜、显微镜）
精细工作	安装收音机、电视机等	250～350（多为300～320）	400～600	坐或站
中等粗活	在印刷机、钻井机、机床旁工作	500以下	600～800	坐或站
粗活	包装、粗磨	500～1500	800～2500	多为站着
远看	黑板、开汽车	1500以上	2500以上	坐或站

5. 对比感度

物体与背景有一定的对比度时，人眼才能看清其形状。这种对比可以用颜色或者亮度来表示。人眼刚刚能辨别物体时，背景与物体之间的最小亮度差称为临界亮度差，临界亮度差与背景亮度之比称为临界对比。临界对比的倒数称为对比感度。其关系式如式（4-4）、式（4-5）所示：

$$C_p = \frac{\Delta L_p}{L_b} = \frac{L_b - L_o}{L_b} \tag{4-4}$$

$$S_c = \frac{1}{C_p} = \frac{L_b}{L_b - L_o} \tag{4-5}$$

式中　C_p——临界对比；

　　　ΔL_p——临界亮度差；

　　　L_b——背景亮度；

　　　L_o——物体亮度；

　　　S_c——对比感度。

对比感度与照度、物体尺寸、视距和眼的适应情况等因素有关。在理想情况下，视力好的人的临界对比约为0.01，对比感度为100。

三、视觉的时间特性

1. 视觉适应

眼睛对光的感受性会随环境光亮变化而或快或慢发生相应的变化，我们称之为视觉适应。视觉适应有暗适应和明适应（图4-7）两种。

（1）暗适应　当人从亮处进入暗处时，刚开始眼睛什么也看不清，而需要经过一段适应的时间后才能看清物体，这种视觉适应过程称为暗适应。暗适应过程开始时，瞳孔逐渐放大，使进入眼

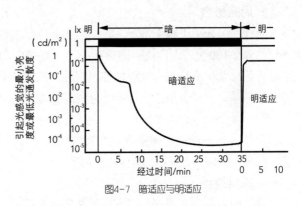

图4-7　暗适应与明适应

中的光通量增加。同时对弱刺激敏感的视杆细胞逐渐转入工作状态，即眼睛的感受性提高。暗适应过程在开始一二分钟内发展很快，而后逐渐变慢。完全的暗适应过程约需30分钟或更长的时间。

暗适应过程受曝光强度和色光等因素的影响。曝光强度越强，暗适应过程持续的时间越长。不同色光的暗适应过程也有差别，红光的暗适应过程快于白光和其他单色光，因此一般暗室都采用红光照明。白光的暗适应过程则随白光色温而不同，白光色温越低，暗适应过程的时间越短，两者呈线性关系。

（2）明适应　与暗适应情况相反的过程是明适应（又称光适应或亮适应）。明适应是人由暗环境进入亮环境时，眼睛感受性降低的过程，即开始时瞳孔缩小，使进入眼睛中的光通量减少，眼的感受性随之降低。此时，视杆细胞停止工作，而视锥细胞数量迅速增加。由于视锥细胞反应较快，开始30s后感受性就会变化很慢，大约1min后明适应过程趋于完成。

根据视觉的明暗适应特征，要求在设计工作面照明时，需使其亮度均匀而且不产生阴影，否则眼睛频繁调节，不仅会增加眼睛的疲劳，而且会引起错误操作。

2. 视觉后像

人的视觉是由光刺激引起的，光作用于眼睛，引起视网膜上感光细胞的神经冲动，传至大脑的视神经中枢，从而产生视觉。因此，视觉过程总是滞后于刺激过程。当外界物体的视觉刺激停止作用后，投放在视网膜上的影像感觉并不立即消失，还能保持短暂的时间，这种现象称为视觉后像（或视觉残像）。

视觉后像有正负之分。当视觉神经兴奋尚未达到高潮，由于视觉惯性作用残留的后像叫正后像，正后像的性质、特点与刺激物相同。例如，看电影时一个人物镜头过去后，很短时间内仍保持着这个人物的视觉形象就属正后像。现代动画制作就是依据这个原理，把动作分解绘制成个别动作，再把个别动作连续起来放映，从而复原成连续的动作。

正后像是神经正在兴奋而尚未完成时引起的，负后像则是神经兴奋过度疲劳引起的，因此，其性质、特点与刺激物相反。例如，当人注视电灯光一段时间后，把眼睛转向白色墙壁时，就会在墙上看到一个日光灯影子，就是负后像。

颜色视觉也有后像，多为负后像。如用眼睛注视一朵红花，约1min后将视线投向桌上的一张白纸，则在白纸上将看到一朵绿花。

视觉后像的持续时间受刺激亮度、刺激时间、网膜成像部位和视觉疲劳等多种因素的影响。

3. 闪光融合

断续的闪光由于频率增加，人们会得到连续的感觉，这种现象叫作闪光融合。日光灯的光线每秒闪动100次，人们看不出它在闪动；高速转动的风扇，人们看不清每扇叶片的形状，都是由于闪光融合的结果。刚刚能够引起融合感觉的刺激的最低频率，称为临界闪光融合频率或临界闪烁频率，它表现了视觉系统分辨时间能力的极限。

闪光融合依赖于许多条件，刺激强度低时，临界频率低；随着强度上升，临界频率明显上升。另外，不同的视觉感受器对刺激时间的感受性不同，在视网膜中央凹部位，临界频率最高，偏离中央凹50°，临界频率明显下降。

4. 视觉掩蔽

在某种条件下，当一个闪光出现在另一个闪光之后，这个闪光能影响到对前一个闪光的觉察，这种效应称为视觉掩蔽。在研究光的掩蔽效应时，目标物可出现在掩蔽光之前，或者同时出现，也可出现在掩蔽光之后。在各种条件下，对目标的觉察都明显受到掩蔽光的影响。

视觉掩蔽除了光的掩蔽以外，还有图形掩蔽、噪声掩蔽等。

四、颜色视觉

颜色视觉即色觉，是指人的视网膜受不同波长光线刺激后产生的一种感觉。产生色觉的条件，除视觉器官外，还必须有外界的条件，如物体的存在及其光线谱等。

1. 光与色

视觉的适宜刺激是光，光是波长380～780nm的电磁波，能激发人眼感光细胞的活动。可见光只占整个电磁光谱的一小部分，不到1/70。有的动物能感受短于380nm的紫外光（或紫外线），或长于780nm的红外光（或红外线）。若提高光的辐射强度，人眼的感光范围可扩大到

313～950nm。

可见光具有波长与振幅两个基本特性。波长与颜色相联系，不同波长的可见光作用于人的眼睛时会引起不同的颜色感觉。光谱波长和相应的颜色感觉如表4-2所示。短波一端为紫色，长波一端为红色。光波的振幅与人眼的明度或亮度感觉相联系。光波能量越大，振幅越强，人感到光越明亮。

表4-2 光谱波长和颜色感觉的关系

颜色感觉	波长/nm	波长范围/nm
红	700	640～789
橙	620	600～640
黄	580	550～600
绿	520	480～550
蓝	470	450～480
紫	420	380～450

注：1nm（纳米）= 10^{-9} m。

2. 颜色的混合

色彩学家通过对色的混合规律进行长期的探索和研究，并进行大量的色彩实验加以验证，发现每一种色彩的形成，不仅有其对应的波长的光，而且还有同色异谱现象的发生，也就是说，同一色彩，除了单一光谱以外，还可以用不同波长的光混合产生。所有的颜色都可以由几个基本的色混合产生，从而奠定了混色理论的理论基础。

（1）三原色理论 所谓三原色，就是指这三种色中的任意一色都不能由另外两种原色混合产生，而其他色可由这三色按一定的比例混合出来，我们称这三个相互独立的颜色为三原色。

色光和颜料的原色及其混合规律是有区别的。国际照明委员会（CIE）将色彩标准化，正式确定色光的三原色是红、绿、蓝，颜料的三原色是红（品红）、黄（柠檬黄）、青（湖蓝）。

（2）混色理论

① 加色法。加色法混合是色光的混合，加色法混合最理想的颜色是红、绿、蓝，这三种色光是其他任何色光都无法混合出来的，而它们可以用不同的比例混合出几乎自然界所有的颜色。

由于是色光的混合，混合出来的色光的亮度等于各色光亮度的总和。随着不同色光混合量的增加，色光的明度也逐渐提高。全色光混合最后可趋于白光。

② 减色法。有色物体（包括色料）之所以能显色，这是因为物体对光谱中色光有选择吸收和反射的作用，所谓"吸收"就是"减去"的意思。印染的染料、绘画的颜料、印刷的油墨等色料的混合，或者透明色的重叠都属于减色混合。当两种以上的色料想混合重叠时，白光就必须减去各种色料的吸收光，其剩余部分的反射色光混合结果就是色料混合或重叠产生的颜色。

根据加色法混合的原理，品红、黄、青三种色料不同比例的混合，理论上可以混出一切颜色。但在实际应用中，由于目前生产的色料三原色的纯度有时很低，饱和度不够，因此，仅用三原色去调配一切颜色往往难以办到。

由于是色料的混合，所以三原色以一定比例混合后亮度降低，最终会得到近似黑色或者深灰色的颜色。同理，任何一种原色与黑（或灰）相调和，也能得到复色。

③ 空间混合。空间混合是指各种色光同时刺激人眼或快速先后刺激人眼，从而产生投射光在视网膜上的混合。空间混合实质上是加色法混合，所不同的是，加色法混合是不同色光在刺激眼睛前的混合，具有客观性；而空间混合是不同色光在视觉过程中的混合，具有主观性。

空间混合和加色法混合的原理是一样的，但如果用颜料来进行空间混合，由于颜料的纯度和明度都较低，因此混合出来的颜色的光亮度和鲜艳度都无法达到色光混合的效果。

（3）补色理论　凡两种色光相加呈现白光，两种颜料相混呈现灰黑色，那么这两种色光或颜料即互为补色。每一种颜色都有一种与之对应的补色。颜色的补色关系与色光是不同的，互为补色的色光是加色相混得到白光，而互为补色的颜料是减色相混得到灰黑色。互为补色的颜色在色相环上处于通过圆心的直径两端的位置上。

在设计实践中，补色原理对于提高和减弱色彩的鲜艳度或者饱和度都具有十分重要的意义。

3. 影响颜色视觉的因素

人的颜色视觉除了取决于光谱波长外，还会受以下几种因素的影响而发生一定程度的变化。

（1）颜色对比　两种颜色在视场中的相邻部位一起呈现时，会由于对比的原因而使颜色感觉发生一定程度的变化。例如，黄、蓝两色并置，看起来黄的更黄，蓝的更蓝。同样，若在绿色中放一张白纸，眼睛盯着白纸几分钟后，白纸看上去就带红色。这表明两种颜色放在一起时，会由于对比的关系使每种颜色的感觉向另一种颜色的补色方向变化。

（2）颜色适应　人眼在颜色刺激的持续作用下所造成的颜色视觉变化称为颜色适应。人眼在适应了一种颜色刺激后再去看另一种颜色时，会使后者的颜色感觉朝着适应色的补色变化。例如，人眼在适应了紫色后，再去看红色，红色就会朝紫色的补色黄色方向变化而偏橙色，这种适应的影响可以持续几分钟。

（3）色光强度和投光面的大小　人眼对色光的感觉受色光强度影响而变化。光谱上只有572nm的黄、503nm的绿和478nm的蓝这三种颜色视觉几乎不受光强的影响。其他波长的光谱色会随着色光强度的增大，而略向红色端或蓝色端变化，这种现象称为贝楚德-朴尔克效应（Bezold-Brucke effect）。

（4）环境照明　若把阴极射线管等彩色发光器放在不同的环境照明下，人对发光体颜色的辨认结果会因环境照明光的强度和色度不同而发生改变。当然，各种颜色所受的影响程度是不同的，红、绿、蓝三原色受到的影响较小。

五、视觉特征

① 人眼在观察物体时，视线习惯于从左到右和从上往下移动，顺时针进行，且水平方向优于垂直方向，对水平方向的尺寸和比例的估计要比垂直方向更为准确、迅速和省力。根据这一视觉特征，大部分显示屏都设计成横向长方形。

② 当观察对象偏离视觉中心时，在相同的偏离条件下，人眼观察的优先次序是左上、右上、左下、右下象限。

③ 双眼观察时，两眼的运动是同步的、协调的，因而通常都以双眼视野作为设计依据。

④ 相对于形体，人眼优先注意到表面轮廓；直线轮廓比曲线轮廓更易于接受；观察人时，视线集中于眼，其次为嘴、耳和轮廓。

⑤ 颜色对比与人眼辨色能力有一定关系。当人从远处辨认前方的多种不同颜色时，其易辨认的顺序依次为红、绿、黄、白。所以，紧急制动、危险等信号标志都采用红色。当两种颜色相配在一起时，易辨认的顺序是：黄底黑字、黑底白字、蓝底白字、白底黑字等。

了解了视觉的这些基本特征后，我们就可以在设计产品界面或者安排工作任务时加以利用。图4-8列出了人机工程学中运用的基本视觉原则。

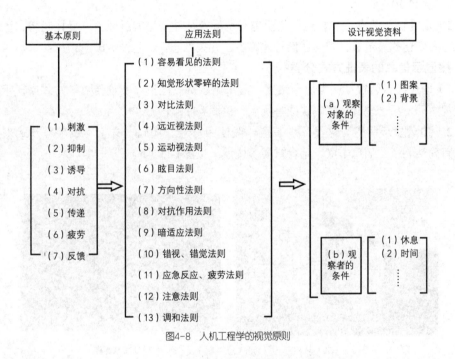

图4-8 人机工程学的视觉原则

第二节 视觉显示装置设计

一、视觉显示装置的类型

视觉显示装置是指依靠光波作用于人眼，向人提供外界信息的装置。视觉显示装置的形式多种多样，简单的如一束灯光、一张地图、一个路标等，复杂的如计算机屏幕显示装置、汽车驾驶仪表等。无论是何种形式的视觉显示装置，都有一个共同点，即都必须通过可见光作用于人的眼睛才能达到信息传递的目的。视觉显示装置有不同的分类，具体有以下几种。

1. 按显示状态分类

（1）静态显示装置　显示的信息状态不随时间而变化，适用于显示需要长时间保存和持续显示的信息。一般有字符和图形两种。字符显示意义明确，但反应时较长，适用于显示任务内容，如注意事项等；图形显示形象直观，反应时较短，适用于显示操作要求，如图表、指示牌等，见图4-9（a）。

（2）动态显示装置　显示的信息随时间不同而发生变化，反映信息变化的过程，使人能及时了解被显示对象的状态。如飞机上使用的平视显示装置、下视显示装置，电站控制室监视屏上的各种仪表，家庭中的电度表、电视屏、时钟等，见图4-9（b）。

2. 按显示信息的量分类

（1）定量显示装置　这类显示装置是以数量显示某种变量变化。如计数器、压力表、温度计等，见图4-10（a）。

（2）定性显示装置　这类显示装置是显示反应某种变量的近似值、变化趋势、读数方向或其他性质变化的显示量。如交通信号、路牌、开关状态等，见图4-10（b）。

3. 按显示信息的表征方式分类

（1）形象显示装置　这类显示装置一般采用图片、图形、实物传真等方式来显示信息，具有直观生动、易于理解、译码快捷等优点，见图4-11（a）。

（2）抽象显示装置　这类显示装置一般使用符号、代码、文字、数字等方式来显示信息，具有简洁明了、信息丰富、组合方便等优点，见图4-11（b）。

（a）楼层指示牌　　　　　　　　　　　　　　（b）智慧屏幕

图4-9　静态和动态显示器

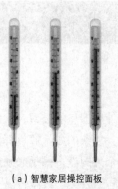

（a）智慧家居操控面板　　　　　　　　　　　（b）倒计时交通信号灯

图4-10　定量和定性显示器（见彩插）

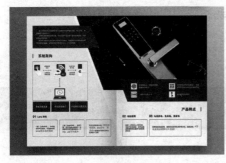 

（a）商品宣传册　　　　　　　　　　（b）汽车仪表盘

图4-11　形象和抽象显示器（见彩插）

除了以上几种常见的分类方式外，显示器还可根据其结构特点分为机电式显示装置、光电式显示装置、灯光显示装置等；按功能区分为读数显示装置、核查显示装置、告警显示装置、追踪显示装置和调节显示装置。

二、视觉显示装置的设计原则

1. 视觉显示装置的基本要求

视觉显示装置是通过视觉向人提供信息的装置。评价一个视觉显示装置的质量，不仅要看它的显示精度、稳定性等技术指标，还要看它与人的视觉特性的匹配程度。一个优良的视觉显示装置应该具有以下特点。

（1）鲜明醒目　能使显示的对象引人注意，容易与干扰背景区分开来。

（2）清晰可辨　显示的刺激模式彼此不易混淆。

（3）明确易懂　刺激模式具有明确的意义且易被接收者迅速理解。

要达到以上要求，必须在设计显示装置时就考虑到使用者的身心行为特点，使显示装置在结构与性能上与使用者的视觉特点相匹配。

2. 视觉显示装置的选用和设计原则

① 要根据使用要求选择最适宜的视觉刺激维度作为信息代码，并将代码数目限制在人的绝对辨别能力允许的范围内。

② 要使显示精度与人的视觉辨别能力相适应。显示精度过高，会提高认读难度和增大工作负荷，导致信息接收速度和正确性下降。

③ 要尽量采用形象直观且与人的认知特点相匹配的显示方式。显示方式越复杂、越抽象，人们认读和译码的时间就越长，也越容易发生差错。

④ 要尽量采用与所表示意义有内在逻辑关系的显示方式，避免使用与人们的习惯相冲突的显示方式。

⑤ 要对同时呈现的有关信息尽可能实现综合显示，以提高显示效率。

⑥ 要使显示的目标和背景之间在形状、亮度、颜色、运动方面具有适宜的对比关系。一般而言，目标要有明确的形状、较高的亮度和鲜明的色彩，必要时还要使目标处于运动状态，背景尽量保持静止状态。

⑦ 要有良好的照明性质和适宜的照明水平，以保证颜色和细节辨认，并避免产生眩光。

⑧ 要根据任务的性质和使用条件来确定视觉显示装置的尺寸和位置。

⑨ 要使显示装置与系统中的其他显示装置和相应的控制器在信息编码、空间关系和运动关系上尽可能相互兼容。

第三节　仪表显示设计

一、仪表的类型及特征

仪表的类型很多，可按照认读特征和显示功能对其进行分类。

1. 按认读特征分类

（1）数字式仪表　这类仪表用数字来显示有关参数或工作状态。其特点是显示简单、直接、精确，认读速度快，且不易产生视觉疲劳等，适用于需要计数或读数的信息显示，但不适合用于检查、追踪功能的显示。各种数字显示屏、机械或电子数字计数器就属于这类仪表，如图4-12（a）。

（2）指针刻度式仪表　又称为模拟式仪表，这类仪表用模拟量来显示机器有关参数或状态。其特点是显示的信息形象，能连续、直观地反映信息的基本变化趋势，使人对模拟值在全量程范围内所处的位置一目了然，并能明显显示出偏差量，特别适合于监控作业。这类仪表又可分为指针运动式和指针固定式两种，如现实生活中常见的手表、水表、电表等都属于这类仪表，如图4-12（b）。

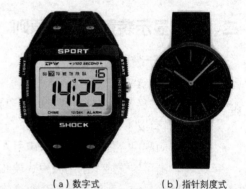

（a）数字式　　　　（b）指针刻度式

图4-12　数字式和指针刻度式仪表

（3）混合式仪表　目前，在众多场合出现了所谓的混合式仪表，即模拟量和数字同时出现，从而增加信息的冗余量，提升显示效率。随着数字化和智能产品的应用成熟，仪表设计趋向模拟量在虚拟显示中突显出来，提升用户的体验感和沉浸感（图4-13）。

图4-13　混合式仪表

2. 按显示功能分类

（1）读数用仪表　其刻度指示各种状态和参数的具体数值，供操作者读取数值。如高度表、时速表、压力表等。

（2）检查用仪表　用以显示系统状态参数是否偏离正常值，当偏离时要及时调节。使用时无须读取其准确数值，如示波器等。

（3）警戒用仪表　确切地说，警戒用仪表也属于检查用仪表，是用来检查指示的状态是否处于正常范围之内（图4-14）。

图4-14　警戒用仪表（见彩插）

指示的范围一般分为正常区、警戒区和危险区，常用不同的图形符号或颜色将其与正常区域明显地区分开来。如可用绿、黄、红三色分别表示正常区、警戒区和危险区，当仪表指示进入警戒区或危险区时，即需及时进行处理。

（4）追踪用仪表　追踪控制是动态控制系统中最常见的操纵方式之一，目的是通过手动控制，使机器系统按照人所要求的动态过程或者按照客观环境的某种动态过程进行工作。这类仪表应当显示追踪的目标和实际状态与目标之间的差距及变化趋势，宜选择直线形仪表或指针运动式的圆形仪表。最理想的追踪用仪表是荧光屏，它可以实时模拟显示机器动态参数。

（5）调节用仪表　主要用于显示操纵调节的量值，而不显示机器系统的运行状态。一般采用指针刻度式仪表，最好采用由操纵者直接控制指针刻度盘运动的结构形式，如收音机上的调频显示装置就属于这类仪表。

二、仪表的选用及设计原则

1. 仪表类型的选用

在选择和设计仪表时，必须明确仪表的功能，并分析哪些功能最重要，以此为依据来确定合适的仪表指针方式（表4-3）。

表4-3　不同类型仪表的功能比较

功能	指针刻度式		数字式
	指针运动式	指针固定式	
读数用	一般	一般	好
检查用	好	差	差
追踪用	好	一般	差
调节用	好	一般	好

① 数量识读的主要目的是获取准确的数据，因此，读数用仪表以数字式最为合适，具有精度高和识读性好的优点；但指针刻度式仪表有一定的特点，所以也常用于读数（表4-4）。对用于读数用的指针刻度式仪表，以开窗式最好，圆形次之，竖直直线形最差。

表4-4　数量信息显示最合适的显示方式

功能	指针刻度式		数字式
	指针运动式	指针固定式	
读取精确性是重要的			好
读取速度是重要的		好	好
数值改变得很快/频繁	好		
用户需要变化率的信息	好		
用户需要相对于固定数值改变了的信息	好		
能显示的最小的空间		好	好
用户要求设置数值	好		好

② 检查用仪表为便于看出指针是否偏离正常位置，适合采用指针运动式仪表。指针在刻度盘上应明显、突出、引人注目。

③ 追踪用仪表一般不需精确读数，要求容易看出实际状态与目标状态之间的差距以及变化趋势，因此，数字式仪表不合适。使用荧光屏显示效率最高，如用指针刻度式仪表，则长条形最好，其次为圆形。

④ 调节用仪表一般采用指针运动式仪表，也可使用数字式仪表。

2. 仪表的一般设计原则

（1）准确性原则　仪表显示的目的是使人能准确地获得机器的信息，正确地控制机器设备，避免事故。因此，仪表显示设计应以人的视觉特征为依据，确保使用者迅速准确地获取所需信息，尤其供数量认读的仪表设计应尽量使读数准确。读数的准确性可通过仪表类型、形状、大小、颜色匹配、刻度标记等的设计加以解决。同时，显示的精确程度应与人的辨别能力、认读特征、舒适性和系统功能要求相适应。

（2）简洁性原则　仪表的显示格式应简洁明了，显示意义明确易懂，以利于使用者正确理解。因此，仪表显示的信息种类和数目不宜过多，同样的参数应尽可能采用同一种显示方式，以减少译码的时间和错误。

（3）对比性原则　仪表的指针、刻度标记、字符等与刻度盘在形状、颜色、尺度等方面应保持适当的对比关系，以使目标清晰可辨。一般，目标应有确定的形状、较高的亮度和鲜明的颜色，而背景相对于目标应亮度较低、颜色较暗。

（4）兼容性原则　应使仪表的指针运动方向与机器本身或者相应的控制器的运动方向相兼容。如仪表刻度的数值增加，就表示机器作用力增加或者运转速度加快；仪表的指针旋转方向应与机器的旋转方向一致。此外，各个国家、地区行业所使用的信息编码应尽可能统一和标准化，做到相互兼容。

（5）排列性原则　同时使用多个仪表时，各仪表之间的排列应遵循以下原则。

① 重要性和使用频率原则。最主要的和最常用的仪表应尽可能安排在中央视野范围之内，因为在这一视野范围内人的视觉效率最优，也最能引起人的注意。

② 功能性原则。仪表数量众多时，应当按照它们的功能分区排列，区与区之间应有明显的区分。

③ 接近性原则。仪表应尽量靠近，以缩小视野范围。

④ 一致性原则。仪表的空间排列顺序应与它在实际操作中的使用顺序相一致，功能上有相互联系的仪表应靠近排列。此外，排列仪表时应照顾它们彼此之间的内在逻辑关系。

⑤ 适应性原则。仪表的排列应当适合人的视觉特征。例如，人眼的水平运动比垂直运动快而且范围广，因此，仪表的水平方向的排列范围应比垂直方向的大。另外，由于人眼的视觉机能不完全对称，在偏离中央凹同样距离的视野范围内，眼睛的视觉观察效率依次为左上、右上、左下、右下象限，在排列仪表时应注意这一点。

3. 仪表的设计细则

在设计仪表时，主要是设计和选择好刻度盘、指针、字符和色彩的匹配并使它们之间相协调，以符合人对信息的感受、辨别和理解等，使人能迅速而又准确地接受信息。仪表细部设计时所要考虑的人机要素主要有以下几点：使用者与仪表之间的观察距离；根据使用者所处的观察位置，尽可能使仪表布置在最佳视区内；选择有利于显示与认读的形式，以及考虑颜色和照明条件。

（1）刻度盘的设计

① 刻度盘的形式。刻度盘的形状主要取决于显示的精度和功能要求，以及人的视觉特征。经过对5种最常用的刻度盘的实验表明，它们的认读效果是不同的：开窗式认读范围小，视线集中，眼睛扫描路线短，误读率最低，因此为最佳形式；圆形和半圆形的误读率虽然高于开窗式，

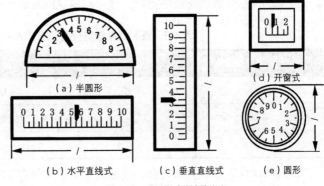

图4-15 不同形式的读数仪表

但符合长期以来人们观察仪表所形成的习惯，因此优于直线式；由于眼睛的水平运动比垂直运动速度快、准确性高，故水平直线式又优于垂直直线式（图4-15）。

② 刻度盘的大小。刻度盘是放置刻度标记的地方，它的大小会在很大程度上决定着刻度标记的数量和尺寸，对使用者的判读效果有直接影响。从表4-5的实验结果可知，刻度盘的大小一般随刻度的增减而相应增减。

表4-5 刻度数量和观察距离与刻度盘直径大小的关系

刻度的数量	刻度盘的最小允许直径/mm	
	观察距离为500	观察距离为900
38	25.4	25.4
50	25.4	32.5
70	25.4	45.5
100	36.4	64.3
150	54.4	98.0
200	72.8	129.6
300	109.0	196.0

但刻度盘直径并非越大越好，因为随着直径的增大，眼睛观察仪表的扫描路线会变长，这样不但影响读数的速度和准确度，而且还会多占安装空间。这样一来，仪表安装既不紧凑，又不经济。当然，刻度盘直径过小会使刻度标记过于密集，不利于正确识读。

格雷日尔（W. F. Grether）和维尼安姆斯（A. C. Williams）研究了圆形刻度盘的直径（25～100mm）与认读速度和准确率之间的关系。结果表明，当刻度盘的直径为25～35mm时，认读效果随直径的加大而提高；当刻度盘的直径为35～70mm时，认读效果趋于稳定；当刻度盘直径超过70mm或者低于17.5mm时，认读效果反而下降。由此可见，刻度盘的直径有一个适宜的尺寸。

对于圆形刻度盘的最佳直径，怀特（W. J. White）作过研究：在视距为750mm的情况下，将直径分别为25mm、44mm、75mm的圆形刻度盘安装在仪表板上进行可读性测试，从反应速

度和错误认读百分数的比较中得出：圆形刻度盘的最优直径为44mm（表4-6）。

表4-6　圆形刻度盘直径与认读速度和准确性的关系

刻度盘直径/mm	观察时间/s	平均反应时间/s	错读率/%
25	0.82	0.76	6
44	0.72	0.72	4
70	0.75	0.73	12

从人认读仪表的视力来分析，决定刻度盘认读效率的不是直径本身，而是它与观察距离的比值，即视角大小。因此，刻度盘的最佳尺寸应根据观察者的最佳视角来确定。有关实验表明，刻度盘的最佳视角为2.5°～5°。

③ 刻度盘的颜色。刻度盘面是指针式仪表的重要功能部件，是仪表运行结果的显示部位。为了使盘面清晰、醒目，以及与指针和字符既统一又有区别，突出重点，就要按照色觉原理对刻度盘进行色彩搭配（表4-7）。经科学研究测定，最清晰的搭配是黑与黄，最不清晰的配色是黄与白（图4-16、图4-17）。由刻度盘颜色与误读率关系可知，墨绿色和淡黄色刻度盘表面上分别配上白色和黑色的刻度线时，误读率最小；而黑色和灰黄色刻度盘表面上配上白色刻度线时，误读率最大，不宜采用。

表4-7　刻度盘颜色的匹配及清晰程度

清晰的配色									
序号	1	2	3	4	5	6	7	8	9	10
背景色	黑	黄	黑	紫	紫	蓝	绿	白	黑	黄
主体色	黄	黑	白	黄	白	白	白	黑	绿	蓝
模糊的配色									
序号	1	2	3	4	5	6	7	8	9	10
背景色	黄	白	红	红	黑	紫	灰	红	绿	黑
主体色	白	黄	绿	蓝	紫	黑	绿	紫	红	蓝

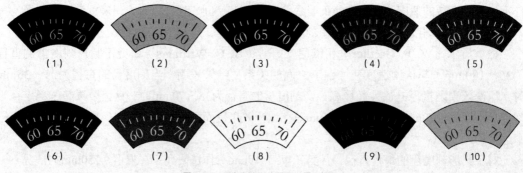

图4-16　刻度盘清晰的配色（见彩插）

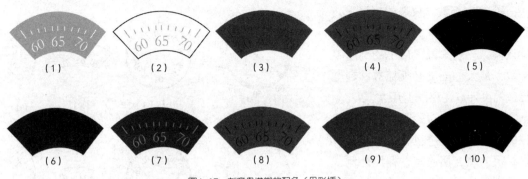

图4-17 刻度盘模糊的配色（见彩插）

刻度盘的用色，还应注意醒目色的使用。因为醒目色是与周围色调特别不同的颜色，它能起到突出、醒目的作用，适于作为刻度盘警戒部分或危险（急）信号部分的颜色。但醒目色不能大面积使用，否则会过分刺激人眼，引起视觉疲劳。

（2）刻度设计　刻度盘上两个最小刻度标记间的距离和刻度标记统称为刻度，设计刻度时必须注意以下几个问题。

① 刻度大小可根据人眼的最小分辨能力和刻度盘的材料性质而确定。人眼直接识读刻度时，刻度的最小尺寸不应小于0.6～1mm。当刻度小于1mm时，误读率急剧增加。刻度的最小值一般按照视角10′左右来确定。当视距为750mm时，刻度在1～2.5mm来选取。在观察时间很短的情况下，刻度可以采用2.3～3.8mm，必要时也可采用4～8mm。

② 刻度间距是指两个刻度标记（或刻度线）之间的间隔距离，它与人眼的分辨能力和视距有关。刻度间距是影响刻度能否被准确判读的一个主要因素，刻度间距小到一定限度后，判读仪表读数就容易发生错误。刻度间距一般以视角表示，判读错误率的增加和视角减小的对数值呈线性关系。判读仪表的视角临界值约为2′，即如果观察距离为D，则刻度间距约为0.0006D。例如，使用者的观察距离为1m，则应使用刻度间距不小于0.6mm的仪表。为了保证判读正确，可将刻度间距适当取大些。

③ 刻度线（或刻度标记）的确定应考虑以下几点。

刻度线类型：常见的刻度线类型有单刻度线、双刻度线和递增式刻度线。递增式刻度线可以减少识读误差。

刻度线级别：每一刻度线代表一定的读数单位，为了方便记忆和认读，刻度线一般分为大、中、小三级，各刻度线间均有明显的区别。

刻度线宽度：刻度线宽度取决于刻度的大小，一般取该刻度的5%～15%；普通刻度线刻度通常取0.1±0.02mm；远距离观察时，可取0.6～0.8mm，精度高的可取0.015～0.1mm。

刻度线长度：刻度线长度受照明条件和视距的限制。当视距L一定时，刻度线最小长度可用式（4-6）表示：

$$L_1 = L/90$$

（4-6）

$$L_2 = L/125$$

$$L_3 = L/200$$

$$D = L/600 \sim L/50$$

式中，L_1、L_2、L_3、D分别代表长刻度线、中刻度线、短刻度线和刻度线间距。

④ 刻度标数。仪表的刻度上必须标上相应的数字，才能使人更好地认读。一般来说，最小的刻度不标数，最大的刻度必须标数。刻度标数的设计应注意以下几点。

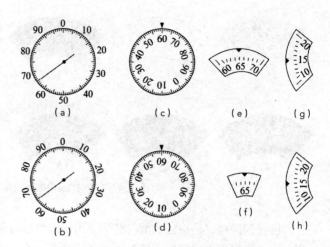

图4-18 仪表标识数字、指针与刻度的相对位置

对于指针运动式圆形仪表，标识的数字应当呈竖直状，且不宜写在标尺内侧，而应写在标尺外侧，以免指针运动时遮挡住数字；而且数字应垂直向下，即采用图4-18（a）而不宜采用图4-18（b）。对于指针固定式圆形仪表，标识的数字应沿径向排列，且应写在标尺内侧，不宜写在外侧，以免表盘运动时挡住数字，如图4-18（c）和（d）所示；同时，数字的方位宜采用图4-18（c）而不宜采用图4-18（d）。对于指针在仪表面外侧的仪表，数字一律设置在刻度的内侧。水平或垂直带式仪表的数字应垂直书写在刻度的同侧，指针应位于刻度的内侧。对于水平窗式仪表，数字应标在刻度下侧，如图4-18（e）、（f）所示；若采用垂直窗式仪表，则数字应标在刻度右侧，如图4-18（g）、（h）所示，且数字方位宜采用图4-18（g）而不是图4-18（h）。开窗式扇形仪表的窗口大小至少应当足以显示被指示的数字及其前后两侧的两个数字，即宜采用图4-18（e）而不宜采用图4-18（h），以便看清指示运动的方向和趋势。

⑤ 刻度方向。刻度盘上刻度值的递增顺序和认读方向为刻度方向。刻度方向必须遵循视觉规律，水平直线形应从左至右依次递增；竖直直线形应从下到上依次递增；圆形刻度应按顺时针方向排列依次递增。

（3）指针设计　指针是仪表的重要组成部分，所有这类仪表的读数或状态显示都是由指针来指示的。因此，指针的设计是否符合人的视觉特性，将直接影响仪表的速度和准确性。指针的设计一般应注意如下问题。

① 形状。指针的形状要简洁、明快，有明显的指示性且不附加任何装饰。通常宜采用头尖、尾平、中间狭长的形状，或者采用狭长三角形。指针的基本形状如图4-19所示。

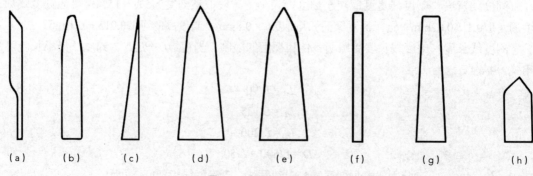

（a）　　（b）　　（c）　　（d）　　（e）　　（f）　　（g）　　（h）

图4-19 常用的指针基本形状

② 宽度。针尖宽度以与最小刻度线的宽度相等为宜，如果过小的话，则指针在刻度范围内的移动不易看清。需要在最小刻度之间作内插读数时，针端应与一个内插读数单位等宽，这样就可利用针尖宽度作参照以帮助内插读数。

③ 长度。指针长度要合适，针尖不应遮挡刻度标记。指针的长宽比宜取8:1，宽厚比宜取10:1。

④ 颜色。指针的颜色取决于刻度盘颜色，两者之间应该有鲜明的颜色对比。如刻度盘为白色或淡灰色，则指针宜用黑色；若刻度盘为黑色，则指针可采用白色或黄色。此外，指针颜色应与刻度线以及字符的颜色尽可能保持一致。

⑤ 零点位置。指针的零点位置大都在相当于时钟12点或9点的位置上，当一组指针式仪表同时采用标准读数来校核误差时，它们的指针方向应该一致（图4-20）。

（4）数字和字符设计　仪表中数字和字符的大小、形状、颜色等不仅影响认读效果，而且对造型的美观也有一定的影响。因此，数字和字符的人机工程学设计也是十分重要的。

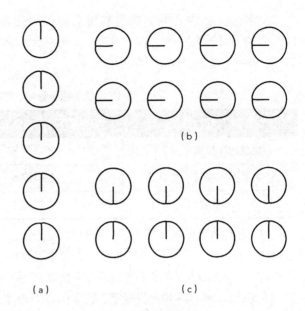

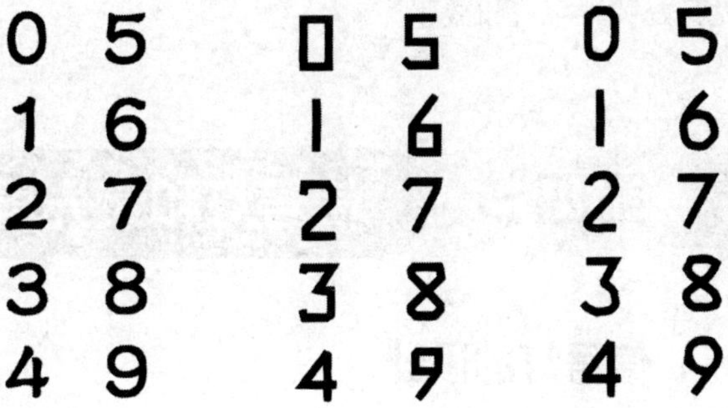

图4-20　仪表指针零点位置

（a）圆弧型　　（b）尖角型　　（c）混合型

图4-21　不同特点的数字形状

① 数字和字符的形状。形状应简明、易读，多采用直线和尖角，以便尽可能突出每一个字母或数字的特有成分，同时避免字与字之间的混淆。

在不同的视觉条件下（如能见度、瞬间辨认等），使数字和字符具有易于认读的特征。如在快速辨认、能见度低的情况下，多采用直线与尖角相结合的形状；而在照明良好、视觉条件较优的情况下，采用尖角、直线与弧线构件适当结合的字符、数字则比单纯采用尖角、直线或弧线组成的字符、数字具有更好的视觉效果（图4-21）。

把最容易混淆的字符、数字加以特殊的设计。解决办法之一是把某些容易混淆的字符、数字采用不同的形体或用粗细不同的笔画等。例如，为了将数字0与字母O区分开来，可将数字0设计成θ，从而达到区分的目的。

② 数字和字符的大小。根据视力的定义可知，数字、字符的面积越大，所占视角也越大，因而较易辨认；但面积太大则会由于辨认或阅读时增加视线扫描范围，使辨读时间延长，辨认效率反而降低，而且空间结构也不允许，因此必须有合适的大小。

数字、字符的大小一般用其所对应的最优视角来确定。由实验可知，最优视角为 10′~30′，当视距一定时，数字、字符的大小就可以确定了。表4-8列出了710mm的视距下，仪表板上常用的数字、字符的大小。

表4-8 仪表板上数字、字符的适宜大小　　　　　　　　　　　　单位：mm

数字、字符的性质	低亮度下（最低0.1cd/m²）	高亮度下（最低3.4cd/m²）
重要的（位置可变）	5.1~7.6	3.0~5.1
重要的（位置不变）	3.6~7.6	2.5~5.1
不重要的	0.2~5.1	0.2~5.1

若视距增大或缩短，数字、字符的大小可按式（4-7）计算：

$$增大（或缩小）的比率 = 视距（mm）/710（mm）\qquad(4\text{-}7)$$

数字、字符的大小除字高外，还与字宽有关。数字和字符的高宽比一般可采用3:2~5:3.5的比例，即狭长形。夜间采用的发光字，宜用1:1的方形字。字体的笔画宽与字高比一般为1:6~1:8。此外，还应考虑到照明水平对数字与字符、背景亮度比对数字和字符的笔画宽度影响。

③ 数字和字符的颜色。一般而言，白天使用以亮底暗字较好，夜间则以暗底亮字较好，尤其是荧光字符和数字。

第四节　信号灯和荧光屏显示设计

一、信号灯的设计

信号灯是用灯光的形式传递信息的视觉显示器，具有传送距离远、装置简单、引人注目等优点，因此广泛应用于航空航海、铁路运输、公路交通、控制装置、服务设施以及仪器仪表上。

信号灯显示的作用主要有两方面，一是发出指示性信息，包括传递限制操作者行为、提醒注意和指示操作等信息；二是显示系统工作状态，包括反映某个指令、某种操作和某种运行过程的执行情况等。如电水壶加热时，指示灯亮，显示工作状态；加热完毕，指示灯灭，显示加热完成状态。

信号灯的设计必须符合它的使用目的和使用条件，使之符合人的视觉特性，以保障信息传递的速度和认读质量。

1. 亮度和环境

信号灯必须清晰、醒目，并保证必要的视距。信号灯的亮度应根据使用场合的背景亮度和信号灯颜色来确定，一般能引起注意的信号灯，其亮度至少要高于背景亮度的两倍，同时背景以灰暗无光为好。但信号灯的亮度又不宜过高，以免造成不必要的眩光。对于远距离观察的信号灯，必须保证满足较远视距的要求，而且应保证在日光、天空光和恶劣气候条件下的清晰度。

在比较稳定的环境照明中使用的信号灯亮度一般无须改变，但在变化不定的环境照明下使用的信号灯，其亮度就应随环境照明亮度的不同而变化。在白天，背景照明光强时应提高信号灯的亮度；夜间，随着背景照明光的减弱，应降低信号灯的亮度。

2. 颜色和形状

为了提高效率，信号灯大多采用颜色编码，来表示某种含义和提高可辨性。如作为警戒、禁止、危险和要求立即处理的信号灯，最好使用红色；提醒注意的信号灯用黄色；表示正常、安全和允许运行的信号灯则用绿色；其他的信号灯则用白色或别的颜色。表4-9是我国电工成套装置指示灯颜色编码的规定。

表4-9　我国电工成套装置指示灯颜色编码

灯光颜色	信号含义	说明	举例
红	危险或告急	有危险或须立即采取行动	润滑系统失控，温升超过极限，有触电威胁
黄	注意	情况有变或即将发生变化	温升异常或压力异常，发生短时过载
绿	安全	情况正常或允许进行	冷却通风正常，自动控制运行正常
蓝	按需要指定含义	除红、黄、绿三色指定的含义外的其他指定含义	遥控指示，选择开关在"准备"位置上
白	无特定用意	可用来表示上述含义以外的其他任何含义	表示工作正在进行

当信号较多时，可对信号灯进行多维度编码，以便达到相互区分的目的，即不仅用颜色编码，而且还用形状编码。信号灯的形状应简单、明显、形象化，与它所代表的含义应有逻辑上的联系（图4-22、图4-23）。如用"→"表示方向，用"×"或"⊙"表示禁止，用"！"表示警觉或危险，用较快的频率表示快速，用较低的频率表示慢速等。

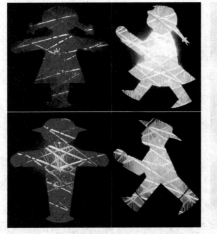

图4-22　多维编码的交通信号灯（见彩插）

图4-23　常用汽车仪表指示灯

3. 闪光信号

信号灯采用闪光形式有两个明显的作用：与稳光相比能更容易引起人的注意；通过闪光频率变化可增大信号灯的信息编码维度，扩大信号灯的编码范围。

因此，闪光信号灯常用于下列情况：引起观察者的进一步注意；指示操作者立即采取行动；反映不符合指令要求的信息；用闪光频率的快慢显示工作状态的快慢；用来表示警戒或危险的情况。

闪光信号的频率一般为0.67～1.67Hz，亮与暗的时间比在1:1～1:4的范围之内，亮度对比差时，闪烁频率可稍稍提高。

4. 位置

最重要的信号灯和警告灯应安置在视野中央3°范围内，所有警告灯均应安置在视野30°范围内。总之，信号灯要布置在操作者不用转头和转身即能看见的视野范围之内。

当仪表板上有多个仪表和信号灯时，应按功能和重要程度合理布局，避免仪表与信号灯以及信号灯之间相互干扰。如强亮度的信号灯应距弱照明的仪表远些，以免影响仪表的认读；当必须靠近时，信号灯的亮度与仪表照明的亮度相差不宜过大。信号灯既可分散装置在仪表板上，也可集中在一起，用标识牌标出信号灯的性质和所处的位置，以供操作者及时准确地掌握机器运行的情况或发生故障的具体位置。

信号灯的具体位置的确定还应考虑其与控制器的空间兼容关系。一般是将信号灯装置到相应的控制器上，或位于它的上方，且信号灯的指示方向最好与控制器的运动方向一致，做到准确、形象化。

二、荧光屏显示设计

随着信息与电子技术的不断发展，采用荧光屏来显示信息的场合越来越多，如电视屏幕、计算机显示屏、示波器以及雷达等。

1. 荧光屏的显示特点

① 能同时显示多种信息，如文字、图形、表格、标志、符号等；
② 既能作追踪显示，又能显示动态图像和画面；
③ 显示形象化、格式灵活，使人一目了然。

2. 目标条件的影响因素

（1）目标的亮度　目标亮度越高，越易察觉，但是当目标亮度超过34.3cd/m²时，视力不再继续有较大的改善，因此适宜的目标亮度为34.3cd/m²。

（2）目标的呈现时间　目标的呈现时间与目标的可视度之间存在如下关系：当呈现时间在0.01～10s范围内，目标的可视度随呈现时间的增加而提高。当呈现时间大于10s时，可视度提高不大。通常，目标呈现时间为0.5s时，即可基本满足视觉辨认的要求，呈现时间为2～3s时，即可清晰辨认目标。

（3）目标的运动速度　从人的视觉特征看，运动的目标比静止的目标更易于察觉，但难以看清。目标运动速度越大，视觉辨认效率越低。当目标运动速度超过80°/s时，辨认效率急剧下降。因此，设计时应对目标的运动速度予以限制。

（4）目标的大小　一般情况下，目标越大越易辨认，可认度随目标面积的增大而提高。

但由于受空间的限制,其大小应与视距相适应。当视距为0.5m、1m和3m时,荧光屏上显示的字符直径或方形字符的对角线长分别为3mm、6mm和10mm。

一般认为,数字和大多数字符在正常环境条件下,取5:3～3:2范围的高宽比都能取得较满意的视觉效果,少数大写字母如M、W等的最佳高宽比为1:1。字符的笔画宽度与字符高之比,在低照度水平下可取1:5～1:6,而在良好照明条件下可取1:8～1:10。

(5)目标的形状 屏面上目标的辨认效率随目标形状的不同而有所不同。一般的优劣次序为:三角形、圆形、梯形、方形、长方形、椭圆形、十字形。当干扰光点较大时,方形目标优于圆形目标。

(6)目标的颜色 目标颜色为红色或绿色时,视觉辨别效率与白色目标相似,但红色易引起视觉疲劳,故计算机荧光屏上绝大多数采用绿色目标。采用蓝色时,则视觉辨别效率稍差。

(7)目标与背景的关系 目标的可视度受目标与背景的亮度对比度的影响,目标的亮度必须达到亮度对比度高于可辨认的阈值,目标才能被看见。亮度对比度的含义如下:亮度对比度=(目标亮度−背景亮度)/背景亮度

在背景亮度为0.34～34cd/m²的情况下,亮度对比阈一般随着背景亮度的增大而缩小,大体上呈线性关系;在背景亮度为68cd/m²时,达最大值的90%;以后背景亮度再增大,亮度对比阈只有很小的改善。因此,可将68cd/m²作为屏面的最佳亮度值。

屏面以外的环境照明并非越暗越好,与屏面亮度保持一致时,无论是目标察觉和识别,还是追踪,其效率都最高。当然,环境照明不宜过大,当超过屏面亮度过大时,视觉辨别效率会明显下降。此外,照明颜色与目标颜色相近时,对辨认效率会产生不利影响。

3. 屏面

屏幕也称显示屏,是一幕用于显示图像及色彩的设备或者电器,广泛应用于手机、电脑、显示器、电视以及具有图像或者文字显示功能的设备上。

(1)屏幕的分类 屏幕可分为CRT(Cathode Ray Tube)显示屏幕、LCD(Liquid Crystal Display)显示屏幕(又称液晶显示屏幕)、LED(Light-Emitting Diode)显示屏幕、投影屏幕、3D显示屏幕等。

(2)屏幕尺寸 屏幕尺寸用来描述屏幕显示面积的大小,由屏幕对角线的长度确定,一般用英寸(inch)为单位进行计量(1英寸=2.54厘米)。一般视距的范围为50～70cm,此时屏幕的大小以在水平和垂直方向对人眼形成不小于30°的视角为宜。目前市面上常用的计算机屏幕尺寸为19英寸、22英寸、23英寸、24英寸、27英寸等,常见的笔记本电脑屏幕尺寸有12.1英寸、13.3英寸、14英寸和15英寸,而主流手机屏幕尺寸在6.3～6.8英寸之间。

常用的显示屏有标屏(窄屏)与宽屏,标屏宽高比为4:3(还有少量比例为5:4),宽屏宽高比为16:10或16:9。在对角线长度一定的情况下,宽高比值越接近1,实际面积越大。宽屏比较符合人眼视野区域形状。

(3)屏幕分辨率 屏幕分辨率是指纵横向上的像素点数,单位是px。同一块显示屏幕上,当屏幕分辨率低时(例如640×480),在屏幕上显示的像素少,单个像素尺寸比较大。屏幕分辨率高时(例如1600×1200),在屏幕上显示的像素多,单个像素尺寸比较小。计算机中常说的高分辨率一般指1024×768以上的像素点。屏幕尺寸一样的情况下,屏幕分辨率越高,显示画面的清晰度也越高,图像的细节表达也越精,也越容易被人认读。

第五节　图形符号与标志设计

　　图形符号是指信息指示中所采用的图形和符号，经过对所指示的内容进行高度概括和抽象提炼而形成的一种指示性标志，使得图形和符号与被指示的客体具有相似的特征和明确的含义。随着现代信息含义的不断丰富和广泛传播，图形符号在信息显示中得到了越来越多的应用，现已成为国际间一项标准化通用指示标志，在现代生活和生产中具有重要的意义和实用价值。

　　标志作为一种有特殊意义的、表明事物特征的识别符号，以其精练的形态传达出具有特定含义的信息，是人们在日常生活中相互交流、传达信息的视觉语言。标志是使其身份便于识别而设计的一种符号，通常被各种组织、机构、公司或个人所采用，同时也会被用来区分产品与服务。标志有三种基本形式——文字型、图形型和图文结合型。图形与文字结合型的标志比纯文字标志和纯图形标志的识别性更强，也具有更好的宣传效果。随着数字媒体时代的来临，信息传播的方式也在不断的变化，报纸或杂志等传统媒介已被更为主流且更丰富的新媒体所替代。标志也不再只是一个局限在平面视觉层面的概念。已由二维、静态、单一化的静态图标逐步向三维、动态、多样化的动态图标转变。动态标志的设计是在静态标志设计的基础上，添加了"时间"周期的概念，加上运动变化的要素，将平面的、静止的图形转化成动态的、变化的图形，如2020年东京奥运会动态图标的设计。

一、图形符号指示特征

1. 显示的形式直观、形象、易于理解

　　信息指示中使用的各种图形符号与所辨认的客体在形象和概念上都有直接的内在关联，因此，受众信息接受的速度和理解力都远远高于抽象符号（例如文字）。

2. 显示的信息量大、可靠性高

　　图形符号具有形、色、意等多种刺激因素，因而传递的信息量大，抗干扰力强，易于接受，是一种经济的信息传递形式。

3. 制作方便、简单

　　图形符号使用高度概括、简洁、生动的形象来表达出客体的基本特征，因此制作非常简单。此外，图形符号的形式可以随不同的需要而发生相应的改变，如放大、缩小、变形、加框、凹凸处理等，可方便地用于人类活动的各种场所。

4. 不能定量显示

　　形象化的图形符号指示也有自己的局限性，如生产设备中所采用的图形符号，大多数用来指示操作控制系统或操作内容、位置，如果在操作中需要精确指示被调节的量，图形符号就难以胜任，需要用数字加以补充。

二、图形符号的意义与作用

　　图形符号的种类繁多，表现形式多种多样，应用的场合也很广，在工业、农业、商业、教育、交通运输、环境保护、安全管理等各个行业中，随处都可见到各种各样的图形符号（图

4-24）。图形符号的意义与作用有以下几点。

图4-24　常用公共信息图形符号

1. 有利于国际间的信息交流

图形符号由于不受各国家、民族间语言文字的限制，因此促进国际间各民族的信息交流。

2. 有利于交通管理

在交通管理上，如铁路、公路、民航、水运等，用醒目的图形符号作为路标，是一种十分有效的安全措施，特别是在人流十分拥挤的情况下，为人们自我管理创造了条件。

3. 有利于开展无人值班的服务方式

图形符号的应用，有利于开展全天无人值班式的咨询服务工作，可减少工作人员，从而提高工作效率。

4. 有利于安全管理

在安全管理上，使用醒目的安全警告图形符号，可以有效地防止各类事故的发生。

5. 具有高度的艺术性

图形符号的艺术性，可以提高指示对象的物质功能和精神功能，同时也可以美化环境。

三、图形符号的设计原则

设计或选择图形符号的最基本要求就是要使人们容易理解其含义，因此，在设计上必须遵循以下原则。

1. 图形符号含义明确易懂

图形符号是一定事物或现象的代表，因此，每个图形符号都具有其特定的含义。一个设计良好的图形符号，应该使人一看就知其含义。如用箭头表示方向，用骷髅头上打一个叉表示有剧毒危险，用男、女性头像分别表示男、女卫生间，等等。一般而言，一个图形符号如果采用与其所表示的信息有自然联系的图形，人们就容易理解其含义，同时容易记住该图形，不易与其他图形符号相混淆，可减少或者避免发生差错。

2. 图形符号清晰醒目

图形符号必须设计得清晰醒目，符合人的知觉特点，使人容易察觉和识别。要达到这一目的，必须做到以下几点。

（1）形基分明　这里的"形"指图形，"基"指背景。要使图形与背景之间形成强烈的对比或反差，如背景用黑色、蓝色，图形就采用白色、红色。形与基的反差越大，越易引人注目。

（2）构图简明　图形符号要突出最能反映其信息含义的成分，要强调其关键成分，简化其他部分，不能增添任何装饰。

（3）边界稳定、明显　图形符号要有独立性，给人以整体感。要有明显的边界线，边界闭合，能形成完整形态的符号就易成为整体。为了加强图形符号的整体感，可以把图形符号放在方形、圆形或者三角形的边框中。

3. 图形符号的含义要与人的习惯和现有观念兼容

人们在长期的生产和生活中会形成许多约定俗成的习惯和观念。图形符号若与已有的观念或习惯相一致，就容易执行；反之，就难以被采用和遵守。因此，设计任何一种图形符号，先要了解使用者的文化习俗与传统，以及各个国家或者民族的喜好和禁忌。

4. 图形符号的颜色应用

图形符号具有形、色、意三个方面的刺激因素，因此，图形符号的颜色就具有特定的意义。例如，红色表示停止、禁止、高度危险以及防火等含义，因此，交通方面的停车、禁止通行、交叉路口，设备方面的紧急制动、不准操作、不准乱动，具有危险的高压电、下水道、剧毒物，以及消防车和消防用具等都以红色为主色调；黄色多用于警告人们可能发生的危险；绿色表示安全、卫生等，如交通方面的允许行走、设备的安全，以及救护所、保护用具箱就常用绿色；白色表示通道、整洁、准备运行，还可用来标志文字符号、箭头，以及充当红、绿、蓝的辅助色，等等。

我国国家标准GB/T 2893.5—2020《图形符号　安全色和安全标志　第5部分：安全标志使用原则与要求》对图形符号的颜色作出了相关规定。其中警告标志共39个，禁止标志40个，指令标志16个，提示标志8个。

（1）警告标志的颜色应用　警告标志的含义是警告人们可能发生的危险。警告标志的几何图形是黑色的正三角形、黑色符号和黄色背景（图4-25）。

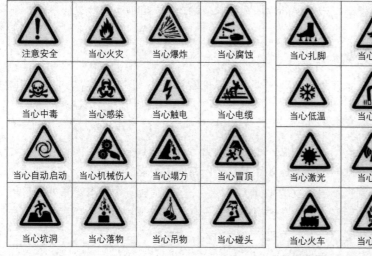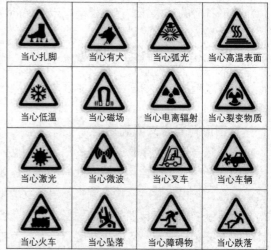

图4-25　警告标志几何图形符号

（2）禁止标志的颜色应用　禁止标志的含义是不准或制止人们的某些行动。禁止标志的几何图形是带斜杠的圆环，其中圆环与斜杠相连，采用红色；图形符号用黑色，背景用白色（图4-26）。

图4-26 禁止标志几何图形符号

（3）指令标志的颜色应用 指令标志的含义是必须遵守，是强制人们必须做出某种动作或采用防范措施的图形标志。指令标志的几何图形是圆形，采用蓝色背景和白色图形符号（图4-27）。

图4-27 指令标志几何图形符号

图4-28 提示标志几何图形符号

（4）提示标志的颜色应用 提示标志是向人们提供某种信息（如标明安全设施或场所等）的图形标志。提示标志的几何图形是方形，采用绿色背景、白色图形符号及文字（图4-28）。

（5）补充标志的颜色应用 补充标志是对前述四种标志的补充说明，以防误解。补充标志分为横写和竖写两种。竖写的均为白底黑字，横写的分为三种形式：用于禁止标志的用红底白字，用于警告标志的用白底黑字，用于指令标志的用蓝底白字（图4-29）。当多个标志牌一起设置时，以黄红顺序从上到下、从左到右排列。

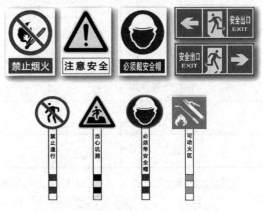

图4-29 补充标志的几何图形符号（见彩插）

四、标志与图形符号设计应用

图形符号的种类繁多，应用的范围也相当广泛。在交通运输方面，使用图形符号有利于操作者迅速观察和辨认，提高信息传递的速度，以及操作者的操作准确性和工作效率。如汽车（飞机）驾驶员在工作时，既要集中精力观察路面（或者航线）情况，又要注意驾驶室（舱）内的各种信息显示。这就要求驾驶员对于驾驶室（舱）内的各种显示信息的观察只能在瞬间完成，这种情况下大量使用简明易懂的

图4-30　汽车上使用的图形符号

图形符号（图4-30），操作者就能直观而快速地感知所显示的信息。

在生产设备上使用图形符号，可以指示操作内容、位置和方向等，图形符号设置的位置应与所指示的操纵机构相对应。这样，操作者就能按照图形符号所指示的内容迅速而准确地操作机器，如表4-10。

表4-10　生产设备上使用的图形符号

序号	符号名称		基本符号	符号含义
1	加工		○	表示对生产对象进行加工、装配、合成、分解、包装、处理等
2	搬运		⇨	表示对生产对象进行搬运、运输等，或作业人员作业位置的变化
3	检验	数量检验	□	表示对生产对象进行数量检验
		质量检验	◇	表示对生产对象进行质量检验
4	停放		◗	表示生产对象在工作地附近的临时停放
5	储存		▽	表示生产对象在保管场地有计划的存放

随着经济向全球一体化的方向发展，各国间的产品进出口日益频繁。因此，对外出口的产品上应用图形符号，可以避免各国间语言文字各异带来的交流障碍，为产品的使用者提供了世界性的通用语言，如图4-31。

图4-31 对外出口产品上使用的图形符号

复习题

1. 请阐述视觉的基本特性。
2. 举例说明明适应与暗适应在照明设计中的应用。
3. 举例说明视觉显示器的分类。
4. 仪表显示设计的一般原则是什么？
5. 简述图形符号的意义与作用。

思考分析题

1. 结合具体公共标志设计案例，谈谈图形符号设计的原则。
2. 请收集10个左右能传递某一信息的图形符号，从信息传递角度对其进行分析评价。
3. 测量并绘制一款家电产品的显示与操控界面（如微波炉、洗衣机、电饭煲等），寻找存在问题，并提出改良方案。

案例分析——洗护用品的适老化包装设计

本案例针对老年人使用日常护理产品出现的不便，通过分析老年人的生理和认知特点，采用问卷调查、用户访谈、实地观察等方法，总结出老年用户的需求，并根据图形符号设计原则，从色彩、文字、图形等要素入手，设计出一套日常洗护用品的辅助标识，有效提升了老年人使用洗护用品的可用性。

▶ 扫码查看 ◀
案例详情

第五章

听觉特性与听觉
显示装置设计

第一节　听觉及其基本特性

听觉显示装置是利用听觉通道向人传递信息的装置。听觉显示装置必须设计得与人的听觉器官特性相匹配。因此，在设计听觉显示装置之前，必须了解听觉及其基本特性。

一、听觉

听觉是仅次于视觉的重要感知途径，其独特的感知方式可弥补视觉通道的不足。对于人耳来说，只有频率为20~20000Hz的振动才能产生声音的感觉，低于20Hz的声波称为次声，高于20000Hz的声波称为超声，两者都是人耳听不见的。

1. 听觉器官

人的听觉器官是耳，包括外耳、中耳和内耳三部分（图5-1）。

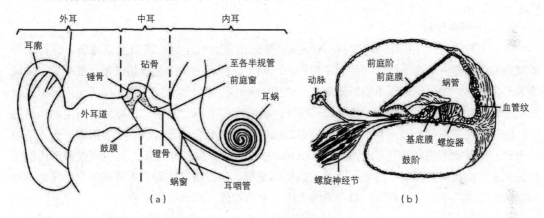

图5-1　人耳的构造

① 外耳包括耳廓和外耳道，主要起保护耳孔、集声和传声作用，最有利于传送4000Hz左右的声波。

② 中耳主要由鼓膜和听小骨组成，鼓膜受到外耳传入声波的作用而发生振动，鼓膜的振动推动听小骨中的锤骨，锤骨、砧骨和镫骨犹如机械传动中的杠杆，把鼓膜振动传向内耳的卵圆窗。

③ 内耳包括耳蜗、前庭和半规管。耳蜗由基底膜分隔成两部分，里面充满着淋巴液。耳蜗内的基底膜上的螺旋器内含有感受声波刺激的毛细胞，是听觉感受器。

2. 听觉过程

一般情况下，人耳的听觉过程包含以下三个阶段。

（1）将空气中的声波转变为机械振动　耳廓将收集到的外界声波，经外耳道传至鼓膜，引起鼓膜与之发生同步振动。

（2）将机械振动转变为液体振动　鼓膜的振动推动中耳内起杠杆作用的听骨链，经放大后通过卵圆窗进入内耳，引起耳蜗内淋巴液的波动。

（3）将液体波动转变为神经冲动　耳蜗内淋巴液的波动引起基底膜的振动，这种振动在毛细胞内产生神经冲动，经传入神经传至大脑听觉中枢，产生听觉。

二、声音的物理量

1. 声音的三要素

表示声音特性的物理量包括响度、音调和音色，简称声音的三要素。

（1）响度　人耳对声音强弱的主观感觉称为响度，与声波振动的幅度有关。振幅越大，响度越大，单位是dB（分贝）。

（2）音调　人耳对声音高低的感觉称为音调，主要与声波的频率有关，频率越高，音调越高。物体在一秒钟之内振动的次数叫作频率，单位是Hz（赫兹）。

（3）音色　具有同样响度、同样音调的两个声音之所以具有不同的特性，是因为它们的音色不一样。音色是人耳对各种频率、各种强度的声波的综合反应。

2. 声强

声音传播时也伴随着能量的传播，单位时间内通过垂直于声波传播方向的单位面积的能量称为声强（I），又叫作声功率。声强的大小与声速、声波的频率的平方、振幅的平方成正比，单位是W/m^2（瓦/平方米）。

3. 声压和声压级

（1）声压（P）　声波振动时空气压强必然比正常大气压会有所增强或减弱，这种增强或减弱的压强差，称为声压，其绝对单位为Pa（帕）。声音的声压必须超过某一最小值，才能使人产生听觉。太小的声压不能听到声音；太大的声压只能引起痛觉，也不能听见声音。人耳刚能听到的1000Hz纯音的声压为2×10^{-5}Pa时，能使人产生声音的感觉，称为可听声阈；声压在20Pa时，人耳感觉不适，为不适阈；超过20Pa时人的耳朵会感觉疼痛，称为痛阈。对人的听觉来说，从听阈到痛阈声的变化范围从0.00002～20Pa，相差非常多，若用声强和声压的绝对值来表示声音的强弱很不方便，而且难以精确测量。经过研究发现，人耳的听觉系统对声音强弱的响应接近于对数关系。所以，通常采用一个相对值，即声压级来表示。

（2）声压级（L_p）　声压级指某声压P与基准声压P_0之比的常用对数乘以20，以分贝（dB）计，公式如式（5-1）所示：

$$L_p = 20 \lg \frac{p}{p_0} \quad （dB）\tag{5-1}$$

其中，将人耳刚能听到的声压2×10^{-5}Pa定为基准声压。一般，听阈的声压级为0dB，不适阈的声压级为120dB，而痛阈的声压级一般为130～140dB。

三、听觉基本特性

1. 听觉的绝对感受阈

听觉的绝对感受阈是人的听觉系统感受最弱声音和痛觉声音的强度，与频率和声压有关。在理想情况下，人对1000Hz纯音的绝对阈限为0.00002Pa。

听觉的绝对感受阈包括频率阈限、声压阈限和声强阈限。频率为20Hz、声压为2×10^{-5}Pa、声强为$10^{-12}W/m^2$的声音称为听阈，而痛阈声音的频率为2000Hz、声压为20Pa、声强为$10^2W/m^2$。人耳的可听范围就是听阈与痛阈之间的所有声音（图5-2）。

2. 听觉的差别感受阈

人耳具有区分不同频率和不同强度声音的能力。差别阈限就是指听觉系统能分辨出两个声音的最小差异，又包括频率的差别阈限和强度的差别阈限。

频率差别阈限是指人耳恰好能分辨出两个声音音高有差别时的频率差异。人耳对声音频率变化的感觉符合指数递减规律，即频率越高，频率的变化越不容易辨别。

强度差别阈限是指人耳刚刚能分辨出两个声音响度级上不同时的强度差异。人耳对声音强度的差别感受阈不仅依赖于声音的强度，而且也取决于声音的频率。

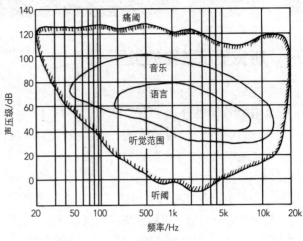

图5-2 人耳的听觉范围

3. 听觉的空间定位

当一个听觉正常的人听到一个声音时，一般不仅能辨别这个声音来自哪个方向，而且还能判断声源的距离。听觉之所以能对声源进行空间定位，主要是源于听觉的双耳效应，即位于不同方向和距离的声源发出的声音到达左右耳的距离和时间有一定的差别。声源到达左右耳的距离相差1cm，时间差异约为0.029ms。此外，由于头部的阴影效应，会使从左侧或右侧来的声音，在双耳上的强度或响度具有一定的差异，人通过对一个声音在双耳发生的时间差和强度差的感觉，就可对声源的方位作出判断。其中对高频声信号主要根据强度差，对低频声信号则根据时间差来判断。

4. 声音的掩蔽效应

在安静的场合，很微弱的声音都能被听见，如耳语；而在喧闹的环境中，就连讲话的声音也要提高强度才能听见。一个声音作用时，使人对另一个同时或继时发生的声音的感受性降低或感觉阈限提高的现象，称为声音的掩蔽效应。

声音的掩蔽效应主要有以下特征：掩蔽声越强，掩蔽效果越强；掩蔽声对频率与其相接近的被掩蔽声，掩蔽效应最大；低频对高频的掩蔽效应较大，而高频对低频的掩蔽效应较小；掩蔽声越强，受掩蔽的频率范围也越大。

噪声对声音的掩蔽不仅使听阈提高，而且会对声音的清晰度产生一定的影响。由此可看出，声音的掩蔽效应对听觉传达装置设计和言语通信关系重大，要在设计中尽量避免这种效应。

此外，由于人的听阈的复原需要经历一段时间，掩蔽声去掉后，掩蔽效应并不会立即消除，这个现象称为残余掩蔽或听觉残留，其量值可表示听觉疲劳的程度。掩蔽声对人耳刺激的时间和强度直接影响人耳的持续疲劳时间和疲劳程度，刺激越长、越强，听觉疲劳越严重。

第二节　听觉显示装置的特点及设计

一、听觉显示装置的类型

听觉显示装置是利用听觉通道向人传递信息的装置，可从不同角度对其进行分类。

1. 按功能特性分

可分为反馈类听觉显示装置、提示类听觉显示装置、告警类听觉显示装置。反馈类听觉显示装置通过声音对关于系统操作行为提供完成与否或正确与否的结果进行反馈，例如按键后系统发出的声音。尤其对于目前应用非常广泛的触摸屏来说，与传统键盘相比，触摸屏缺少触觉反馈，用户无法感知按键并确定"已完成了该操作"。因此，按键的听觉反馈就显得尤为重要。提示类听觉显示装置对系统当前状态予以声音提示，例如手机电量不足的提示音、上下课铃声等。告警类听觉显示装置是指当人机系统中的某一环节或部件出现故障或发生意外事故，需要立即采取行动时，通过声音显示的方式向相关人员传递告警信息的装置，例如警车、救护车、消防车的警笛声。

2. 按声音特性分

可分为语音听觉显示装置和非语音听觉显示装置。语音听觉显示装置有多种不同的形式，简单的如话筒、扬声器、耳机、电话、对讲机等，复杂的如收音机、多媒体、语音设备等各种语音合成器。非语音听觉显示装置也有多种不同的形式，简单的如鼓、哨子、汽笛、喇叭、报时钟等，复杂的如各种乐器等。无论是语音听觉显示装置还是非语音听觉显示装置，无论是简单的还是复杂的听觉显示装置，在传递信息上都有各自不同的特点和作用，分别适用于不同的场合。

3. 按显示设备分

可分为固定式听觉显示装置和移动式听觉显示装置。固定式听觉显示装置的安装位置相对固定，可以同时向多个对象传递声音信号，但其传递的声音信号易受环境噪声因素的影响，此时的音场是固定的，是一种外部参照系。移动式听觉显示装置通常固定于使用者的头部，会随着使用者的移动而移动，此时的音场也是移动的，是一种内部参考系。

二、听觉显示装置的特点及适用场合

与视觉相比，听觉信号具有易引起人不随意注意、反应速度快，以及不受空间和照明条件的限制等特点。一般而言，听觉显示装置特别适合于以下场合使用。

1. 传递的信息本身具有声音特点的场合

如机器运转会因振动和摩擦而发出声音，操作者可通过机器声音的变化而获得机器运转是否正常的信息。

2. 视觉显示无法胜任信息传递的场合

如缺乏照明、视线受阻挡或者视觉通道不胜重负的场合，均可采用听觉显示装置来传递信息或对信息传递进行分流。

3. 信息接收者需要在工作过程中不时移动工作位置的场合

视觉信号基本上是空间性质的，因此不适合需要操作者经常移动的场合；而听觉信号主要是时间性质的，有利于顺序呈现。

4. 需要紧急显示、及时处理信息的场合

视觉信号必须由人主动地去寻找，听觉信号则容易察觉，而且不易疲劳，特别适合紧急情况下使用。

与视觉信号相比，听觉信号可以采用言语显示，具有良好的表达效果。但是，听觉通道容量低于视觉通道容量，且不能长久保持，只能反复呈现（表5-1）。在多数情况下，听觉信号可以与视觉信号同时使用，以增加传递信息的冗余度，提高传递效率。

表5-1　听觉显示和视觉显示传递的信息特征

信息传递条件	听觉显示	视觉显示
信息繁简	简单	复杂、抽象
信息长短	较短、无须延迟	较长、可以延迟
与后续信息关系	无关	有关
信息特性	时间性	可见性
信息传递速度	快速、适于紧急	较慢、不适于紧急
对接受要求	无特别要求	要求接受方认真、注意
适合信息形式	声响、言语	图形、文字
接收者位置	可移动	应固定
工作环境条件	视觉条件差、视觉通道负荷过重	听觉条件差、听觉通道负荷过重

三、听觉显示装置设计的人机工程学原则

人机匹配是设计一切人使用的机器时应遵循的一条总的人机工程学原则，听觉显示装置的设计也不例外。听觉显示装置的设计要求要设法使显示装置显示声音的特点与人的听觉系统的特点相匹配，只有做到优化匹配，才能高效率地传递信息。具体而言，其设计至少要满足以下原则。

1. 显示的声音要有足够的强度

听觉显示装置发出的声音必须在强度上达到一定的要求，能够让人听得到的声音强度与环境背景噪声的强度有关，信号的强度应高于背景噪声。因此，要选择适当的信噪比，以防声音掩蔽效应的不利影响。当信噪比提高到6~8dB时，一般都能保证听觉信号被清晰地感知到。

2. 使用多个信号时，信号之间应有明显差别

当听觉显示装置显示的声音信号只有一个时，一般只要求它能从环境背景中分离出来，使人能清楚地感知到。但是，若要求显示两个或两个以上的声音信号时，则要求保证所显示的声音信号在强度、频率、波形等方面不会发生混淆，也就是要使不同的声音信号差异明显。

3. 采用译码容易和反应速度快的声音信号

人接收到声音代码后，还要经过译码过程才能知道传递的信息含义，声音信号的译码过程的快慢和难易程度是影响听觉显示装置效能的重要因素。为了提高声音信号的译码速度和减少译码的差错，在设计声音信号时应注意以下几点。

① 尽量使用清晰、明确的声音，避免同时使用强度、频率或音色上相同或相近的信号；

② 一个声音信号只表示一个意义，避免采用一音多义的信号，并且各个信号在所有的时间里代表同样的含义；

③ 信号维度、代码和反应方式应与使用者已形成的或熟悉的行为习惯和思维方式相一致，如用高频、低频声音分别表示"高速"与"低速"、"向上"与"向下"的含义，尽量避免与熟悉的信号在意义上相矛盾；

④ 对不同场合使用的听觉信号尽可能标准化；

⑤ 尽量使用间歇或可变的信号，避免使用连续稳态信号，以减少对信号的听觉适应性；

⑥ 同时使用多种信号时，可对其进行多维编码。人耳对单维度声音的辨别能力有限，一般超过5种信号，就会发生混淆，而采用多维度信号能提高辨别能力，例如不同强度、频率、持续时间的声音信号的组合；

⑦ 显示复杂信息时可采用两级信号，第一级引起注意，第二级起具体指示作用。

第三节　听觉告警显示装置设计

听觉告警显示装置是通过声音向人们传送告警信号的装置，这种装置结构简单、使用方便，特别适用于传递告警信息。

一、听觉告警的作用

告警信息可由多种通道传送，但用声音告警比用其他感觉通道告警更胜一筹。

1. 声音信号具有全方位传送的特点

与视觉显示装置相比，采用听觉告警装置不受信号源方位的限制，因为声音具有向四周传播的特点，而且人耳也具有不转动头部和躯体就能接收来自各个方位的声音的特点。不像眼睛接收光波刺激具有方向选择性，即它只能接收来自眼睛前方传送的信息。因此，听觉传递信息的效率高，特别适用于传递告警信息。

2. 声音信号具有迫听特点

告警信息要求人能在短时间内快速接收并能作出及时的反应，但告警信息具有很大的不确定性，人们很难做到随时随地都处在等候告警信号发生的状态。特别是当人们处于困倦状态或专注于其他事情时，很难及时发觉用视觉信号传递的信息。而声音信号则不同，它具有迫听的特点，即易引起人的不随意注意。一个人不管身处何方，也不论身体姿势如何，只要声音传入耳朵，一般都能做到立即发觉、及时处理。

3. 声音信号具有绕道和穿透的特点

由于声波具有绕射特性，当传播通道上遇到障碍物时，会绕过障碍物继续前进。此外，声音是通过空气进行传播，具有穿透烟雾的特点，不论风霜雪雨，也不管天明、天暗，都能有效地进行传送。由于声音信号的这些特点，因此在不能使用视觉或其他显示装置告警时，可用听觉显示装置传送告警信息。

4. 声音信号具有远距离传送的特点

虽然视觉和听觉都能接收远距离传送的信息，但用声音传送远距离的告警信息比用光线传送方便。因为用光线进行远距离传送时，不仅要增强显示光的亮度，而且还要增大视觉显示装置的尺寸，同时还易受到其他不利因素的影响。若用声音传递信息，距离增大时，只要提高声音强度即可，不太容易受其他外界因素的影响。

由于声音信号以上的特点和优点，因此在需要传递告警信息的地方一般都采用听觉告警装置。当然，视觉告警装置也有听觉告警装置所没有的优点，如显示的内容更具体、显示信息的维持时间更长等。因此，在许多场合下，常同时采用视觉和听觉告警显示装置。两者相辅相成，相得益彰。

二、听觉告警显示装置的设计原则

对于听觉告警显示装置的设计最重要的是，告警声音信号必须同操作者所处工作环境中的其他声音信号有明显的区别，以便引起操作者的注意和警觉。

1. 听觉告警信号的强度要求

听觉告警信号用多大强度，取决于使用情境中的环境噪声水平和传送的距离。在噪声环境中，为使告警信号易于为操作者所识别，必须将噪声掩蔽效应减至最低，因此最好能够使信噪比保持在8~15dB的水平上。对于空袭警报等远距离传送的听觉告警信号，其强度更应提高到使警报范围内的人都能够引起注意的程度。

2. 听觉告警信号的频率要求

应选择听觉最为敏感的音频——500~3000Hz，作为告警信号的频率。对于远距离传送的信号，应使用低于1000Hz的频率。需绕过障碍或者穿过隔板传递的信号，应使用低于500Hz的频率。

3. 听觉告警信号的音色要求

为使告警信号与环境噪声以及其他正常声音信号具有明显区别，以引起人们的特别注意，最好选用音色特异的复合音作为告警信号。因为复合音比纯音具有更鲜明的音色特点，不仅变化多，而且更容易引起人们的注意。

4. 使用调制声音作为听觉告警信号

用具有某种特点的调制声音传递告警信号能产生很好的告警效果，如可采用突发的高强度的音响信号、在时间上均匀变化的脉冲信号、音调有高低变化的变频信号或者按一定的时间模式做出断续变化的间歇信号。在传递复杂信号时，可采用两级信号，逐渐接近目标。

5. 不同声音信号应分时呈现

在需要使用多种听觉告警信号的场合，应设法使它们分时段呈现。因为同时呈现数种听觉告警信号不仅可能发生掩蔽效应，而且容易发生错乱反应。

6. 使用视、听双重告警信号

在特别重要和特别紧急的场合下，最好同时使用听觉和视觉告警信号，以防信号漏报，提高系统的可靠度。

第四节　言语通信装置设计

人与机器之间可用言语来传递信息，言语通信装置就是传递和显示言语信号的装置，包括话筒、传输线路、放大器、耳机、扬声器等。用言语作为信息载体，可使传递和显示的信息含义准确、接收迅速，而且可接收较大的信息量，缺点是易受噪声的干扰。因此，言语通信装置必须根据人的言语发声与接收特点进行设计。

一、影响言语通信的因素

1. 言语的清晰度

在人机工程学和传声技术上，通常用清晰度作为言语的评定指标。所谓言语清晰度是指人耳对通过它的语音（音节、词或语句）中正确听到和理解的百分数，可用标准的语句通过听觉显示装置来进行测量。例如，若听清的语句或单词占总数的40%，则该听觉显示装置的言语清晰度就是40%。设计一个言语通信装置，其言语的清晰度必须在75%以上，才能保证正确无误地传达信息。

2. 言语的强度

言语通信装置输出的言语，其强度直接影响言语清晰度。当言语强度增至刺激阈限以上时，清晰度的分数逐渐增加，直到差不多全部语音都能被正确听到的水平；强度再增加，清晰度百分数仍保持不变，直到强度增至痛阈为止。

由图5-3可看出，当言语强度接近120dB时，收听者将有不舒服的感觉；达到130dB时，收听者耳朵即有发痒的感觉；再高便达到了言语痛阈，将损害耳朵的功能。因此，言语传达的强度最好在60~80dB。

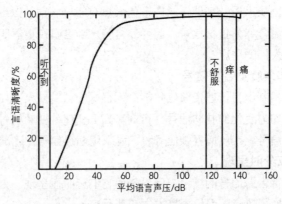

图5-3　言语强度与清晰度的关系

3. 信噪比对言语通信的影响

当言语通信装置在噪声环境中工作时，噪声将影响言语通信的清晰度。当噪声高于40dB时，语音的觉察阈限和清晰度阈限的变动与噪声强度成正比。这种噪声对言语信号的掩蔽作用，可用信噪比来表示。在掩蔽阈限里，信噪比在很大的强度范围内是一个常数；只有在很低或很高的噪声水平时，信噪比才必须增加。对于在一般噪声环境中使用的言语通信装置，信噪比必须超过6dB才能获得满意的效果。

尽管决定言语清晰度的主要因素是强度，但更重要的却是信噪比。每一种信噪比都存在一个最佳的语音强度，在这个语音强度下，言语清晰度最高。例如，当信噪比为10dB时，语音强度在80dB左右，清晰度最好，约为80%。若语音强度仍为80dB，信噪比增加到15dB时，清晰度更高。因此，当言语通信装置本身存在噪声时，即言语信号与噪声同源，即可采用提高整个信噪比的办法来提高言语的清晰度。言语信号与噪声不同源时，只需提高言语信号就能使清晰度提高。

此外，不同频率的噪声对语音有不同的掩蔽作用。当噪声强度较低时，噪声对清晰度影响不大；在噪声强度增大时，清晰度骤然下降。当其频率在1000Hz以下时，噪声对清晰度的影响最大；而强度较弱的噪声，频率高于1000Hz时影响较大。因此，设计言语通信装置时，应尽量避免掩蔽作用强的噪声，以保证较高的言语清晰度。

4. 噪声环境中的言语通信

言语通信容易受到噪声的影响。影响言语通信的噪声来源有二：一是来自通话者周围的环境噪声，二是来自言语通信装置的内部噪声。为了保证在有噪声干扰的作业环境中，讲话人与收听人之间能进行言语通信，就必须按正常嗓音和提高了的嗓音定出极限通信距离（表5-2）。在此距离内，在一定语言干涉声级或噪声干扰声级下可期望达到充分的言语通信，即通信双方的言语清晰度均达到75%以上。

在噪声环境工作时，为了保护人耳免受损害，可使用护耳器。护耳器不仅降低了言语声级，也降低了干扰噪声，一般不会影响言语通信。同不戴护耳器的人相比，戴护耳器的人在噪声较低时声音较高，而在噪声较高时则声音较低。

使用言语通信装置进行通信，如电话通信时，对收听人来说，对方的嗓音和传递过来的语音音质（响度和由听筒、线路产生的噪声的影响）可能会有起伏。虽然如此，表5-3所给出的关系对设计仍然是有效的。

表5-2　言语通信与干扰噪声之间的关系

干扰噪声的A计权声级（L_A）/dB	言语干涉声级/dB	认为可以听懂正常嗓音下口语的距离/m	认为在提高了的嗓音下可以听懂口语的距离/m
43	36	7	14
48	40	4	8
53	45	2.2	4.5
58	50	1.3	2.5
63	55	0.7	1.4
68	60	0.4	0.8
73	65	0.22	0.45
78	70	0.13	0.25
83	75	0.07	0.14

注：A计权声级是模拟人耳对40方纯音的响应，使接收到的语言声音通过时，500Hz以下的低频段有较大的衰减。

表5-3　电话言语通信与干扰噪声的关系

收听人所在环境的干扰噪声		言语通信的质量
A计权声级L_A/dB	言语干涉声级L_{SIL}/dB	
55	47	满意
55~65	47~57	较满意
65~80	57~72	不太满意
80	72	不满意

值得注意的是，当收听人所受的干扰增强时，首先会影响到对方的清晰度。此时，收听人势必会提高自己的嗓音。此外，当噪声通过传声器和另一只耳朵同时到达时，一部分噪声会相互抵消，这有利于传声器的收听。譬如，给另一只耳朵戴上护耳器，同时遮住传声器，即可以提高言语通信的质量。

对于扬声器和耳机之类的言语通信装置，必须使A计权声级至少比干扰噪声的声级高3dB，才能保证通过扬声器通信的言语信息有充分的言语通信功能。此外，在通过扬声器对言语信号进行放声时，要按照收听人所收到的干扰噪声的声级调整言语信号的声级，使其匹配。根据干扰噪声的构成特点和房间的影响作用，可采取以下措施来提高言语通信的效率：抑制言语通信中的低频言语成分，提高对清晰度有较大意义的高频言语成分；把言语直接送入收听人的耳朵，从而最大限度地减少工作场所内所有声学上的不利因素（如过长的混响时间、不利的房间形状等）。

使用耳机虽然已排除了房间的声学特性对言语通信的影响，但是，不同的耳机类型（开放式、闭式、耳塞式等）和不同的佩戴方式（单耳、双耳）也会使噪声的干扰作用对通信的清晰度有不同程度的降低。此外，防护用品使用的材料不同（棉毛、橡胶、玻璃纤维等），对不同频率噪声的衰减作用也不同。因此，应根据噪声的频率特性选择合适的防护用品。

二、言语通信装置的选择原则

① 与音响装置相比，言语通信装置显示的信息内容不易混淆，且表达准确。因此，在需要显示较多的信息内容的场合，可用一个言语通信装置代替多个音响装置。

② 言语通信装置所显示的信息表达力强、细致、明确，可代替一般的视觉显示装置，用于指导检修和处理故障的工作。

③ 在某些追踪操纵作业中，言语通信装置的效率不低于视觉信号，如飞机着陆导航、船舶驾驶时的言语信号。

④ 在某些领域如广播、电视、娱乐等，采用言语通信装置比音响装置更符合人们的习惯。

三、言语通信装置的设计和使用要求

1. 话筒

话筒是广为使用的言语输入装置，一个优良的话筒应在收听和发送语音上都十分清晰。

（1）对语音信号响应的灵敏度高　对低于正常的说话声能灵敏地作出反应，当然，太过灵敏的话，很容易受到环境噪声的干扰。

（2）具有良好的频率响应特性　传送时能将语音可靠地转换成电信号，接听时能将电信号真实地转换成语音，这需要有良好的频率响应特性。话筒频率响应的带宽至少为200～6100Hz。

（3）要有足够的动态范围　应有足够大的动态范围，运行输入信号至少有50dB的变化，在接收高达125～130dB的语音信号时不会过载。

（4）防除噪声干扰　为了防除或减弱噪声的干扰，在噪声大的场合采用防噪罩，可有效地衰减噪声高频成分；或者采用除噪话筒，这种话筒的结构特点能削减噪声对振动膜的影响。与防噪罩不同的是，除噪话筒对噪声中的中、低频成分的衰减多于高频成分。

（5）话筒形状广泛适用　话筒的形状应设计成适合于不同头形和不同头部大小的人使用（图5-4、图5-5）。

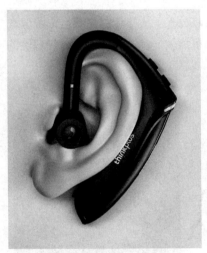

图5-4　头戴式耳机话筒电话

图5-5　飞利浦DCTG492数字无绳电话机

（6）话筒抓握舒适　话筒要设计成粗细适度、抓握舒适的形状，避免使用方形话筒，以免抓握者手感不舒服。

（7）话筒连接线长短适中　话筒连接线不能过短，但也不宜过长，以免话筒不慎跌下时碰撞地面，从而损坏话筒。应尽可能使用不易折断的软线做成长短可伸缩的连接线。

（8）话筒材质宜轻　话筒宜用轻质材料制成，重量不要超过300g。

2. 耳机和扬声器

言语的远距离通信一般都用耳机或扬声器（扩音器）把言语电信号还原为收听人能够听懂的语声。耳机和扬声器在功能上的差别在于耳机只能供一个人使用，而扬声器则可供同时收听同一信文的多人使用。此外，耳机和扬声器使用环境不同。

一般使用耳机的场所如下：收听人所处环境噪声很大，需戴耳机来防止噪声干扰；不同收听人在一起但需要同时收听不同信文时使用耳机可防止互相干扰，如接听热线电话现场；用扬声器收听会产生混响干扰的场所；收听人必须戴防护帽之类的特殊设备；可用的功率太低，不能带动扬声器。

　　而下列场所一般需使用扬声器：收听者周围噪声低，并且不需要戴特殊设备；收听者必须来回走动，使用耳机收听不方便，如电视节目主持现场；有许多人需要听同一内容的信文，如学生做广播体操现场；言语告警必须传给没有戴耳机的人。

　　无论耳机或扬声器，只有按照人机工程学的要求和原理设计，才能使其输出的言语声产生收听者满意的效果，因此，应根据以下原则进行设计。

　　（1）高保真度　要使输出的言语声具有高保真度，就要具有较宽的带宽，最好具有不窄于200~6100Hz的带宽，这样就能保证输出的语声在高频和低频方面都能达到较好的丰满度。另外，要使输出的语声在波形上不失真或很少失真，以保证语声有较好的讲话人的音色特点。

　　（2）高灵敏度　耳机或扬声器对不同频率语声的动态响应特性应与人耳的听觉频率特性相匹配，要使耳机或扬声器对语声中的低频成分在音量上有更多的提升，以补偿人耳对低频成分灵敏度较差的缺点。耳机最好做成音量可调式，使用者可根据需要调节音量大小，而扬声器则可在功率上设计成可以作大范围的调节，使用者可根据听众人数多寡和场地大小来调节音量。

　　（3）如使用耳机，则要考虑使用者佩戴的舒适性　耳机外形、大小、材质都会影响佩戴者耳朵的舒适性（图5-6）。一般来说，大的轻质柔软的耳机能较好地满足使用者对舒适性的要求。

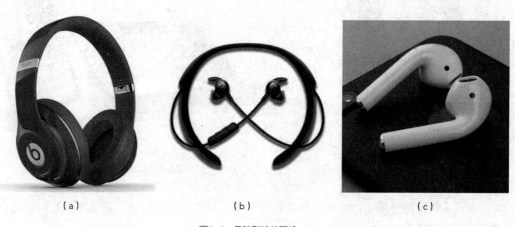

（a）　　　　　　　　　（b）　　　　　　　　　（c）

图5-6　各种形状的耳机

复习题

1. 听觉具有哪些基本特性？
2. 设计听觉显示装置应遵循哪些人机工程学原则？
3. 告警听觉显示装置的设计原则有哪些？
4. 影响言语通信的因素有哪些？

思考分析题

1. 以某件具有听觉显示装置的产品为对象，分析其听觉显示装置的类型以及人机工程学原则是如何应用在听觉显示装置设计中的。
2. 发现和寻找数种感官代偿设计中听觉显示装置的应用案例，谈谈你对这些案例的理解。
3. 谈谈如何进行言语通信装置设计。

🔊 案例分析——声音的创新应用

该案例由两个设计作品组成：广州美术学院张剑老师设计团队的"黄鸭印"和江南大学曹鸣老师设计团队的"OPlay——儿童哮喘医疗产品"，主要探讨如何在产品设计中更好地利用听觉通道，提升产品的用户体验。

🔊 案例分析——智能汽车听觉体验

该案例主要探讨智能汽车的听觉体验，一个选取了保时捷汽车三款不同车型的关门声，反映出声音与汽车品质的关联。另一个是同济大学赵阳博士通过总结汽车声音演变的逻辑，并基于用户研究、网络文本分析、驾驶听觉交互任务分析、KANO需求分析，提出了智能电动汽车听觉体验设计原则以及设计细则，为智能电动汽车听觉体验的研究与设计提供了方向。

第六章

控制装置设计

　　显示装置和控制装置是人与机器发生交互作用的两个重要接口。人们通过显示装置了解机器使用的信息后，进而通过运动系统操纵控制装置，影响或支配机器的活动，使其按预定的目标工作。日常生活中人们的操作活动几乎都离不开控制装置，比如使用计算机打字需要键盘和鼠标；驾驶汽车需要方向盘和操纵杆；手机的触摸屏是人与手机的产品控制界面，当然它同时也是手机的信息显示界面。因此，控制装置是人机系统中重要的组成部分，控制装置设计对人的工作效率和生产安全具有十分重要的意义。

　　产品控制装置设计是否得当，直接关系到整个系统运行的安全性以及使用者操作的舒适性。人机工程学对控制装置的基本要求是：一方面，人能够正确地将信息传递给机器，保证信息顺利通过人机界面；另一方面，控制装置设计要符合人的生理、心理特征，保证人在操作时的安全、舒适和方便。要满足上述要求，就必须把控制装置的大小、控制力量、位置安排、形状特点、操作方法等设计得与人的身心、行为特点等相适应。

第一节　控制装置概述

一、控制装置的类型

　　控制装置的类型多种多样，可从不同角度对其进行分类。

1. 按运动方式分

　　（1）旋转式控制装置　通过转动改变控制量的控制装置，如手轮、旋钮、曲柄等。这类控制装置可用来改变机器的工作状态，起调节或追踪的作用，也可将系统的工作状态保持在规定的工作参数上。

　　（2）平移式控制装置　通过前后或左右移动改变控制量的控制装置，如操纵杆、手柄等，可用于工作状态的切换，或作紧急制动之用，具有操作灵活、动作可靠的特点。

　　（3）按压式控制装置　通过上下移动改变控制量的控制装置，如按键、钢丝脱扣器等。这类控制装置具有占地小、排列紧凑的特点，但一般只有接通与断开两个工作位置，常用于机器的开停、制动，现在已普遍地用于电子产品中。

2. 按信息特点分

　　（1）离散式控制装置　这类控制装置用于控制不连续的信息变化，只能用于分级调节，所控制对象的状态变化是跃进式的，如电源开关、波段开关、按键开关以及各种用于分档分级调节的控制装置。

　　（2）连续式控制装置　这类控制装置所控制的状态变化是连续的，如旋钮、手轮、曲柄等。连续式控制装置可用于无级调节，它能使控制对象发生渐进的、平滑的变化。

3. 按人的操作器官分

　　（1）手控制装置　手跟身体其他部位的器官相比，灵活、反应快、准确性高，其结构和功能特别适合于操作各种各样的控制装置，因此，人机系统的大部分控制装置都是用手操作的。手控制装置种类很多，常见的有开关、按钮、按键、旋钮、手轮、手柄、操纵杆、触摸屏等（图6-1）。

（2）足控制装置　足的活动远不及手灵巧多变，因此，足控制装置的式样和功能都比较少，一般用于一些比较简单、精度要求不高的控制任务。常用的足控制装置有足踏器、刹车等（图6-2）。

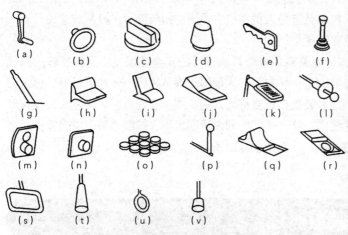

图6-1　常见手控制装置的形状

图6-2　外科手术仪器上使用的ATFS脚踏开关

（3）其他控制装置　除了手、足控制装置外，常见的控制装置还包括声音控制装置，如路灯的声控开关、智能音箱的语音控制（图6-3）等。在某些情况下，还可以通过眼动（图6-4）、头动及生物电等方式来操作控制装置。当然，这类控制装置目前还不及手、足控制装置使用普遍，只作为一种辅助性的控制装置加以使用，但随着技术的进步，今后将会有快速的发展。

图6-3　小米的小爱音箱Pro

图6-4　Tobii I-Series眼控一体机

4. 按控制维度分

（1）单维控制装置　如果显示信息用的是多个单维显示装置，则通常选用相应的若干个单维控制装置。

（2）多维控制装置　通常，如果各控制轴的控制阶相同，并且不存在交叉耦合的问题，则选用一个多维控制装置比选用多个单维控制装置的效果好。

二、控制装置的用力特征

在各类操作控制装置中，控制装置的动作需要由人施加适当的力和运动才能实现。因此，控制装置的用力特征应当成为控制装置设计中必须着重考虑的问题之一。

1. 适宜用力

人的操纵力不是恒定值，而是随人的施力部位、着力的空间位置、施力的时间不同而变化。一般而言，人的最大操纵力随持续时间的延长而降低。对于不同类型的控制装置，所需操纵力大小各不相同，有的用力较大，而有的用力不大但要求平稳。这就要求我们根据不同的类型和操作方式，来选用适当的操纵力，以保证人的工作效率最优。

常见的控制装置中，一般操作并不需要最大的操纵力，但也不宜太小，用力太小不但难以控制操纵精度，而且人也不能从操纵力中获取有关控制量大小的反馈信息，因而不利于正确控制。

控制装置的适宜用力还与控制装置的性质和操纵方式有关。对于那些只求快而精度要求不高的操作来说，操纵力越小越好；如果操作精度要求很高，则控制装置应具有一定的阻力。

此外，若操纵力太大，可考虑使用辅助动力。在设计控制装置的操纵力时，还应注意男性与女性的差别，一般女性的操纵力只有男性的70%左右。

2. 操作阻力

无论是手控制装置还是足控制装置都应有一定的操作阻力。操作阻力的存在，一方面能让操作者的控制力传递给控制装置，对机器施加影响；另一方面能向操作者提供控制反馈信息，改善操作的准确性和速度，减少由意外碰触、重力、振动等引起的偶发启动。

操作阻力通常有四种：摩擦阻力、弹性阻力、黏性阻力和惯性力。摩擦阻力适宜于不连续控制；弹性阻力和黏性阻力可提供操纵反馈信息，帮助操作者提高控制的准确度，适宜于连续控制；惯性力可用于准确度要求不高的控制。阻力运用适当可产生以下效果：可以产生控制感；便于得到操作的精度和速度；可降低控制装置对振动和过载力的敏感度；防止因无意碰触控制装置而发生位移。

控制装置操作阻力的设计应考虑人的用力特点和控制反馈。阻力大小的设计，既不宜过大也不宜过小，过大会影响操作速度并容易造成肢体的疲劳；过小则会使操作者失去通过触觉或本体感觉提供的操作反馈信息。

操作阻力与装置类型、安装位置、操作频率、出力方向和持续时间等因素有关。一般操作阻力应在该施力方向的最佳施力范围内，最小操作阻力应大于操作人员手足的最小敏感压力，以防偶动误操作。

第二节　控制装置的位置选择与排列

一、控制装置的位置选择

控制装置的位置安排是否合理，对操作效率和安全有重要的意义。控制装置要尽可能安置在人的肢体所能到达的范围内。即手控制装置应该安排在手能伸及的范围内，足控制装置应安置在腿、足所能伸及的范围内。

控制装置的位置还要适应不同身材的操作者的需要，一般选用操作器官伸及包络面的第5百分位的尺寸数据，这样，无论对大身材还是小身材的操作者都是适用的。

人的手足活动各有其功能区。大约在身前从肘高至肩高、左右各45°的垂直面，以及与肘部等高、左右各45°的水平面，是双手操作最有效的功能区。最重要的或经常使用的控制装置应安置在上述垂直面（图6-5）或水平面内。足控制装置应安置在身体前方、高度不超过400mm双足自然伸及的范围内。对于需要用力操作的控制装置，应该将其安置在便于操作者施力而又不易使操作者肢体产生疲劳的位置上。

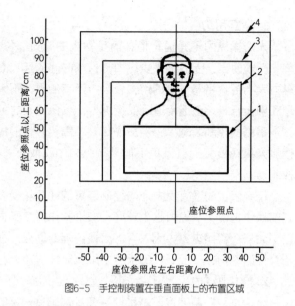

图6-5 手控制装置在垂直面板上的布置区域

二、控制装置的排列

控制装置应安放在最有利于操作的地方。复杂的机器一般有很多控制装置，众多的控制装置集中在一起，就要按照一定的原则对其加以排列。

1. 位置安排的优先权

当具有许多控制装置而它们不可能都安排在最佳操作区时，应根据控制装置的重要性和使用频率这两条原则来定它们的排列优先权。

（1）重要性原则　按照控制装置对实现系统的重要程度来决定位置安排的优先权。控制装置越重要，越要安排在最有利于操作的位置上（图6-6）。

（2）使用频率原则　按照控制装置在完成任务中的使用次数决定其位置安排的优先权，把使用频率最多的控制装置安置在最有利于操作的位置上。

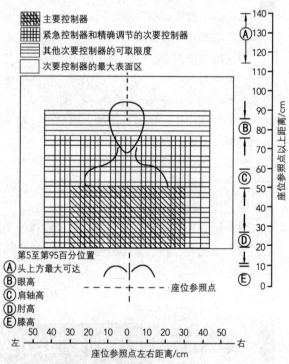

图6-6 按重要性安排的控制装置区域

2. 功能分区与使用顺序排列

为了减少记忆控制装置位置的负荷和搜索时间，控制装置的位置可按功能分区或使用顺序排列。

（1）功能分区原则　功能分区包括两个方面：一是具有相同功能的控制装置或者所有与某一子系统相联系的控制装置，在位置上构成一个功能整体；二是所有同类设备上功能相近的控制装置应安放在控制板的相对一致的位置上（图6-7）。

（2）使用顺序原则　如果控制板上的控制装置具有固定的操作顺序，那么它们的位置就可以按其操作顺序从左至右或从上而下进行排列。按功能分区的控制装置，若同一功能的被控对象数量较多，也可按被控对象的位置序列排列控制装置。

3. 与显示装置的位置关系

在许多系统中，各控制装置往往对应着不同的显示装置，此时就要考虑控制装置与其相联系的显示装置的位置关系。一般原则是：两者最好能紧密相邻；为便于右手操作又不遮挡观看显示装置的视线，控制装置应位于相联系的显示装置的正下方或者右侧，如图6-8（a）、（b）所示；若控制装置不能与相联系的显示装置紧密相邻，则控制装置的排列应与显示装置的排列相一致，或至少具有某种逻辑关系，如图6-8（c）所示。

图6-7 按功能分区的按键设计

关于控制装置与显示装置的位置关系，将会在第四节（控制与显示相合性设计）中详细阐述。

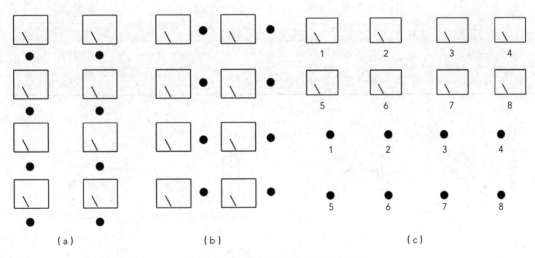

图6-8 控制装置与显示装置的空间位置关系

三、控制装置的间距

在控制板的设计中，各控制装置之间应留有适当的间距。间距过大，会占用过多的控制面板，还会增大手、足操作动作运动的范围；间距过小，在操作某个控制装置时会碰到与它相邻的控制装置而引起偶发启动，而且也不利于对控制装置进行位置编码。

在确定控制装置间距时主要考虑以下因素：所用肢体的操作面积（一般以第95百分位数为设计依据）；使用该控制装置时操作者的心理-动作运动的精确性；操作方式（如用手操作还是用足操作，单手操作还是双手操作，顺序操作还是随机操作等）；控制装置本身的工作区域；不同类型的控制装置的操作特点等。表6-1和图6-9列出了按钮、肘节开关、踏板、旋钮、曲柄、操纵杆这几个控制装置的最小和最佳间距值。一般而言，在没有间距限制的前提下，应尽可能取表中的最佳值，以减少偶发启动。

表6-1　各种控制装置之间的间隔距离值　　　　　　　　　　　　　　　单位：mm

控制装置类型	操作方式	控制装置之间的距离（d）	
		最小值	最佳值
按钮	单手指随机操作	12.7	50.8
	单手指按顺序连续操作	6.4	25.4
	多手指随机或按顺序操作	6.4	12.7
肘节开关	单手指随机操作	19.2	50.8
	单手指按顺序连续操作	12.7	25.4
	多手指随机或按顺序操作	15.5	19.2
踏板	单脚随机操作	$d_1 = 203.2$ $d_2 = 101.6$	254.0 152.4
	单脚按顺序连续操作	$d_1 = 152.4$ $d_2 = 50.8$	203.2 101.6
旋钮	单手随机操作	25.4	50.8
	双手左右操作	76.2	127.0
曲柄	单手随机操作	50.8	101.6
操纵杆	双手左右操作	76.2	127.0

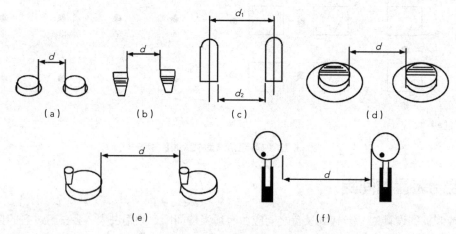

（a）　　　　　（b）　　　　　（c）　　　　　（d）

（e）　　　　　　　　　（f）

图6-9　各种控制装置之间的间距

第三节　控制装置设计原则

　　控制装置的形式和功能很多，每种控制装置都要根据使用的具体要求加以设计。但不管何种控制装置，设计时都应遵循一条基本原则：控制装置的外形、结构和使用方法等必须和使用者的身心行为特点相适应，也就是说要根据人的特点去设计控制装置。

一、根据人体测量数据、生物力学以及人体运动特征进行设计

控制装置的形体尺寸要与使用者操作器官的形体尺寸相匹配。例如，手握呈圆弧形，因此一般将手控制装置设计成圆形或圆柱形而非方形或其他形状（图6-10）。足控制装置则要设计成平板形而不是圆形，这也是由足的结构特点决定的。对于使用指尖按压的按键，其接触面的形状应呈凹形；而使用手掌按压的控制装置，其按压面的形状则应呈凸形，以适合指尖和手掌的操作。手控制装置的形状设计，还应使操作控制装置的过程中手腕与前臂尽可能在纵向形成一条直线，即保持手腕的挺直状态，避免手腕弯曲。

对于要求速度快而精确的操作，应采用手控或指控控制装置，如按钮、按键、扳动开关等；而对于用力较大但不需要太准确的操作，则应设计成手臂或下肢操作的控制装置。

控制装置的位置安排也要与使用者的上、下肢伸及范围相适应。最好把控制装置放置在不需要操作者移动身体就能触及的空间范围内。手控制装置不可安放在低于手臂下垂时手指能触及的地方。足控制装置要安放在双足处于自然屈伸状态时所能伸及的范围内。

图6-10 椭圆形的把手有助于手操作时把握方向

二、根据人的认知特点对控制装置编码

为避免控制系统中的众多控制装置相互混淆，提高操作绩效，防止误操作，减少训练时间和反应时间，应以适当的刺激代码来标识控制装置的功能特点。也就是说，要根据人的认知特点对控制装置进行编码。

1. 编码的基本要求

① 所用代码应是可觉察、可辨认的，重要的控制装置应在编码上予以突出；

② 所用代码应与相应的功能具有概念上的兼容性；

③ 应尽量采用标准化的代码。

2. 常见的编码方式

（1）颜色编码 对于这一编码方式，应尽可能地使用有标准意义的颜色。如紧急制动控制装置用红色，开启控制装置用绿色。由于颜色只能靠视觉分辨，因此设计时应考虑到控制装置使用场合的环境照明色，以使控制装置的颜色易于辨认。编码的数目要符合人的绝对辨认能力。

颜色编码可分为两种形式，一种是对一个控制装置用一种颜色来区分，这适合于控制装置较少的场合；另一种是把功能相近或有一定联系的控制装置放置在一种颜色区域内，作为控制装置使用功能的区分，这适合于控制装置较多的场合。

（2）标记编码 标记编码就是在不同的控制装置上方或旁边，标注不同的文字、数字或符号，通过这些文字、数字或符号标识控制装置的使用功能（图6-11）。若标注图形符号，应采用常规通用的标志符号，简明易辨；若标注文字，应通俗易懂、简单明了，避免使用晦涩难懂的专业术语。标记编码是一种简单而又应用很普遍的编码方式，所选用的代码数目较多，但需要有良好的照明条件和一定的空间位置。

采用标记编码时应注意以下几点。

① 标记要简明、通用，尽可能形象化；

② 标记应清晰、可读；

③ 标记位置应有规则性，并使操作时标记在视野可及范围内，尽量把标记放在控制装置上方，以防操作时遮挡视线；

④ 应有良好的环境照明，也可使用局部照明或自发光标记，如手机按键。

（3）大小编码 大小编码是通过控制装置的尺寸来分辨控制装置，通常在尺寸上分为大、中、小三种，超过三种就不容易辨识。控制装置大小之间的尺寸级差必须达到触觉的识别阈限。例如，对于圆形旋钮，若作相对辨认，则大的旋钮直径至少比小的旋钮直径要大20%。大小编码可用来表明控制装置的相对重要性或增量的大小，但控制装置的大小编码不如形状编码那么有效，并且需要占用较大的空间，大小编码最好与形状编码组合使用。

图6-11 控制装置的标记编码

（4）形状编码 形状编码是将不同用途的控制装置设计成不同的形状，以此使各控制装置彼此之间不易混淆。形状编码可通过视觉辨认，但主要用于触觉识别。采用形状编码时应注意以下几点。

① 控制装置的形状应尽可能反映其功能，这样便于形象记忆，如飞机的起落架控制装置形状如着陆的轮子，副翼开关则像飞机翅膀，在紧急情况下可大大减少因错误操作控制装置而造成的飞行事故（图6-12）。

② 控制装置的形状应使操作者在无视觉指导下或者戴着手套的情况下，单靠触觉也能分辨清楚。图6-13为亨特（D.P. Hunt）通过实验研究了31种凭视觉和

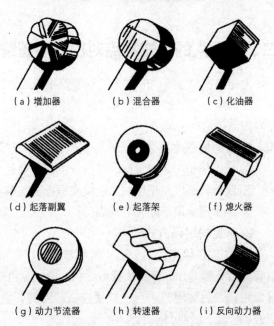

（a）增加器　　（b）混合器　　（c）化油器

（d）起落副翼　　（e）起落架　　（f）熄火器

（g）动力节流器　　（h）转速器　　（i）反向动力器

图6-12 美国空军飞机所用控制装置的形状编码

触觉可识别的旋钮，从中筛选出的16种最佳旋钮。

（5）表纹编码　控制装置的表面纹理可以通过触觉加以辨认，人能很好地辨认光滑的、齿边的和滚花纹的表纹，因此可以用不同的表面纹理对控制装置进行编码。如电话机上的数字5键，计算机键盘上的F、J键都属于这类编码的控制装置。

（6）位置编码　位置编码是根据控制装置在产品面板或控制台上的位置的不同来分辨控制装置的，如控制装置可按功能组合排列；使显示装置与控制装置具有对应的位置；在同类系统上，将相同控制装置放在相同的位置上。它们的位置可通过视觉或触觉辨认，电话上的数字键通常根据习惯把"1、2、3""4、5、6""7、8、9"分别放在上、中、下三排，"0"键放在第四排的中间。这样在拨打电话时，即使不依靠视觉，单凭触觉和记忆也能很快地找到

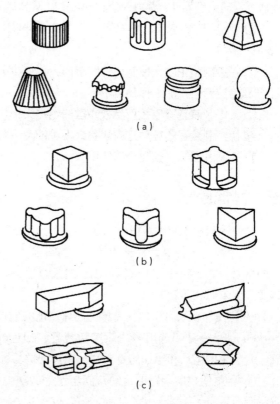

图6-13　三类用于形状编码的旋钮

相应的数字键。值得注意的是，用触觉分辨位置时，控制装置之间必须有足够的间距，对于工作空间较为充裕的场合常采用这一编码方式。

（7）操作方法编码　只在某些特殊场合下使用，如文件柜的钥匙、保险箱的密码锁，以及某些特别重要、需要格外慎重操作的控制装置。采用这种方法编码时，每个控制装置都必须有各自独特的操作方法，并且只有按此种方法操作时控制装置才能被启动。

三、控制装置操作的信息反馈

设计控制装置时，应考虑通过一定的操作信息反馈方式，使操作者获得关于控制装置操作结果的信息。操作者可从反馈信息中判断自己操作的力度是否恰当，还可从反馈信息中发现操作上的无意差错而及时加以纠正。

视觉操作反馈信息可通过设置的显示装置获得。例如，操作到位时，信号灯发光或显示屏显示操作已经执行。也可通过操作阻力的变化获得，或者通过操作者的眼睛、手、肩、腿、脚等感受到的位移或压力来获得，又或是通过听觉辨别机器发出的声音来获得反馈。

四、防止控制装置的偶发启动

在操作过程中，由于操作者的无意碰撞或牵动控制装置以及外界振动等，因而引起控制装置的偶发启动，有些重大事故就是由这类偶发启动造成的。因此，在设计控制装置时应考虑到这

类偶发启动的可能性，并力求使这种可能性减到最小。可采用如下各种防止偶发启动的措施。

① 适当增加控制装置的阻力，控制装置的阻力过小，被无意碰触时很容易发生偶发启动；

② 将控制装置陷入控制板的凹槽内，以减少无意碰触的机会；

③ 给控制装置加上保护盖；

④ 将控制装置安放在不易被碰触的地方；

⑤ 使控制装置的运动方向朝着最不可能发生意外用力的方向；

⑥ 控制装置采用较复杂的使用方法。

五、其他原则

在设计和选用控制装置时，除了按照上述原则外，还应注意以下几点。

① 尽量利用控制装置结构特点进行控制（如利用弹簧、杠杆原理）或借助操作者身体部位的重力（如脚踏开关）进行控制。对重复性或连续性的控制操作，应尽量使身体用力均匀，以防产生单调感和疲劳感；

② 使操作者采用自然的姿势与动作就能完成控制任务；

③ 尽量设计和选用多功能控制装置，如计算机的多功能鼠标和游戏操纵杆，以节省空间、减少手的运动和操作的复杂性，加强视觉与触觉辨认；

④ 尽量使控制装置的运动方向与预期的功能和产品的被控方向相一致，即实现控制与显示的相合性；

⑤ 同一系统内同一类型的控制装置应规定统一的操作方法，凡是成批使用的同类控制装置都应统一使用方法，若操作方法不统一，操作时就会引起混乱，会把关当作开，把开看成关，就容易引发事故；

⑥ 具有危险性的控制装置要用标记标出，并且提供较大的活动空间。

第四节　控制与显示相合性设计

机器、设备的显示与控制装置在大多数情况下相互关联，这种显示与控制之间的相互关联称为控制-显示的相合性。它是反映人机关系的一种方式，牵涉到人与机器之间的信息传递、处理以及控制指令的执行，还有人的习惯定式。随着科学技术的发展，在控制-显示相合性方面，出现了许多新的技术和新的方式，如多媒体中的触摸屏、光笔输入、眼控仪、数据手套、虚拟现实系统等，并且在日常生活及工业产品中得到了广泛应用。一般来说，控制-显示相合性表现为运动相合性、空间相合性、习惯相合性、编码和编排相合性、控制-显示比等方面。

一、运动相合性

控制装置的运动方向多种多样，如向上、向下、向左、向右、向前、向后等，还可以顺时针或逆时针旋转运动。一个控制装置选择什么样的运动方向，不仅与控制装置的结构特点有关，而且还与人的使用习惯、控制装置与相关显示装置的运动关系有关。控制装置与显示装置的运动方向一致，操作起来速度快、错误少；两者运动方向不一致，容易发生差错。控制装置与显示装置的运动相合性主要有以下几种情形。

1. 直线运动控制装置与直线运动显示装置的配合

控制装置与显示装置均为直线运动时有两种情形：一是两者都处于水平面或垂直面上；二是控制装置处在水平面上，显示装置处于垂直面上。在第一种情形下，可以把两者的运动方向设计成完全一致，如控制装置自左向右运动时，相应的显示装置的指针也自左向右移动。在第二种情形下，两者的左右运动方向可以做到完全一致，但其他运动方向则不可能完全相合。这是由于控制装置能做前后运动而不能做上下运动，显示装置能做上下运动而不能做前后运动。通常，控制装置向前运动与显示装置向上运动配合，控制装置向后运动与显示装置向下运动配合，比相反的配合具有更好的相合性。

2. 旋转式控制装置与直线运动显示装置的配合

旋转式控制装置如旋钮、手轮等一般只有顺时针和逆时针转动两种运动方向，而直线运动显示装置则有左、右、前、后、上、下等多种运动方向，因此两者的运动方向不可能做到完全一致。一般情况下，控制装置的顺时针运动可与显示装置的从左至右、从下至上、从前向后等运动方向相配合，而控制装置的逆时针运动可与显示装置的从右至左、从上至下、从后向前等运动方向相配合。

3. 旋转式控制装置与圆周式运动显示装置的配合

控制装置与显示装置都采用旋转运动时，两者的运动方向可以做到完全相合。表6-2列出了控制装置与显示装置的运动方向相合性关系。

表6-2 控制装置与显示装置的运动方向相合性

续表

显示装置 指针运动方向 ／ 控制装置 手柄运动方向	仪表位于正前面时				仪表位于水平面时	
手柄位于 水平面时（旋钮）	↑↓	→（⇢）	⤴	⌒	∥	→（⇢）
手柄位于 水平面时	↑↓		⤴	⌒	∥	
		←（⇠）	⤴	⌒		→（⇠）

二、空间相合性

控制装置和显示装置的空间相合性是指两者空间排列上保持一致的关系。特别在控制装置与显示装置具有一一对应的关系时，若能使两者在空间排列上保持一致关系，操作起来就速度快、差错少。查帕尼斯和林登鲍姆（Chapanis & Lindenbaum，1959）曾用煤气灶的四个灶眼作为显示装置，煤气开关作为控制装置，研究了控制装置与显示装置的空间相合性（图6-14）。实验结果表明，在图6-14（a）中，由于煤气灶眼排列顺序和煤气开关具有位置上的直观对应关系，故在1200次试验中没有发生一次控制错误。图6-14（b）和（c）

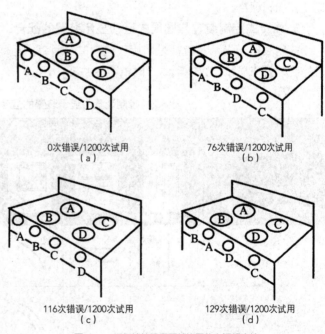

0次错误/1200次试用
（a）

76次错误/1200次试用
（b）

116次错误/1200次试用
（c）

129次错误/1200次试用
（d）

图6-14　煤气灶灶眼和开关位置的空间相合性

所示方式的操作错误次数分别为76次和116次，而图6-14（d）所示方式的操作错误次数最多，达到129次。主要是因为在这种排列中，煤气开关和灶眼的空间位置排列关系最为混乱。由此可见，控制与显示在位置上相合时，可减少发生操作错误的次数，缩短操作时间，对提高工作绩效有重要的意义。

三、习惯相合性

一个人的习惯行为是在长期生活或工作中自然形成的，习惯一旦形成后，往往会自动表现出来，不容易消除。如顺时针旋转或自下而上，人自然认为是增加的方向。收音机的音量开关，顺时针旋转表示音量增大，反之表示音量减小，直至关闭。因此控制装置的操作若违背人的习惯方式，操作起来就会感到很别扭，容易发生差错。众所周知，我国交通车辆规定靠右行驶，为了便于估计车辆相遇时两车间的距离，驾驶员的座位都装置在车舱左前侧；而英国的交通规则规定车辆靠左行驶，出于同样的目的，把驾驶员座位放在车舱右前侧。一个开惯了车靠右行驶的司机，乍到英国开车，就得重新学习、适应和更正，否则容易发生车祸。

由此可见，控制装置的设计应力求采用标准化设计，至少应保证在同一国家或同一系统内使用操作方法统一的控制装置。

四、编码和编排相合性

控制和显示的编码和编排相合的目的主要是减少信息加工的复杂性，提高工作效率。在同一机器或系统中，控制装置与显示装置进行编码时，所用代码应在含义上取得统一。如控制装置与显示装置都可用箭头表示方向，两者都应用"↑"和"↓"表示向上和向下，用"←"和"→"表示向左和向右。又如控制装置和显示装置若都采用颜色作为告警等级的编码方式，同一颜色所代表的告警等级在控制装置和显示装置中应该一致。

对于中央控制室，经常会遇到多个控制按钮与信号灯有对应关系的情况，为了使操作效率最优，最好的一种编码方式是控制按钮本身带有灯光信号，按下哪个钮，相应的按钮灯就亮。如由于条件限制，不能采用按钮本身带灯的方式，则可将按钮集中在控制板上，信号灯集中在显示板上，但应保证两者的空间排列相互对应。

五、控制-显示比

控制-显示比（control-display ratio，简称C/D比）又称控制-反应比（control-response ratio），是指控制装置与显示装置的移动量之比，是连续控制装置的一个重要参数。移动量可以是直线距离（如平移或直线运动的控制装置与显示装置），也可以是旋转的角度和圈数（如圆形刻度盘的指针显示

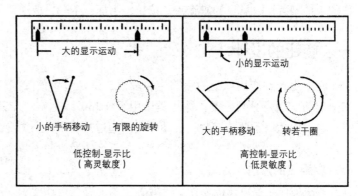

图6-15　控制-显示比

量、旋钮的旋转圈数等）。控制-显示比高，表示控制装置的灵敏度低，即较大的控制运动只能引起较小的显示运动；控制-显示比低，表示控制装置的灵敏度高，即较小的控制运动能引起较大的显示运动（图6-15）。

在控制-显示界面中，人们对于控制装置的调节往往包含粗调和微调两种。在选择C/D比时，需考虑这两种调节方式。粗调要求快，需要控制装置的灵敏度高，控制-显示比小；微调要求精确，需要控制装置的灵敏度低，控制-显示比大。图6-16显示了使用不同控制-显示比与粗调、微调所需时间的关系。可见，随着C/D比的减小，粗调所需时间减少，而微调所需时间增加。

一般来说，在设计人机界面中的控制-显示系统时，C/D比的选择需考虑粗调和微调时间，而不是简单地选择高C/D比还是低C/D比。图6-16所示的两条曲线相交点所对应的C/D比称为最佳C/D比。

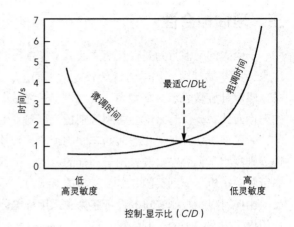

图6-16 粗调和微调时间与C/D比的关系

当然，最佳C/D比的选择还受到许多其他因素的影响，如显示装置的大小、控制装置的类型、人眼的观察距离以及调节误差的允许范围等。因此，控制时间和精度要求较高的场合，应根据使用条件通过实验确定最佳C/D比。国外曾有人经过实验得出：旋钮的最佳C/D比约为1:5 ~ 1:1.25，手柄的最佳C/D比约为2.5:1 ~ 4:1。

第五节　手部控制装置设计

由于手的动作精细准确、灵活多变，所以人机系统中使用的控制装置绝大多数都是用手操作的手控制装置，常见的如旋钮、按钮、手柄、手轮、扳动开关、曲柄、控制杆等。

一、旋钮的设计

旋钮是一种应用广泛的手动控制装置，是通过手指的拧转来达到控制目的。根据功能要求，旋钮一般可分为三类：第一类适用于作360°以上旋转，其转动位移并不具有位置信息意义；第二类适用于调节控制，转动角度不超过360°；第三类旋钮在每一转动位置具有重要的信息意义，据此来选择开关。根据形状，旋钮可分为圆形、多边形、指针形和手动转盘等。

1. 旋钮的形态

对于连续平稳旋转的操作，应使旋钮的形态与运动要求在逻辑上达成一致。例如，旋转角度超过360°的多倍旋转旋钮，其外形宜设计成圆柱形或锥台形；旋转角度小于360°的部分旋转旋钮，其外形宜设计成接近圆柱形的多边形；定位指示旋钮，则宜设计成简洁的指针形，以指明刻度位置或工作状态（图6-17）。

为了使手控制旋钮时不打滑，常把旋钮的周边加工成齿纹或多边形，以增大摩擦力，加强手的握持力。对于带凸棱的指针式旋钮，由于手指抓握和施力的部位凸出，因此凸棱的大小必须与手的结构和操作运动相适应，从而提高操作工效。

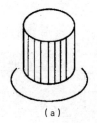   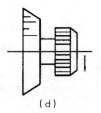

（a）　　　　　　（b）　　　　　　（c）　　　　　　（d）

图6-17　旋钮的形态

2. 旋钮的大小

旋钮的大小取决于它的功能和转动力矩的大小，用于微调的旋钮或转力矩小的旋钮应设计得小一些，用于粗调的旋钮或转力矩大的旋钮应设计得大一些，如图6-18所示。不管在何种情况下，设计旋钮的大小时要使手指与旋钮轮缘有足够的接触面，便于手指捏紧和施力，以及保证操作的速度和准确性。在需要作精细调节并要求有一定的转力矩的情形下，旋钮面应大到使5个手

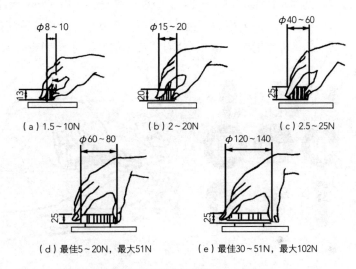

图6-18　不同旋钮的适宜尺寸和操纵力大小（单位：mm）

指都能够放在轮缘上。因此，旋钮的直径不宜太小，但也不宜太大。如果由于空间的限制，旋钮面较小，应适当增加旋钮高度，以增大手指与轮缘的接触面。勃雷特莱（Bradley，1969）曾通过实验研究发现，无论对正常的还是较大的轴摩擦力，旋钮的直径以50mm左右为最佳。当旋钮直径偏离最佳值时，转动旋钮的时间将随轴摩擦力的增加而明显增加。

3. 不同形状的旋钮设计

（1）圆形旋钮　这种旋钮多呈圆柱状或圆锥台状，钮帽边缘有各种槽纹，常用于只需连续旋转一周或一周以上，定位精度要求不高的场合。其设计细则如下。

① 2~3个手指操作的旋钮，直径为10~30mm，长度为15~25mm；手掌操作的旋钮，直径为35~75mm，长度为30~50mm。

② 小旋钮的最大控制力矩为0.78N·m；大旋钮的控制力矩为3.14N·m。操作阻力矩为0.034~0.49N·m。

圆形旋钮在功能允许的情况下，可将多个旋钮叠在一起组合成同轴多层旋钮。这样一来，既可节省空间，操作也方便。同轴旋钮一般由两个或三个旋钮组成，它们的轴一个套一个，都围绕一个轴心转动。若同轴多层旋钮为三级时，可采用布拉德利（Bradley）提出的最佳尺

寸：中级旋钮的直径为38.1～63.5mm，最好为50mm，每级旋钮之间的表面距离应不小于19.2mm，且下级旋钮的长度应大于6.4mm，如图6-19所示。此外，相邻旋钮之间应有足够的摩擦阻力，以防止偶发启动。

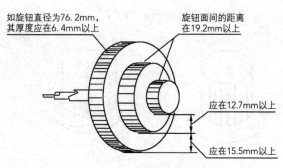

图6-19　同轴旋钮的最佳尺寸

（2）多边形旋钮　这种旋钮一般用于不需连续旋转，旋转定位精度不高，调节范围不足一圈的场合。

（3）指针式旋钮　这种旋钮具有3个以上的控制位置，但最多不宜超过24个，即相邻控制位置之间最小间距不可小于15°，始位与终位之间的间距应大于其他相邻控制位置的间距。在调节过程中，刻度盘不动，通过旋转指针形状的钮，确定旋钮的旋转位置。其特点是读数定位准确，如电表上的调节旋钮。指针式旋钮的设计可参考图6-20。

图6-20　指针式旋钮

指针式旋钮的大小和形状要适合手指的操作，还要有利于视觉对指示值的监视，因此，指针尖端应尽可能接近标尺刻度，以减少视差。

指针式旋钮一般采用弹性阻力，旋钮从一个定位开始转动时阻力变大，进入下一位时阻力变小，从而可使旋钮准确定位而不会停止在两个位置之间；也可通过操作定位时发出的咔嗒声来获得听觉信息反馈。

（4）手动转盘　手动转盘与指针式旋钮具有相同的功能，不同之处仅在于它是靠转动刻度盘来达到预定的控制位置的。

二、手轮和曲柄的设计

手轮和曲柄均可自由作连续旋转，适合作多圈操作的场合。

1. 手轮

手轮的作用相当于旋钮或曲柄，但操作力较旋钮和曲柄大，适用于需要控制力较大的场合。手轮可连续旋转，因此操作时没有明确的定位位置，常用作汽车、轮船等的驾驶方向盘（图6-21），也用于机械设备、游戏装置的控制。

手轮可单手或双手操作，其直径和操作力根据需要而定。当单手操作时，其直径最小为

50mm，最大为100mm，操作力为20～130N。当双手操作时，其直径最小为180mm，最大为530mm，操作力为20～220N。手轮的握把直径为20～50mm。为便于施力，可在其边缘刻上手指状凹槽。

2. 曲柄

曲柄具有快速回转和连续调节的特点，适用于操作力较大的场合（图6-22）。曲柄把柄的直径一般为25～75mm。

3. 手轮和曲柄的安装位置

手轮和曲柄的尺寸大小和操作效率与它们在空间的安装位置有很大的关系，表6-3列举了手轮和曲柄合适的安装位置和尺寸大小，可供布置时参考使用。手轮和曲柄的操作速度与其位置密切相关，一般而言，需要转动快的手轮和曲柄，其转轴应与人体前方平面成60°～90°的夹角；而需要用力很大时，则应使其转轴与人体前方平面相平行。当

图6-21　各种形式的汽车方向盘

图6-22　曲柄

操作力很大时，手轮和曲柄最好设置在地面以上1000～1100mm的范围内，需很大操作力的曲柄应设置在肩峰点的高度上，并采取手推用力的姿势。

表6-3　手轮或曲柄的安装位置和尺寸

安装高度/mm	安装位置/(°)	手轮或曲柄	操作扭力/（N·m）		
			0	4.6	10
			旋转半径/mm		
610	0	手轮	38～76	127	203
910	0	手轮	38～102	127～203	203
910	侧向	手轮	38～76	127	127
910	0	曲柄	38～104	114～191	114～191
990	90	手轮	38～127	127～203	203
990	90	曲柄	64～114	114～191	114～191
1020	-45	手轮	38～76	76～203	127～203

续表

安装高度/mm	安装位置/(°)	手轮或曲柄	操作扭力/(N·m)		
			0	4.6	10
			旋转半径/mm		
1020	−45	曲柄	64~191	114~191	114~191
1070	45	手轮	38~114	127	127~203
1070	45	曲柄	64~114	64~104	104
480	0	手轮	38~76	102~203	127~203
480	0	曲柄	64~114	104	114~191

三、操纵杆的设计

操纵杆的自由端装有把手或手柄，另一端与机器的手控部件相连（图6-23）。操纵杆可设计成较大的杠杆比，用于阻力较大的操作。操纵杆常用于一个或几个平面内的推、拉式摆动运动。由于受行程和扳动角度的限制，操纵杆不宜作大幅度的连续控制，也不适宜作精细调节。

1. 操纵杆的形态和尺寸

操纵杆的粗细一般为22~32mm，最小不得低于7.5mm，球形圆头直径为32mm。若采用手柄，则直径宜稍大，以免引起肌肉紧张，若长时间操作还会产生疲劳和痉挛。操纵杆的长度与其操作频率成反比关系，即操纵杆越长，动作频率越低（表6-4）。

图6-23 汽车操纵杆

表6-4 操纵杆长度与其对应的最高操纵频率

操纵杆长度/mm	30	40	60	100	140	240	580
最高操作频率/(r·min⁻¹)	26	27	27.5	25.5	23.5	18.5	14

2. 操纵杆的行程和扳动角度

应尽量做到只用手臂而不移动整个身躯就可完成操作，以适应人的手臂特点。对于长度为150~250mm的短操纵杆，行程为150~200mm，左右转角不大于45°，前后转角不大于30°；对于长度为500~700mm的长操纵杆，行程为300~350mm，转角为10°~15°。通常操纵杆的动作角度为30°~60°，不超过90°。

3. 操纵杆的操纵力

操纵杆的适宜用力因操纵方式和性质的不同而有很大差异。前后用力时，适宜的最大用力不超过295N；侧向操作时，适宜的最大用力不超过408N；对于瞬时的快速运动，适宜的最大用力不超过1034N；而对于操作频率较高的操纵杆，最大用力不超过60N。用于汽车换挡的操纵杆或其他操作变速的操纵杆，用力最好不超过136N，且用力小一些为好，一般以30~50N为宜，但操纵杆的工作阻力不宜小于18N。

4.操纵杆的位置

操纵杆的位置与操纵力和人的操作姿势有关。当操纵力较大、采用立姿操作时，操纵杆手柄的位置应等高于或略低于人的肩部高度；当采用坐姿操作时，操纵杆手柄的位置应与人的肘部等高，并应在操作者臀部和脚部设置支撑。

四、按钮和按键的设计

按压式控制装置，根据其外形和使用情况大体上分为两类：按钮和按键。它们一般只有两种工作状态，如"接通"与"断开"、"开"与"关"、"启动"与"停止"等。表6-5列出了按钮和按键的工作行程和操纵力的适宜范围。

表6-5 按钮和按键的工作行程和操纵力

控制装置名称	工作行程/mm	操纵力/N
按钮	手指操作：2~40 用手操作：6~40	1~8 4~16
按键	手指操作：2~6（电器断路器） 手指操作：6~16（机械杠杆）	0.8~3

1.按钮的设计

（1）按钮的工作状态 按钮必须能够可靠地复原到初始位置，并且对系统的状态给出显示。其工作状态有单工位和双工位两种。单工位按钮是指手指按下按钮后，它处于工作状态，手指一离开按钮，它就自动脱离工作状态而恢复原位，如计算机鼠标按钮；双工位按钮是当手指按下按钮后，它就始终处于工作状态，手指再按一下按钮，它才恢复原位，如电灯的开关按钮。对于这两种按钮，在使用时应注意它们之间的区别。

图6-24 不同形状和大小的按钮

（2）按钮的形状和尺寸 按钮通常用于产品或者系统的开启和关停，其外形一般为圆形和矩形（图6-24），有的还带有信号灯，以便让使用者更清楚地了解显示状态。为使操作方便，按钮表面宜设计成凹形，以符合手指的表面形状。

按钮的尺寸应根据人的手指端的尺寸和操作要求而定。用食指按压的圆形按钮，直径以8~18mm为宜，方形按钮的边长为10~20mm，矩形按钮则以10mm×15mm或15mm×20mm为宜，压入深度为5~20mm，压力为5~15N；用拇指按压的圆形按钮，直径宜为25~30mm，压力为10~20N；用手掌按压的圆形按钮，直径为30~50mm，压入深度为10mm，压力为100~150N。按钮应高出盘面5~12mm，行程为3~6mm，按钮间距为12.5~25mm，最小不得小于6mm。

（3）按钮的操作阻力 按钮应采用弹性阻力，阻力的大小取决于操作时的手指。有关研究表明，用食指操作的按钮，阻力为2.8~10N；用拇指操作的按钮，阻力为2.8~22N；各手指均可操作的按钮，阻力为1.4~5.6N。按钮的操作阻力不宜太小，以防被无意触动；也不宜过大，以免引起手指操作疲劳。

（4）按钮的信息反馈　按钮可用咔嗒声或者阻力的变化向操作者提供反馈信息，也可通过按钮旁的指示灯来显示反馈信息，如电脑显示屏的开关按钮。使用的指示灯不宜过多，因为同时亮着的灯越多，对操作者的意义就越小。

（5）按钮的颜色　对按钮可根据使用功能对其进行颜色编码。如用红色按钮表示"停止""断电"或"事故发生"。若表示"启动""通过"首选绿色按钮，也可使用白色、灰色或黑色按钮。对于连续按压后改变功能的按钮，如电吹风上的按钮，第一次按压为"冷风"，第二次按压为"热风"，则忌用红色、绿色，宜采用黑色、白色或灰色，或与产品本身色彩相一致的颜色。按下为"开"、抬起为"停"的按钮，如电灯开关按钮，则宜采用白色、黑色，忌用红色，但可在按钮上标上红色或绿色标记。单一功能的复位按钮，可用蓝色、黑色、白色或灰色；对同时具有"停止"或"断电"功能的按钮，应采用红色。

2. 按键的设计

随着科技的发展和电子技术的日益普及，在现代工业产品和日用品中，按键使用日益广泛，如计算机的键盘、打字机、传真机、电话机、家用电器等，都大量使用了按键。使用按键的好处是节省空间，便于操作，便于记忆。使用熟练后，不用视觉也能迅速操作，如敲击计算机键盘时的"盲打"。从操作情况来看，按键有机械式、机电式和光电式。

各种形式的按键都应根据手指的尺寸和指端的外形进行设计，才能保证操作时手感舒服，操作效率高。图6-25（a）为外凸弧形按键，操作时抵触手指端面，只适合于负荷小且操作频率较低的场合。按键应凸出台面一定的高度，过平则不易感觉操作位置是否正确，如图6-25（b）所示。各按键之间应留有一定的间距，以避免同时按压两个键而发生误操作，如图6-25（c）所示。按键的端面形状以图6-25（d）所示的中凹形最优，它可增强手指的触感，便于操作。按键的适宜尺寸可参考图6-25（e）。对于多个按键的密集组合排列，如计算机的键盘，应设计成如图6-25（f）所示的形式，使手指端触面之间保持一定的距离。其纵行排列多采用阶梯式，如图6-25（g）所示。

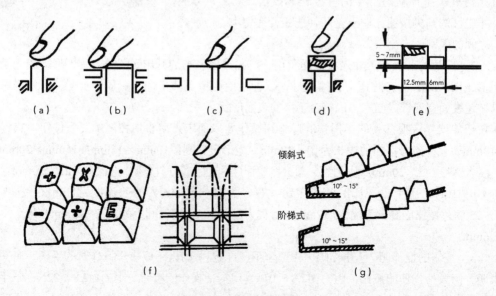

图6-25　按键的形式和尺寸

五、手握式工具设计

使用工具进行生产，是人类进化的主要标志。人们使用手工工具可以完成危险的、困难的工作，而且很少受环境、温度和其他因素的影响。大多数传统工具的形态和尺寸不符合人机工程学原则，不能满足现代化生产的需要。如果长时间使用设计不佳的手握式工具和设备，不仅效率低下，还会损伤人体。由此，对工具进行设计、选择和评价是人机工程学中一项重要的内容。

手具有极大的灵活性。从抓握动作来看，可以分为着力抓握和精确抓握。着力抓握时，可分为力与小臂平行（如锯），与小臂成夹角（如锤）及扭力（如起子）。精确抓握时，工具由手指与拇指的屈肌夹住。精确抓握一般用于控制性作业，如使用小刀、铅笔等。

手握式工具设计不合理，会导致多种上肢职业病甚至全身性伤害，疾病如腱鞘炎、腕管综合征、腱炎、滑囊炎、滑膜炎、痛性腱鞘炎和网球肘等。由此，在进行手握式工具的设计时，应该遵循解剖学原则和人机工程学原则。

1. 解剖学原则

手握式工具广泛用于生产系统中的操作、安装和维修等作业。若其选用或者设计时不注意人手的解剖学原则，将影响人的健康和作业效率。

（1）避免静态肌肉施力　在使用工具时，如需抬高胳膊或将工具握持一段时间，会使肩、臂及手部肌肉处于静态施力状态，这种静态负荷能使肌肉疲劳，降低连续工作的能力，甚至在一天之内产生肌肉疼痛，严重的会引起肌腱炎、腱鞘炎、腕管综合征等多种疾病。

① 肩。当在水平工作台上使用直形工具时，则必须肩部外展、肘部抬高，因此应对这种工具设计作出修改。改进的方法是将工具的工作部分与把手部分做成弯曲式过渡，以使手臂自然下垂。例如，当在工作台上操作传统的直杆式电烙铁时，如果被焊物体平放于台面，则手臂必须抬起来才能施焊。如将前端变成90°角的弯把

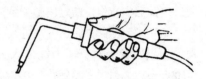

图6-26　前端弯成90°的电烙铁

式，操作时手臂就可能处于较自然的水平状态，减少了抬臂产生的静态肌肉负荷（图6-26）。

② 前臂。在用力从事装配作业时，由于伸展双臂、重复操作，可产生前臂肌肉疼痛。为减轻肌肉疲劳，应使肘部在工作期间保持在90°角左右。为防止工具从手滑脱，可借助于夹钳。在工具手柄设计上，可采用凸边或滚花的设计方法，尽量减少握紧力，避免前臂肌肉疼痛。此外，设计成双手使用的手柄，有助于稳定工具和抵消工具重量分布的不均匀。

③ 手。长时间握物或连续用力，能造成手部疲劳，并使手指失去灵活性。对此，驱动工具的用力要尽量小些，以减轻手指的疲劳。应降低手柄对握紧程度的要求，防止出现打滑。尽量使用弹簧复位工具，可减轻手或手指的负担。

（2）保持手腕处于顺直状态　手腕顺直操作时，腕处于正中的放松状态，但当手腕偏离其中间位置，处于掌屈、背屈、尺偏等别扭的状态时（图6-27），就会使腕部肌腱过度拉伸，可导致腕部酸痛、握力减小。如图6-28所示，使用传统钢丝钳时，由于手的操作位置不正确，长期使用会使腕部肌腱过度拉伸，从而导致手腕疼痛和持续握持工具的困难。图6-29是改进后的钢丝钳与传统设计的比较，传统设计的钢丝钳易造成掌侧偏，改进后的设计使握把弯曲，操作时可以维持手腕的顺直状态，大幅减少了工人腱鞘炎的发病率。

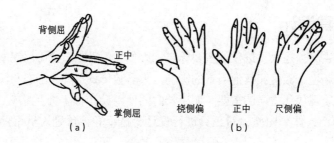

图6-27 手腕的基本位置

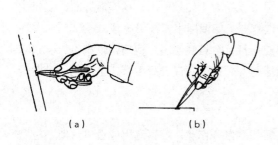

图6-28 使用传统钢丝钳时手腕的角度

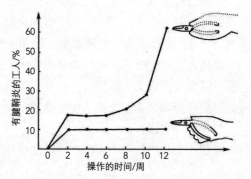

图6-29 钢丝钳改进前后的设计比较

此外，在设计工作场所时，应使工件置于适宜的位置，减小工人在从事装配、维修操作中手腕的过分偏扭，或可以通过改变工作方位，减轻肌腱受到的应力。

（3）避免手掌所受压力过大 使用手握式工具时，特别是当用力较大时，压力能传入大拇指底部的手掌，如图6-30所示。这种钳子尽管小到能够伸入有限的空间去，但它没有超出掌心，此处正是血管和神经过多的地方，反复受

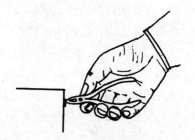

图6-30 手掌受压点

压，会妨碍血液在尺动脉的循环，引起局部缺血，产生肿胀和手疼，导致麻木、刺痛感等。好的把手设计应该具有较大的接触面，使压力能分布于较大的手掌面积上，减小压力；或者使压力作用于不太敏感的区域，如拇指和食指之间的虎口位（图6-31）；也可以将手柄长度设计至手掌之外。

（4）避免手指重复动作 如果反复用食指操作扳机式控制装置，就会造成扳机指（狭窄性腱鞘炎），扳机指症状在使用气动工具或触发器式电动工具时常会出现。设计时应尽量避免食指做这类动作，而代替以拇指或指压板控制（图6-32）。

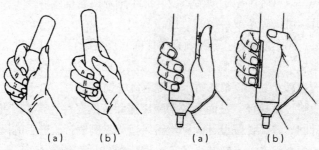

图6-31 避免掌部压力的把手设计　图6-32 避免食指反复操作的设计

2. 设计的一般原则

手握式工具必须满足以下基本要求，才能保证使用效率：有效地实现预定的功能；与操作者身体成适当比例，使操作者发挥最大效率；按照作业者的力度和作业能力来设计；适当考虑性别、训练程度和身体素质上的差异；工具要求的作业姿势不能引起疲劳。

3. 手柄设计

操作手握式工具，手柄当然是最重要的部分。对于单手柄工具，其操作方式是掌面与手指周向抓握，其设计因素包括手柄形状、尺寸、操纵力等。

（1）手柄形状　对手柄形状设计的基本要求是：手握舒适、施力方便、不打滑、动作可控制。因此，应根据手的结构和生理特征来进行设计。

当手握持手柄时，施力和转动手柄都是依靠手的屈肌和伸肌共同完成的。从手掌的解剖特征来看，掌心的肌肉最少，指球肌和大、小鱼际肌的肌肉最丰富，是手部的天然减震器。指骨间肌和手指部分则布满神经末梢。因此，手柄的形状应当设计成其被握住的部位与掌心和指骨间肌之间留有适当的间隙，以减轻掌心和指骨间肌的压力和摩擦力，改

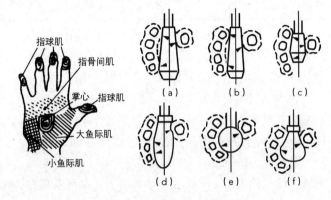

图6-33　手柄形式和着力方式比较

善手掌的血液循环状况，保证神经不受过强的压迫。否则，掌心长期受压受振，可能会引起难以治愈的痉挛，至少也易引起疲劳和操作定位不准确。据此，图6-33中，（a）、（b）、（c）三种形式的手柄符合上述要求，操作效果较好；而（d）、（e）、（f）三种形式的手柄，执握时掌心与手柄贴合太紧密，操作效果不好，只适合作为瞬间和受力不大的操作手柄。

手柄的截面形状，对于着力抓握尤为重要。手柄与手掌的接触面积越大，则压应力越小。因此，圆形截面比较好。一般可根据作业性质来确定手柄形状。如为了防止与手掌之间的相对滑动，可以采用三角形或矩形手柄，这样也可以增加工具放置时的稳定性。对于螺丝刀，采用丁字手柄，可以使扭矩增大50%。

（2）手柄尺寸

① 手柄直径。手柄直径取决于工具的用途与手的尺寸。用力握紧的手柄直径为40mm，允许范围为30~50mm。精确操作的手柄直径为12mm，允许范围为8~16mm。

② 手柄长度。手柄长度主要取决于手掌宽度。掌宽一般在73~96mm之间（第5百分位的女性至第95百分位的男性）。因此，对用力显著的工具，如钳子、剪刀和螺丝刀等，建议柄长130mm，一般不小于100mm，如戴手套操作时，柄长增加13mm。

③手柄间距。带有双手柄的工具，如钳子、剪刀、尖嘴钳等，其主要的设计因素是抓握空间。手柄在最大用力点之间的距离最好为45~80mm，在这个跨距范围内，多数人能发挥最大的握力。当跨距增大或缩小时，手的握力会相应减小，这是由于手处于生物力学的不利位置。

（3）手柄的操纵力　手柄的适宜操纵力与手柄距离地面的高度、操作方向、左右手差异等因素有关，如表6-6所示。

表6-6　手柄的适宜操纵力

手柄距地面高度/mm	适宜的操纵力/N					
	右手			左手		
	向上	向下	向侧方	向上	向下	向侧方
500～650	140	70	40	120	120	30
650～1050	120	120	60	100	100	40
1050～1400	80	80	60	60	60	40
1400～1600	90	140	40	40	60	30

（4）用手习惯和性别差异　双手交替使用工具可以减轻局部肌肉疲劳。但这在实际操作时往往做不到，因为人们使用工具时都有用手习惯。由于大部分工具设计都只考虑到利手为右手的操作方式，这样对小部分左利手用户很不利。因此，在设计手握式工具时应考虑利手的不同。如意大利设计师弗朗西斯科·菲利匹（Francesco Fillippi）设计的"Cat Fish"剪刀，就充分考虑了人体工程学原理，让左利手和右利手用户都能很好地使用（图6-34）。设计师选择了猫和鱼的形象，组成一个同剪刀功能相去甚远的产品。同普通的剪刀一样，它也是由两片刀片绞合在一起，通过巧妙的变换实现了左右手的通用性。

图6-34　"Cat Fish"剪刀

从性别来看，男女使用工具的能力也有很大差异。女性的平均手长约比男性短20mm，握力值也只有男性的2/3。所以设计时必须充分考虑到这一点。

（5）手柄设计的其他要求

① 手柄应具有良好的绝缘性和隔热性。手柄在持续握持或与身体接触的情况下，其温度不应超过35℃。

② 手柄不应有突出的锐边和棱角。为了更好地抓牢，手柄表面最好使用弹性材料。

③ 手柄表面应有一定的硬度，以免工作中的颗粒或污物嵌入。

④ 手柄应能防止油、溶剂和其他化学物质浸入。

⑤ 手柄表面不应光滑，应尽可能增大承力面积。沿轴向推拉的手柄，其表面最好制成花纹以防打滑。用手拧或转的手柄，最好在表面上带有纵向平滑浅槽。

第六节　其他控制装置设计

一、足控制装置

足控制装置远不如手控制装置的用途广泛，尤其对于一些重要的、关键性的控制一般不用脚，因为人们总是认为脚比手的动作迟缓、准确性差。因此，在控制装置的操作中，双手往往是最容易超负荷的，若能合理地使用双脚，就可以减轻手的负担，让其担任更为重要的工作。

足控制装置主要有两种形式：脚踏板和脚踏钮。自行车上的双曲柄踏板、摩托车上的启动踏板以及汽车加速制动踏板等都属于脚踏板类控制装置。剪板机和空气锤上的控制装置属于脚踏钮，其形式与按钮类似。

图6-35 脚踏板

图6-36 脚踏钮

当需要较大操纵力且要求提供相当的速度时，多使用脚踏板（图6-35）；当操纵力较小且不需要连续控制时，宜选用脚踏钮（图6-36）。足控制装置通常用于以下场合：需要连续操作而用手又不方便的场合；操纵力超过50～150N的场合（无论是连续性还是间歇性控制）；手的控制负荷过高，不足以完成所有控制任务的场合。

1. 足控制装置的适宜用力

一般的足控制装置都采用坐姿操作，只有少数操纵力较小（小于50N）的允许采用站姿操作（如剪板机的踏板）。脚蹬用力越大，腿的曲折角越大。例如，脚蹬用力低于227N时，腿的曲折角以107°为宜；当脚蹬用力大于227N时，腿的曲折角以130°为宜。使用脚的前端进行操作时，脚踏板上的允许用力不宜超过60N；用脚和腿同时进行操作时，脚踏板上的允许用力可达1200N；对于需要做快速运动的脚踏板，用力应减少到20N。表6-7列出了足控制装置适宜用力的推荐值，可供设计时参考选用。

操作过程中，人的脚往往都是放在足控制装置之上的，为防止足控制装置被无意触碰或误操作，足控制装置都应有一个启动阻力，至少应超过脚休息时足控制装置的承受力。

表6-7　足控制装置适宜用力的推荐值

足控制装置	脚休息时脚踏板的承受力	悬挂式踏板	功率制动器的脚踏板	离合器和机械制动器的脚踏板	飞机方向舵	可允许的最大脚蹬力	创纪录的最大脚蹬力
用力推荐值/N	18～32	45～68	直至68	直至136	272	2268	4082

2. 脚踏板

脚踏板可分为直动式、摆动式和回转式（包括单曲柄和双曲柄）三种（图6-37），直动式脚踏板有以鞋跟为转轴和脚悬空的两种。前者如汽车的油门，后者如汽车的制动踏板，见图6-37。在图6-38所示的脚悬空踏板中，图（a）表示座位较高，小腿与地面夹角很大，脚的下蹬力不宜超过90N；图（b）表示座位较低，小腿与地面夹角比图（a）中的要小，脚的下蹬力不宜超过180N；图（c）表示座位很低，小腿与地面夹角很小，脚蹬力可达600N。由此可知，脚踏板与座位保持适宜的位置关系，有利于脚的施力。当需要较大的操纵力时，踏板的安装位置应与座椅面等高或略低于座椅面高。

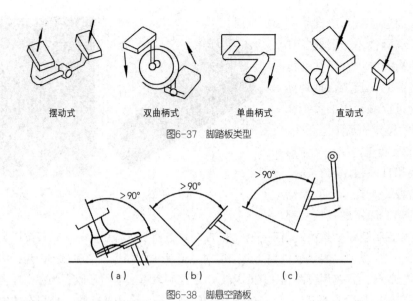

图6-37　脚踏板类型

图6-38　脚悬空踏板

（a）　　　（b）　　　（c）

　　脚踏板的安装角度也是影响脚施力的重要因素。实验结果表明，当踏板与垂直面成15°～35°时，无论腿处于自然位置还是伸直位置，脚均可使出最大用力。

　　脚踏板还需有一定的操纵阻力，以便向操作者提供反馈信息，并防止踏板的无意操作。最大阻力应根据人体第5百分位的用力能力设计。最小阻力则必须考虑不操作时操作者的脚是否放在脚踏板上。如需放在踏板上，则踏板的初始阻力至少应能承受操作者腿的重量。

　　踏板的外形尺寸主要取决于操作空间和踏板间距，前提是必须保证脚与踏板有足够的接触面积。为保证操作的可靠性，踏板宜有适当的操作位移。位移量过小，不足以提供操作反馈信息；位移量过大，则易引起操作者的疲劳，从而影响操作效率。表6-8为美国推荐的脚踏板设计参数，我国设计者在进行具体设计时，宜根据我国人体尺寸进行适当修改。

表6-8　脚踏板设计参数推荐值

名称		最小	最大
踏板大小/mm	长度	75	300
	宽度	25	90
踏板行程/mm	一般操作	13	65
	穿靴操作	25	65
	踝关节弯曲	25	65
	整体运动	25	180
阻力/N	脚不停在踏板上	18	90
	脚停在踏板上	45	90
	踝关节弯曲	–	45
	整条腿运动	45	800
踏板间距/mm	单脚任意操作	100	150
	单脚顺序操作	50	100

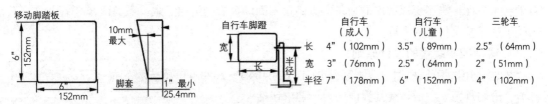

图6-39　脚踏板的设计尺寸

为便于脚施力，脚踏板多采用矩形和椭圆形平面板，图6-39是几种设计较好的脚踏板和相关尺寸，可供具体设计时参考。

3. 脚踏钮

脚踏钮的形式与按钮类似，可用脚尖或脚掌操作，踏压表面应设计成齿纹状，以避免脚在用力时滑脱。脚踏钮的设计如图6-40和表6-9所示。

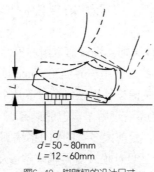

图6-40　脚踏钮的设计尺寸

表6-9　脚踏钮设计参数推荐值

名称	直径尺寸/mm	操作位移/mm	阻力/N	
			脚不停在脚踏钮上	脚停在脚踏钮上
最小	12.5	12.5~25	9.8	44
最大	无特殊界限	65（正常操作、穿靴操作）	100（转动胫部进行控制）	88（正常操作）

二、语音控制装置

语音控制装置是人机系统中一种以语言驱动的控制装置，就是采用人类的自然语言给机器下指令，以实现对机器特定功能的控制。其核心是计算机的语言识别系统，一般是将语言信号的频谱或发音的关键特征与贮存在计算机中的每项词汇的语音资料作匹配，并进行识别，然后按预定程序去执行不同的控制功能。

语音交互的发展可以追溯到20世纪50年代，1952年贝尔实验室开发了能够识别英文数字的系统Audrey，这个系统当时可以识别单个数字0~9的发音。此后，研究者们逐步突破了大词汇量、连续语音和非特定人这三大障碍，语音交互技术取得了长足的发展。让计算机能听、能看、能说、能感觉，是未来人机交互的发展方向，其中语音成为最被看好的人机交互方式。与其他交互方式相比，语音有着更多的优势，比如学习成本比较低、输入效率比较高、可以传递更多的声学信息等。现在的智能手机、智能家居、智能汽车、**VR/AR**等相关产业，都对语音交互的各个方面提出了更深层次的要求，以满足不同场景下的用户需求，各类语音产品也层出不穷，促进了整个行业的发展。

1. 语音控制装置的设计原则

（1）通用规范　根据中国国家标准GB/T 36464.1—2020《信息技术 智能语音交互系统第1部分：通用规范》，语音交互界面的设计要求包括：

① 语音采集。系统应通过传声器或麦克风阵列等具备语音采集能力的拾音设备对语音进行采集；应根据不同的拾音距离，提供近场拾音和/或远场拾音中的一种。

② 语音播报。系统应通过音频播放设备对语音进行播报；应支持播放语音所需的性能要求，例如音频格式、带宽等。

③ 输入输出。系统应支持中文普通话输入输出；除中文普通话之外，对有方言和其他语种输入输出需求的，系统应支持地方方言、民族语言以及其他语种输入输出。

④ 环境噪声适应能力。系统应在不同场景的典型环境噪声下能成功进行语音交互，确保人机交互可用。

（2）移动终端的语音交互设计原则　资深语音用户界面系统设计专家凯西·珀尔（Cathy Pearl）专注于移动App和移动设备的语音用户界面（Voice User Interface, VUI）设计，提出16个方面的VUI基本设计原则，其中关键设计概念包括以下几个。

① 确认策略，即用户如何知道系统理解了自己的语音。

② 命令-控制模式和对话模式。目前大多数的VUI系统都是命令-控制模式；而随着系统的对话性越来越强，更自然的轮流对话设计模式变得越来越普及。

③ 异常处理。当VUI系统上出现错误时，并不是每次都要再次提示用户。如果设备一直沉默着，用户往往会用对待真人一样的方式进行反馈——即重复自己说的话。

④ 持续跟踪上下文，即记住用户说过的话。

⑤ 消除歧义。VUI系统需要依靠已知的信息、上下文线索或确认策略来消除歧义。

⑥ 帮助和其他通用命令。我们需要确保，当用户需要帮助时，他们可以立即获得帮助。

（3）车载终端的语音交互设计原则

① 车载虚拟助手的设计指南。德国布伦瑞克工业大学的蒂莫·斯特罗曼（Timo Strohmann）等基于前人的研究成果和六位专家的访谈结果，制定了车载虚拟助手的设计指南。

a. 表征设计指南。需要始终如一的个性和一个背景故事；必须使用一致的语音和语言语域；需要视觉表征；不应假装是人类。

b. 交互设计指南-营造直观对话。需要监测用户的需求；必须实现直观对话。

c. 交互设计指南-简单透明的操作。必须最小化用户的认知负荷；必须能够告知用户它可以做什么；必须在合理的时间内给出适当的反馈；必须根据用户的熟悉程度定制交互风格；必须创造一个可信和透明的环境；必须防止错误，但万一发生错误，也能够提供一个良好的处理策略。

d. 交互设计指南-营造陪伴。必须具备情绪识别、理解和适当反应的能力；必须为主动行为找出正确的场景；必须了解上下文。

② 智能座舱的语音交互设计。同济大学设计与创意学院的孙效华教授团队基于人机关系由人-机交互（Human Machine Interaction，HMI）转向人-机器人交互（Human Robot Interaction，HRI）的视角，针对智能座舱提出了四个智能语音交互功能。

a. 基于功能上下文的"唤醒"词机制。例如，当用户想在"Media"功能运行时切换到下一首歌时，可以直接说"播放下一首"，而不需要调用"唤醒"词并从头开始。

b. 基于情景的多轮对话。在HRI系统中，用户的知识图谱可以帮助构建对话场景，进而有助于用户输入的语义分析，并支持生成多轮对话。

c. 纠错机制。HRI系统的智能传感、预测和决策模块，特别是持续开发的用户知识图，可以很好地帮助提高预测精度。

图6-41　iPhone 4S的智能语音助手Siri

d. 智能语音交互。当系统检测到用户的知识图中缺少某些信息时，就可以启动智能语音交互以获取信息并补充知识图中缺失的部分。

此外，无论是移动智能终端还是车机端的语音助手，在设计时都应格外关注语音交互的安全性问题。随着智能语音产品走入千家万户，语音大数据资源越积越多，用途也越来越广泛。然而，语音数据在收集和利用中的隐私风险也越来越大。华为技术有限公司就关注到了这一点，并于2021年4月16日公开了"一种车内语音交互方法及设备"专利（CN112673423A），可保护用户的隐私不被泄露。

2. 手机端语音助手

2011年10月，苹果iPhone 4S发布，个人手机助理Siri诞生，开创了手机端智能语音助手的先河，人机交互翻开新篇章，见图6-41。随后中文语音助手也如雨后春笋般蓬勃发展，例如小米的小爱同学、华为的小艺、vivo的Jovi等，在中文方面的智能搜索程度显然超过了Siri。

从用户说话开始，到智能语音助手的语音反馈，其实经历了一系列的步骤，如图6-42所示。第一步是语音识别（Automatic Speech Recognition，ASR），是将麦克风采集到的用户语音转化为文本的过程；第二步是自然语言理解（Natural Language Understanding，NLU），即对自然语言文本进行分析处理从而理解该文本的过程；第三步是自然语言生成（Natural Language Generation，NLG），与自然语言理解相反，是利用人工智能和语言学的方法来自动地生成可被理解的自然语言文本；最后一步是语音合成（Text to Speech，TTS），即将输入的文本信息转化为标准流畅的语音并朗读出来，尽可能地模仿人类自然说话的语音语调，给人以交谈的感觉。

图6-42　语音助手的支持技术

3. 车机端语音助手

与手机端语音助手相似，车机端语音助手是驾驶者开启语音控制功能，汽车就会识别驾驶者的语音并执行驾驶者的命令。随着汽车智能化、网联化的快速发展，汽车语音控制逐渐成为智能座舱系统不可或缺的组成部分。语音控制的出现让驾驶者双手不用离开方向盘，视线不用离开路面，就可以实现对相应功能的控制，提升了驾驶安全性。很多车企，尤其是新能源汽车品牌都推出自己的车载语音助手，例如小鹏汽车的小P（图6-43）、理想汽车的理

图6-43　小鹏P7车载智能语音助手

想同学、蔚来的NOMI、岚图汽车的岚图等。

目前，汽车语音控制支持的主要功能包括以下几个。

（1）语音导航功能　语音导航功能是语音说出目的地进行导航，可以将常用目的地设置为场景，如设置回家路线，只需要发出语音指令"回家"，系统就会自动规划路线。语音导航功能在车流量大、路况复杂的时候，显得尤为实用。

（2）车载娱乐功能　用户可以通过语音搜索音乐的名称来播放音乐，或者简单说出自己感兴趣的电台频道，系统就可以调出相应的频道。此外，用户还可以对音量的大小进行调节。

（3）车辆控制功能　用户可以直接通过语音命令，来替代传统的按键、旋钮等操作，实现对车内空调、座椅、车窗、灯光等多种系统的控制与调节。

（4）电话通信功能　电话通信功能是智能汽车为用户提供了语音通话、发送短信、阅读短信等功能。例如，用户可以要求系统向存储的联系人拨打电话，只需说出"打电话给×××"（联系人的姓名或号码），系统便会智能地拨打电话。

4. 语音控制智能家居

智能家居（Smart Home）是以住宅为平台，利用综合布线技术、网络通信技术、安全防范技术、自动控制技术、音视频技术，将与家居生活有关的安防、开关、照明、窗帘、家电等设备有机地结合在一起，通过网络化智能控制和管理，实现"以人为本"的全新家居生活体验，如图6-44所示。自从1984年世界上第一幢智能建筑在美国出现后，美国、加拿大、德国、新加坡、日本等国先后提出了各种智能家居的方案。近年来，华为、小米、海尔等国产品牌纷纷推出全屋智能技术方案，实现家居设备的互联互通，让消费者享受到数字化和智能化带来的便捷和高效。

语音控制智能家居是将智能语音交互技术运用到智能家居系统之中，通过语音识别、自然语言处理、语音合成等技术，为家居多种实际应用场景赋予产品"能听、会说、懂你"式的智能人机交互体验。以小米智能家居为例，用户可以通过小爱音箱或小米手机内置的智能语音助手小爱同学，实现对厨电卫浴、生活电器、安防设备、照明设备等智能家居产品的语音控制，满足多样化场景的需求，如图6-45所示。

图6-44　智能家居系统　　　　　　　　　　图6-45　小爱智能音箱

三、眼动控制装置

眼控是将眼睛作为控制装置，替代原本需要用手、足等身体部位去执行的操作，实现对产品特定功能的控制。眼控仪是一种辅助工具，它能够帮助手功能受限的人，如肌萎缩侧索硬化、高位截瘫、脑性瘫痪、雷特综合征等患者，用眼睛控制计算机或其他相关产品。它的工作原理与眼动仪相似，主要基于眼球追踪技术。眼动追踪技术是指通过测量眼睛的注视点的位置或者眼球相对头部的运动而实现对眼球运动的追踪，可分为干扰式和非干扰式两种。目前非干扰式眼动追踪技术已成为主流技术，市面上常见的眼控仪会从机器内部发射出不可见的红外线，然后通过摄像头采集从眼球反射回来的信号并且加以分析来识别眼睛的位置，如图6-46所示。

图6-46 眼控仪的工作原理

1. 眼动控制装置的设计原则

森古普塔（Sengupta）等基于前人的经验，从设计与美学、导航、容错与帮助三个方面总结了眼控用户界面的十项设计原则，可以为眼控界面的设计和评估提供指导。

（1）设计与美学

① 主要交互元素的可见性。眼控界面应易于访问和保持连贯性，从而减少用户在访问界面各元素间游走的不确定感。

② 美学设计。舒适的视觉体验能够减少眼睛疲劳和认知负荷。

③ 设计的一致性。确保所有图标、字体和导航点的一致性，减少混淆，提高可用性。

④ 反馈。利用良好的反馈来确保更好的可用性和更少的错误。

（2）导航

① 用户直接控制。提供用户控制输入的能力而不是事后判断检查，减少误触，也减少用户的认知负荷。

② 优化工作流程。确保更少的错误，更快完成任务。在眼控用户界面中，多层级的菜单越少，用户体验就越好、越精确。

（3）容错与帮助

① 最佳触发时间。降低视线在非目标物上的停留时间，降低错误按键被触发的概率，从而最小化"米达斯接触"问题，减少挫折感和疲劳感。

② 错误处理和恢复的智能设计。以积极的方式处理错误，减少用户不知所措的感觉，帮助用户快速从错误恢复到最后的正确状态。

③ 凝视的准确性。确保没有信号漂移，这种情况会造成混乱，令用户感到不知所措。

④ 图形帮助和文档。与完整的基于文本的文档中的错误处理相比，用户最好能够更快地理解环境以及更快地诊断哪里出了问题。

2. Tobii眼控仪

瑞典的听到Tobii Dynavox（原名拓比）是全球领先的眼控设备和AAC（Augmentative and Alternative Communication）辅助沟通品牌，研发了I-Series眼控一体机（图6-4）、**TD Pilot**派乐（图6-47）、**PCEye**眼控仪等一系列产品，长期致力于解决

图6-47 TD Pilot派乐

肢体障碍和沟通障碍人群的沟通问题。其中TD Pilot派乐是听到Tobii Dynavox与苹果Apple合作开发的iPad眼控设备，可让身体行动不便的残障人士使用眼球追踪控制并使用iPad。

Tobii眼控仪在特殊人群中的运用，主要分为以下四个方面。

（1）辅助沟通 很多手功能受限的用户，由于疾病的影响，往往也面临不能说话表达的问题。眼控仪配合AAC（Augmentative and Alternative Communication）辅助沟通软件，就能帮用户说话，表达基本需求，让家人更了解他的想法。图6-48为Snap Core First沟通软件的眼控模式，用户通过盯着屏幕上的按钮一定的时间，来完成所需的操作。注视按钮时会出现一个不断缩小的圆球，持续注视后会看到红框闪现，而后确认该按钮的点击操作。

图6-48 Snap Core First沟通软件的眼控模式

图6-49 使用眼控仪控制电脑

（2）使用电脑 眼控仪与其配套的控制软件的组合使用，能够模拟鼠标和键盘的所有功能，用户用眼睛就能打字、看网页、聊微信、看视频等。用户注视浏览器图标，弹出操作菜单图标，转而注视该图标弹出一系列的操作按钮，通过注视可以选择鼠标左键按钮，从而打开网页，如图6-49所示。

（3）控制家电 随着智能家居的发展，眼控仪就如同语音控制装置一样，能够实现对智能家居产品的控制，为用户带来生活上的独立。

（4）评估能力 眼控仪可以记录眼球运动的数据，捕捉眼球运动的轨迹和时长。这些数据经过专门的评估软件处理分析，可以帮助专业人士评估用户的肢体能力、认知能力以及使用眼控仪的能力。

除了为一些特殊人群带来福音外，眼控技术还在VR游戏中取得了应用，替代了一些手柄或是操控杆等传统输入设备，增强了虚拟现实的沉浸感，为全球VR玩家带来了全新的游戏体验。

复习题

1. 按照运动方式划分，控制装置可分为哪几类？
2. 控制装置排列的基本原则包含哪些内容？
3. 控制装置设计的人机工程学原则有哪些？
4. 控制装置进行编码的基本要求是什么？常用的编码方式有哪些？
5. 控制与显示的相合性表现为哪些方面？
6. 手握式工具在设计时应遵循怎样的解剖学原则？

思考分析题

1. 在生活中搜集十种以上的控制装置，分析它们的优点与不足。

2. 发现和寻找控制装置设计的不同编码方式，对每种编码方式进行分析，谈谈自己的看法。

3. 结合大学教室电灯开关、风扇开关等的布局，谈谈它们与对应设备的相合性存在哪些问题，有无更好的解决方案？

4. 对某款含有控制装置的产品（例如空调遥控器）展开测绘，分析其控制装置的类型、排列位置、编码方式、尺寸大小等，试提出更好的设计建议。

5. 结合当下语音控制装置、眼动控制装置的具体应用，谈谈未来的控制装置会如何发展，有哪些趋势？

🔺 案例分析——手部控制装置的变化

该案例源于佛山市顺德区宏翼工业设计有限公司设计的产品：智能电饭煲和小夜灯，通过按键的改良革新，探讨新的手部交互控制方式。

🔺 案例分析——家用扫帚的人机工程学分析

该案例选取日常用品作为研究对象，通过市场调研、用户观察、深度访谈、清扫实验等方法，发现现有产品的不足，并根据手握式工具的人机工程学设计原则，对传统家用扫帚套装进行了改良设计。

🔺 案例分析——理发剪的人机工程学研究

由发型设计师查克·奇瓦鲁斯与手外科医生罗纳德·奈姆肯合作设计出的ETD（Ergonomic Tool Design）剪刀，是一款符合人机工程学特性的剪刀。博伊尔、伊尔奥特和里斯三位学者对此剪刀进行了研究与评估，结果表明，与传统理发剪相比，ETD剪刀更能满足理发师的使用需求：可以减轻用户由于使用剪刀引起的疼痛；减少握力的下降；减少腕部弯曲；减少手部超过肩部的时间。

第七章

工作台椅和作业空间设计

第一节 工作台设计

一、工作台

工作台含义很广，凡是工作时用来支承对象物和手臂、放置物料的桌台，统称为工作台。其形式有桌式、面板式、直框式、弯折式等几种。办公桌、课桌、检验桌、打字台等多采用桌式；控制台可用框式或面板式；商店的柜台等则采用框式。

工作台设计的主要原则是：尺寸宜人、造型美观、使用方便、给人以舒适感。根据人体尺寸，将控制装置与显示装置布置在作业者正常的作业空间范围内，以确保作业者能够良好地观察到必要的显示装置，操作所有的控制装置，以及能够在长时间作业时维持舒适的作业姿势。设计的关键内容包含工作台面的布置、工作台作业面高度两方面。

1. 工作台面的布置

工作台面的大小与台面上布置的显示装置、控制装置的数量以及它们的尺寸有关，如果这些装置元件多且尺寸大的话，台面尺寸就大，反之要小些。图7-1和表7-1列出了各显示装置和控制装置在工作台面上的位置，这些位置与它们的重要性和使用频率有关。

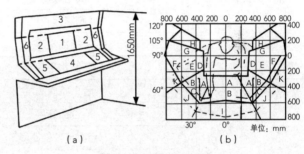

图7-1 工作台面布置分区图

表7-1 工作台面布置

显示装置与控制装置的使用情况		建议分布位置（编号与图7-1对照）
显示装置	最常用：主要	1
	较常用：重要	2
	次常用：次重要	3
控制装置	常用	4, A, D
	次常用	5, B, E
	不常用	6, C, F, G, H, I, J, K
	按显示直接操作	A, B, C
	精确度要求不高	A, B, C, I, J
	清晰度要求低	D, E, F, G, H, K
操作类型	按钮	B, C, F, H, I, J, K
	操纵杆	距工作台边缘300mm处
	手指操作	距工作台边缘50~80mm处
	手腕操作	A, B, E, G
	精细的操作	A, B
	在一起的操作	C, D, E, F, G, H
	手部用力大于12kg	A, B, E, G

2. 工作台作业面高度

作业面高度同作业姿势有关，一般在立姿作业时，身体向前或向后倾斜以不超过10°～15°为宜，工作台高度一般为操作者身高的60％左右。当台面高度为900～1100mm时，台面处于最佳作业区内。采用坐、立交替作业时的工作台尺寸见表7-2，在这种情况下，须配用高座椅和脚踏板，同时应考虑作业的性质和交替作业的变换频率。坐姿作业时，工作台高度须与座椅尺寸相配合，其尺寸亦可见表7-2。

表7-2　工作台尺寸

作业姿势	范围	尺寸/mm
坐、立交替作业	台面下的空间高度	800～900
	台面高度	900～1100
	地面到显示装置最上端距离	1600～1800
	脚踏板高度	250～350
	脚踏板长度	250～300
	椅面高度	750～850
	正面水平视距	650～750
坐姿作业	台下空间高度	600～650
	台面高度	700～900
	台面至顶部距离	200～800
	伸脚掌的高度	90～110
	座椅高度	100～120
	正面水平视距	400～450
	台面倾角	15°～30°
	控制装置安装板面倾角	30°～50°
	显示装置安装板面倾角	0°～20°

二、控制台

在现代化的生产系统中，控制装置和显示装置往往都装配在控制台上。目前常见的控制台形式有桌式、直柜式、组合式和弯折式等（图7-2）。控制台在设计时必须考虑人体尺寸以及人的生理、心理特性。人在控制台前的作业姿势有坐姿、立姿、坐-立姿三种。由于作业姿势不同，控制台设计布置的尺寸范围也不同。

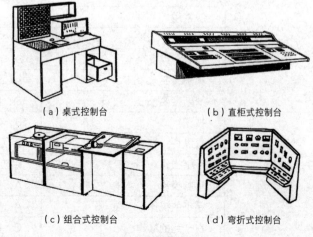

（a）桌式控制台　　　　（b）直柜式控制台

（c）组合式控制台　　　　（d）弯折式控制台

图7-2　常见的控制台形式

1. 作业姿势的确定

不同的人体姿势所造成的肌肉负荷，一般可用伴随肌肉收缩所产生的生物电位的变化，即肌电图来显示。人机工程学者曾选择了人体的13种姿势，具有代表性的21处肌肉群，通过肌电图得出如图7-3所示的结果。图中以立姿的肌肉活动量为100％，按不同姿势所造成的相对于立姿的肌肉活动量的大小，依次由左向右排列，从而反映了为维持不同姿势，人体有关部位的肌肉进行等长收缩的紧张程度。

（1）确定作业姿势的一般原则　为保障操作者的身体健康，提高工作效率，在确定作业姿势时，一般应遵循以下原则。

① 操作者的作业姿势一般以坐姿为好，其次为坐、立交替。

② 尽可能使操作者采取平衡姿势，避免因作业姿势不当而给肌肉、关节和心血管系统造成不必要的负担。

③ 作业过程中，应使操作者能自由地变换多种体位，尽可能使操作者身体处于舒适状态。当需要保持强制的姿势时，应设置适当的支持物。

④ 确定作业姿势应与肌力的使用以及作业动作相联系，三者应相互协调。

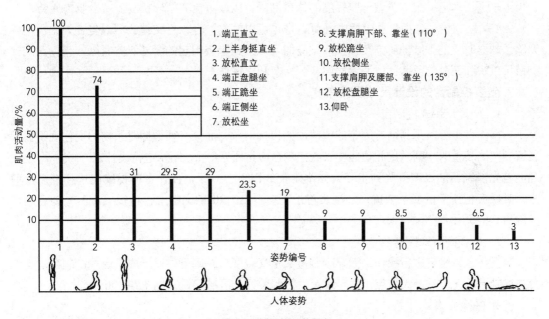

图7-3　姿势对肌肉的影响

（2）坐姿　作业时正确的坐姿应是身躯上部伸直稍向前倾10°～15°，保持眼睛到工作面的距离在300mm以上，大腿放平，小腿自然垂直着地或稍向前伸展着地，使整个身体处于自然舒适状态。当直腰坐时，脊柱的变形较大，肌肉的负荷也大。当放松坐（身躯上部稍弯曲）时，背部肌肉负荷小，有利于整个身体的平衡，感觉比较舒适，但此时椎间盘的内压力增大。由此可见，肌肉与椎间盘对坐姿的要求是矛盾的。因此，在作业过程中，适当变换直腰坐与放松坐两种坐姿，则既可通过改变椎间盘的内压力而改善椎间盘的营养供应状况，又可放松肌肉。

一般而言，下列情况应采用坐姿作业：持续长时间的静态作业；精密性的作业；需要手足并用的作业；要求操作准确性高的技能性作业。由于坐姿心脏负担的静压力较立姿有所降低，肌肉承受的体重负荷也较立姿小，故坐姿作业可以减轻劳动强度，提高作业效率。但坐姿作业不易改变体位，施力受限制，工作范围也受限制，且久坐可导致脊柱变形。

（3）立姿　正确的立姿是身体各个部位，如头、颈、胸、腹等，均垂直于水平面且身体保持平衡和稳定。此时，人体的重量主要由骨骼承担，肌肉和韧带的负荷最小，人体内各系统如呼吸、消化、血液循环等活动的机械阻力最小。但舒适的立姿是身体自然直立或躯干稍向前倾15°左右。

在下列情况下宜采用立姿作业：常用的控制装置分布在较大区域，远远超出坐姿的最大可及范围的作业；需要用较大肌力且坐姿不可能达到的作业；没有容膝空间的机械作业，坐着反而不如站着舒适；需要频繁地坐、立交替的作业；单调的易引起心理疲劳的作业；活动空间大的巡回性作业。

持续较长时间的立姿作业，会引起下肢肌肉酸痛，下肢肿胀，长时间还可引起小腿的静脉曲张。因此，对于一些不得不采取立姿进行的作业，应采取适当措施来减轻作业疲劳：应使操作者可以自由变换体位，避免长时间站立于一个位置；尽量避免不自然的体位，如弯腰、手臂上举等姿势；脚下应铺垫木板、橡胶板或有弹性的垫子，也可穿有软垫的鞋子；安排操作者定时坐下来适当休息，或安排做一些轻度的体育活动，以改善血液循环状况，减少肌肉疲劳。

（4）坐-立姿　是指作业过程中既可以坐也可以站立，坐、立交替，但以坐姿为主。坐姿解除了站立时人的下肢的肌肉负荷，而站立时可以放松坐姿引起的腰部肌肉紧张，坐立之间的交替可以解除部分的负荷，以消除局部疲劳，有利于操作。

2. 坐姿控制台的设计尺寸及其布置

（1）坐姿低台式控制台

当操作者坐着监视其前方固定的或移动的目标对象，而又必须根据对象物的变化观察显示装置和控制装置时，则满足此功能要求的控制台应按图7-4（a）所示进行设计。

首先控制台的高度应降到坐姿人体水平视线以下，以保证操作者的视线能达到控制台前方；其次应把所需的显示装置、控制装置设置在斜度为20°的面板上；再根据这两个要点确定控制台其他尺寸。

（2）坐姿高台式控制台

当操作者以坐姿进行操作，而显示装置数量又较多时，则可以设计成高台式控制台。与低台式控制台相比，其最大特点是显示装置、控制装置分区域配置，见图7-4（b）。

首先在操作者水平视线以上10°至以下30°的范围内设置斜度为10°的面板，在该面板上配置最重要的显示装置；其次，从水平视线以上10°~45°范围内设置斜度为20°的面板，这一面板上应设置次要的显示装置；另外，在水平视线以下30°~50°范围内，设置斜度为35°的面

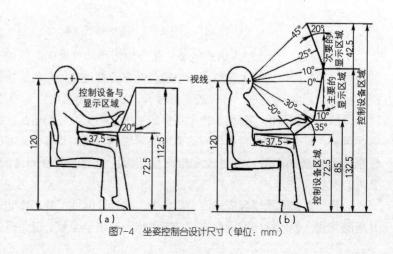

图7-4　坐姿控制台设计尺寸（单位：mm）

板，其上布置各种控制装置；最后，确定控制台其他尺寸。

3. 立姿控制台的设计尺寸及其布置

立姿控制台的布置类似于坐立两用控制台，但在台面的下部不设容膝空间和脚踏板。图7-5为德国人机工程学家推荐的一款立姿控制台的设计尺寸及其布置，可供参考。

4. 坐立姿两用控制台的设计尺寸及其布置

操作者按照规定的操作内容，在需要进行坐、立交替作业时，则可将控制台设计成坐立两用型的。这种类型的控制台除了能满足规定操作内容的要求外，还可以调节操作者单调的操作姿势，有助于减少人体疲劳和提高工作效率。

坐立两用控制台的配置如图7-6所示。从操作者水平视线以上10°到向下45°的区域，设置斜度为65°的面板，其上配置最重要的显示装置和控制装置；水平视线向上10°～30°的区域设置斜度为10°的面板，布置次要的显示装置。最后，确定控制台其余尺寸。

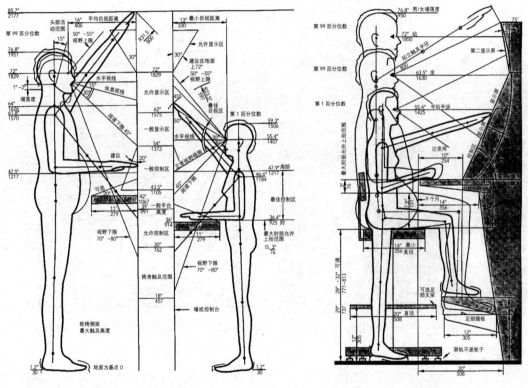

图7-5 立姿控制台设计尺寸　　　　图7-6 坐立两用控制台设计尺寸

设计时应注意的是，必须兼顾两种操作姿势时的舒适性和方便性。由于控制台的总体高度是以操作者的立姿人体尺寸为依据的，因而当坐姿操作时，应在控制台下方设置脚踏板，才能满足较高坐姿操作的要求。

三、电子化办公台

1. 电子化办公台人体尺寸

图7-7是电子化办公台示意图。由图可见，现代电子化办公室内大多数人员是长时间面对

显示屏进行工作，因而办公台要求像控制台一样具有合理的形状和尺寸，以避免工作人员患上肌肉、颈、背、腕关节疼痛等职业病。随着科技的发展，办公设备、工作场景等发生了很大的变化，电子化办公台也逐渐升级，显示器越来越轻薄，多媒体接口越来越集约化，如图7-8所示。

按照人机工程学原理，电子化办公台尺寸应符合人体各部位尺寸。图7-9是根据人体尺寸确定的电子化办公台主要尺寸。

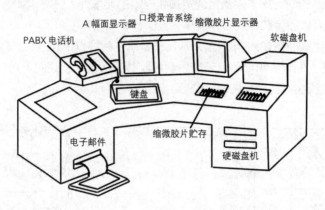

图7-7　电子化办公台示意图

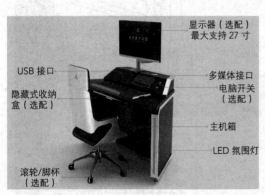

图7-8　现代电子化办公台

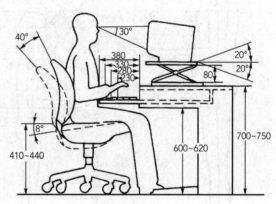

图7-9　电子化办公台设计尺寸（单位：mm）

2.电子化办公台可调设计

由于实际上并不存在符合均值尺寸的人，即使身高和体重完全相同的人，其各部位的尺寸也有出入。因此，在电子化办公台按人体尺寸均值设计的情况下，必须给予可调节的尺寸范围。电子化办公台的调节方式有：垂直方向的高低调节、水平方向的台面调节以及台面的倾角调节等，如图7-10、图7-11所示。实践证明，采

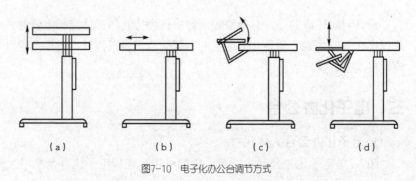

（a）　　　（b）　　　（c）　　　（d）

图7-10　电子化办公台调节方式

用可调节尺寸和位置的电子化办公台，可大大提高舒适程度和工作效率。

3. 电子化办公台组合设计

采用现代化办公设备和办公家具，意味着要对办公室内进行重新布置，因而要求办公单元具有系列化、便于隔断、易于拆装、变动灵活等特点。为适应这些要求，电子化办公台大多设计成拆装灵活方便的组合式，见图7-12。

图7-11　台面的倾角调节

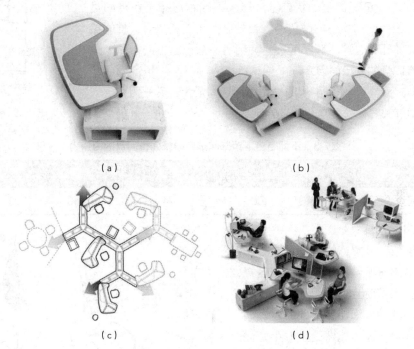

（a）　　　　　　　　　　　　　　（b）

（c）　　　　　　　　　　　　　　（d）

图7-12　电子化办公台组合设计

第二节　工作座椅设计

坐着工作比站着省力，同时可提高工作效率，减轻劳动强度。因为站立的人，从踝关节、膝关节到臀部都有一系列肌肉处于静态受力，一旦坐下，就解除了这部分肌肉的负担。

理想的座椅应使就座者体重分布合理，大腿近似呈水平状态，两足自然着地，上臂不负担身体的重量，肌肉放松，操作时躯干稳定性好，变换坐姿方便，给人以舒适感。

一、坐姿分析

坐姿状态下，支持人体的主要结构是脊柱、骨盆、腿和脚等。脊柱位于人体背部中线处，由33节椎骨组成，包括颈椎7节、胸椎12节、腰椎5节、骶椎5节（已融合）和尾椎4节（已融合），如图7-13所示。它们之间由韧带、关节和椎间盘等相互连接。从侧面看，脊柱呈S形，形成4个生理弯曲，分别是颈椎前凸、胸椎后凸、腰椎前凸以及骶椎后凸。

1. 椎间盘压力

坐姿最严重的问题是对腰椎和腰部肌肉的有害影响。60％的人都有过腰痛的体验，其中最常见的痛因是椎间盘的问题。每两节脊椎骨之间的软组织称为椎间盘。经研究证明，人体姿势是决定椎间盘压力的主要因素。正常的姿势下，脊柱的腰椎部分前凸，而至骶骨时则后凹。在良好的坐姿状态下，压力适当地分布于各椎间盘上，肌肉组织上分布均匀的静负荷。当处于非自然姿势时，椎间盘内压力分布不正常，产生腰部酸痛、疲劳等不适感。椎间盘压力过大是损害椎间盘的直接原因。

从表7-3可看出，坐姿引起的椎间盘内压力最大，其原因在于人坐下时骨盆和骶骨的位置变化（图7-14）。

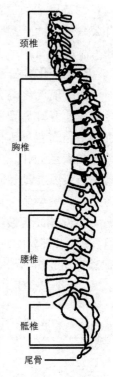

图7-13 脊柱的组成

表7-3 不同姿势下第三和第四腰椎间椎间盘的内压力

姿势	站立	平躺	直腰坐	弯腰坐
椎间盘内压力/%	100	24	140	190

2. 肌肉活动度

脊椎骨依靠其附近的肌肉和肌腱连接，椎骨的定位正是借助于肌腱的作用力。一旦脊椎偏离自然状态，肌腱组织就会受到相互压力（拉或压）的作用，使肌肉活动度增加，招致疲劳酸痛。人在直腰坐时，椎间盘内压力比弯腰坐时小。但人在坐着时可适当放松，稍微弯腰，可以解除背部肌肉的负荷。

许多研究表明，当人舒适侧卧、大腿和小腿稍作弯曲时，脊柱呈自然弯曲状态，此时椎间盘、韧带和肌肉的受力最小，人感到最舒适。当腰椎支承在靠背上，躯干与大腿呈115°角时，腰椎弯曲形状接近于正常自然状态，因而是最舒适的坐姿。躯干

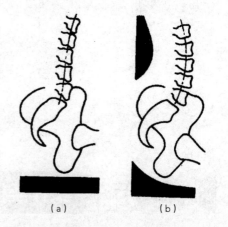

（a）　　　　　　（b）

图7-14 坐下时骨盆、骶骨与脊柱的位置的相对变化

挺直坐姿和躯干前屈坐姿导致脊柱变形较大，脊柱负荷也随之加大。靠背支持的位置不同，腰椎变形不同，椎间盘承受的压力也不同。一般而言，人的背后仰和放松时，椎间盘内压力最小，且短腰靠与平面的靠背相比，可降低椎间盘压力，减轻肌肉负荷。

由此可见，座椅的结构和尺寸设计，应使就座者的脊柱接近于正常自然状态，以减少腰椎的负荷以及腰背部肌肉的负荷。

3. 坐姿的体压分布

坐姿时的体压分布也是座椅设计中应当予以考虑的重要因素。恰当的座椅设计，应使人坐着时体压分布合理。根据人体组织的解剖特性可知，坐骨结合处是人体最能耐受压力的部位，适合承重，而大腿下靠近表面处因有下肢主动脉分布，故不宜承受重压。据此，臀部的合理压力分布应为人体一半以上的重量由骨盆下的两块面积为25cm²的坐骨结节承

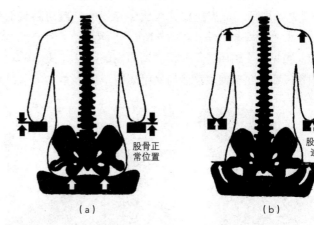

图7-15 软、硬不同椅面坐骨结节受力比较

受，由此向外，压力逐渐减小，直至椅面前缘与大腿接触处，压力为最小。因此，座椅不仅要有合适的高度，而且椅面应坚实平坦，以保证臀部压力的合理分布。

研究表明，过于松软的椅面使臀部与大腿的肌肉受压面积加大，不仅增加了躯干的不稳定性，而且不易改变坐姿，容易产生疲劳。图7-15为软、硬不同椅面坐骨结节受力的比较分析，其中（a）图表示坐在坚实平坦的椅面上，股骨头不承受过分压迫，处于正常位置，坐骨结节处被支撑，体压分布合理；（b）图表示坐在松软而凹陷的椅面上，股骨头向上转动而受力，体压分布不合理。

二、座椅的设计

座椅设计应以符合人的生理尺寸和生理特点，使人感到舒适为前提。

1. 设计原则

座椅设计须考虑的因素很多，可以概括为以下基本原则。

① 座椅的形式与尺寸应与其功用有关；

② 座椅尺寸应与就座者人体测量尺寸相适宜，并应使尺寸可调，以满足不同身材的人使用；

③ 座椅应使就座者保持舒适的坐姿；

④ 座椅应使就座者保持上身稳定并能方便地变换或调节坐姿；

⑤ 靠背结构和尺寸应给予腰部以充分的支撑，使脊柱接近于正常自然弯曲状态；

⑥ 椅垫必须有足够的垫料和适当的硬度，使其有利于体重压力分布于坐骨结节区。

2. 座椅的分类

按照使用目的的不同，座椅基本上可分为以下三类。

（1）工作椅 这类座椅主要用于办公室及各种坐姿操作场所，如图7-16（a）所示。设计时应将舒适性与操作效率一并考虑。靠背根据工作性质，可上下调节或前后调节，最好支撑在

4~5节腰椎处。椅面应近似于水平，且高度可调，使其与工作面高度配合恰当。

（2）休息椅　这类座椅适用于休息室及各种交通运输工具，如飞机、汽车、火车、轮船中的乘客座椅，如图7-16（b）所示。这类座椅应以舒适性作为设计重点。

（3）多用椅　这类座椅适用于多种场所，既可就餐时使用，也可作为工作用椅或备用椅，故应便于搬动和堆储，如图7-16（c）所示。

由此可见，座椅用途不同，座椅的设计重点有很大差异。因此，在确定座椅设计的要素之前，应首先明确座椅使用群体与使用环境。

（a）工作椅　　　　　　　　　（b）休息椅　　　　　　　　　（c）多用椅

图7-16　各类座椅

3. 座椅尺寸设计

座椅的尺寸设计包括三个方面：椅面、靠背和扶手。座椅的尺寸设计必须以人体测量数据为依据，考虑到着衣、穿鞋的情况，使用人体测量数据时应适当予以放宽。

（1）座高　适当的座高应使就座者大腿近似水平，小腿自然垂直，脚掌平放在地面上。椅面不能过高，否则小腿悬空时，大腿长时间受椅面前缘压迫而使肌肉紧张，使就座者感到不适。椅面也不能过低，否则骨盆向后倾斜，正常的腰椎曲线被拉直，久而久之，就会使就座者背部肌肉负荷增加，致使其腰酸背疼。因此，椅面高度应以小腿加足高的第5百分位数值进行设计。椅面前缘应比人体腘窝高度低30~50mm，且做成半径为25~50mm的弧度。

座椅因用途不同，椅面高度要求也不同。对于休息椅，应使腿能向前伸展，以放松肌肉，也有助于身体的稳定，椅面高度可取380~450mm；对于工作椅，一般可取400~480mm。由于要考虑工作台面的高度，因此椅面高度应为可调节的，使其与工作台面之间保持适宜的高度差，以便能适应不同的工作者。调节范围为工作台面下方240~300mm之间，当作业要求座面较高时，应配置可调式踏板搁脚。

（2）座宽　在空间允许的情况下以宽为好，方便就座者变换姿势。通常以女性群体尺寸上限（即第95百分位数值）为设计依据，以满足大多数人的需要。一般可取400~450mm，扶手椅应不小于500mm。对相邻放置的座椅，如观众席座椅，则座宽应以肘间距的群体上限值为设计基准，以避免产生拥挤压迫感。

（3）座深　座深指的是椅面的前后距离。其尺寸应满足三个条件：使臀部得到充分支持；腰部得到靠背的支持；椅面前缘与小腿之间留有适当距离，以保证大腿肌肉不受挤压，小腿可以自由活动。因此，椅面深度不宜过深，否则，身材矮小者若要得到靠背的支持，势必要往后靠坐，这样椅面前缘将压迫腘窝处压力敏感部位，而且会改变腰部正常曲线；而如果就座者向座缘处移动以避免压迫腘窝，就得不到靠背支持。由此，为适应大多数人使用，椅面深度应以坐深的第5百分位数值进行设计。通常，工作椅可取350~400mm，休息椅可取400~430mm。

（4）椅面倾角　椅面倾角是指椅面与水平面的夹角。适当的椅面倾角主要有以下作用：方便背部靠向靠背，从而降低背肌静压，放松背部肌肉；防止久坐时臀部向前滑动有碍于坐姿稳定性。

对于休息椅，椅面后倾角大些，有利于肌肉放松，一般可取14°~24°；对于工作椅，由于工作时身体需向前倾，倾角不宜过大，以4°~6°为宜。

（5）靠背的高和宽　靠背的作用是保持脊椎处于自然形态的轻松姿势。设计靠背的重点在于腰部，即距座面230~260mm处，这样既能使靠背适当地支持腰部，又可使腰部自由转动。

靠背的高和宽与坐姿肩高和肩宽有关，可根据座椅用途确定。靠背可分为肩靠和腰靠。前者有两个明显的支撑面，上部支撑在第5~6节胸椎处，下部支撑在第4~5节腰椎处，可以支持人的整个背部；后者只有腰椎一个支承面。在休息时，肩靠起主要作用；操作时，腰靠起主要作用。

对于工作用椅，靠背的高和宽应以不妨碍手臂的操作活动为限。若用高靠背妨碍手臂活动，可采用支撑在腰曲处的中、低靠背，宽度可取320~360mm。腰靠可支撑腰部以下的骶骨部分，增加舒适感，靠背下沿与座面之间最好留有一定的空间，以容纳向后挤出的臀部肌肉。对于休息椅或长途运输工具中的乘客用椅，应采用高靠背，并且加靠枕，最大高度可达480~630mm，宽度可取350~480mm。

（6）靠背与座面夹角　靠背倾角是指靠背与椅面之间的夹角。从保持脊柱的正常自然状态、增加舒适感考虑，最适宜的角度约为115°。夹角太小（小于90°）则腹部受压；夹角太大会降低人的警觉状态。实际应用中，可根据座椅用途确定，工作椅可取95°~105°；学生读书用椅，在保持警觉状态下可取105°~110°；休息椅可取105°~110°。

（7）扶手高度　扶手的主要作用在于支撑手臂重量，以减轻手臂下垂对肩部的作用，增加舒适感；在就座、起身站立或变换姿势时，可利用扶手支撑身体；在摇摆、颠簸状态下，扶手还可帮助保持身体稳定。此外，扶手也可作为人身空间的标志。

扶手的高度不宜过高，以免引起肩部酸痛。休息椅扶手高度由椅面压下处计，可取200~230mm。两扶手之间的间距可取500~600mm。对于交通运输中的连排座椅，为节省空间，两扶手间距可取400~500mm。扶手也可设计成活动的，若有过胖者就座困难时，可将扶手转上去靠到靠背侧面。

扶手多用于休息椅和交通运输工具中的乘客座椅。工作椅一般不设扶手，以免妨碍手臂的操作活动。

（8）座垫　与座面接触最紧密的是坐骨结节两个点，在这两个点周围约25cm²范围承受人体大约70%的重量。由此，人们在久坐以后会感觉到臀部酸痛。若在座面上加上座垫，可增加臀部的接触面积，从而减少臀部压力分布的不均匀性，促进身体的稳定。选用座垫时，要软硬适度，所选材料应透气，且不易打滑。一般座垫底高度以25mm为宜，太高的座垫易造成身体不稳，反而会产生疲劳。

（9）侧面轮廓 对人体影响最大的是座椅的侧面轮廓（图7-17）。因此，在座椅的设计过程中必须进行实验，以确定座椅的侧面轮廓是否舒服。

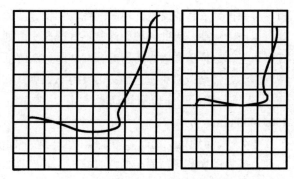

图7-17 座椅的侧面轮廓（图中每小格代表1cm²）

4. 座椅设计实例

前面提及，座椅按照其功能和用途，主要可分为工作椅、休息椅以及多用椅。根据这些分类，可归纳几种对设计很有用的座椅模式。

在使用座椅模式时，要根据人体形态和生理特征来设计合理的尺度，尤其要注意人体坐到座面、座面变形后的数据和曲线。特别对于软垫座椅而言，这一点至关重要。其次，数据中给出的支持面曲线对应基本的椅坐姿势，是一种理想化的、理论上的曲线，而实际生活中的坐姿千姿百态，或前倾、或后仰、或侧歪、或盘腿、或屈腿、或伸腿、或跷腿、或挪动臀部等，不一而足。因此在进行实际设计时，应以座椅模式为依据，按照"尽可能适应基本姿势，有利于姿势变化"的原则，进行大量的实验测试，来确定椅子的尺寸、形状、加工方式以及材料。

（1）作业用椅

① 轻型装配用椅（Ⅰ型座椅）：这类座椅主要用于工厂装配作业和学生课椅。其支持面曲线数据为：座位基准点（座面高）为370～400mm，座面倾角为0°～3°，上身撑角约为95°；有一个低腰靠的弧形靠背，有利于工作时对腰部的支撑，靠背点高约为230mm，从该点到上下两个靠背边缘的距离都短，支撑角近似直角（图7-18）。

② 办公椅（Ⅱ型座椅）：这类座椅主要用于办公室和会议室。其设计数据为：座面高为370～400mm，座面倾角为0°～5°，上身撑角约为110°；工作时以靠背为中心，具有与Ⅰ型椅相同的功能。不同之处在于，Ⅱ型椅的靠背点以上的靠背弯曲圆弧在人体后倾稍作休息时，能起支撑的作用。

③ 轻度作业用椅（Ⅲ型座椅）：这类座椅主要用于餐厅和会议室，它和Ⅱ型座椅的不同之处是用手作业的时间较短，而利用靠

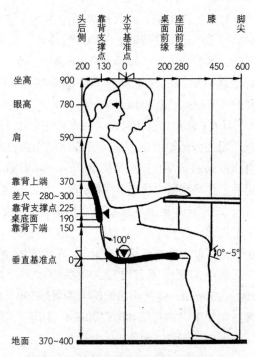

图7-18 Ⅰ型和Ⅱ型座椅的设计尺寸（单位：mm）

背休息的时间较长。因此，靠背的设计既要考虑人体工作时对腰部的支撑，也要考虑人体略向后仰稍事休息时能够适当地支撑人体。其设计数据是：座面高为350～380mm，座面倾角为5°左右，上身支撑角约为105°。此类座椅的特点是座面高度与Ⅱ型座椅接近，靠背的弯曲度则接

近于Ⅳ型座椅，是介于工作座椅与休息用椅之间的作业用椅，因此坐、立都很方便，在上身后仰时也能使人体处于较为舒适的休息状态（图7-19）。

④ VDT（Visual Display Terminal）办公作业椅：随着计算机的普及和发展，VDT作业环境的人机工程学研究在国内外早已成为热点领域。图7-20是现代办公室的作业椅需要满足的人机工程学设计尺寸，需要注意的是，桌底面与椅子座面之间必须有不小于170mm的空间，以保证下肢有足够的自由活动空间，避免下肢的静态肌肉施力。

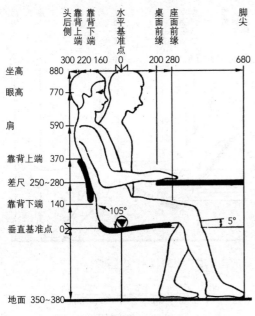

图7-19 Ⅲ型座椅的设计尺寸（单位：mm）

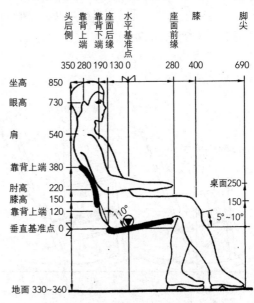

图7-20 VDT办公作业椅（单位：mm）

（2）休息用椅 休息用椅与工作椅相比更强调全身肌肉的松弛和脊柱形状的自然。休息用椅又可分为轻度休息椅、中度休息椅和高度休息椅。

① 轻度休息椅（Ⅳ型座椅）：Ⅳ型座椅具有最适合休息的椅坐姿势的支撑曲面，其座面比Ⅲ型座椅略低，靠背的倾角也较大。其设计数据是：座面高为330~360mm，座面倾角为5°~10°，上身支撑角约为110°。这类椅子的靠背支撑点从腰部延伸到背部，适宜开长会和接待客人（图7-21）。

② 中度休息椅（Ⅴ型座椅）：Ⅴ型座椅的腰部位置较低，适于身体放松，具有半躺性支撑曲线的靠背。这类座椅适合家庭客厅和会议室内长时间聚会、闲聊之用，如常用的沙发就属于这一类休息用椅。该类椅子讲

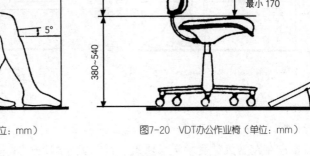

图7-21 Ⅳ型休息椅的设计尺寸（单位：mm）

究舒适，使人久坐而不疲劳，其设计数据为：座面高为280～340mm，座面倾角为10°～15°，上身支撑角为110°～115°，靠背可支撑整个腰部和背部（图7-22）。

③ 高度休息椅（Ⅵ型座椅）：Ⅵ型座椅是类似现代一些大型客机、高速列车以及长途汽车上有靠背的躺椅。座椅靠背的倾角超过了120°，增设了头靠和足凳，能使人体伸展放松，是休息功能最好的椅子。其设计数据为：座面高为210～290mm，座面倾角为15°～23°，上身支撑角为115°～123°（图7-23）。

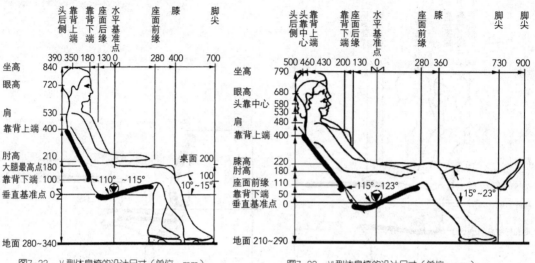

图7-22　Ⅴ型休息椅的设计尺寸（单位：mm）　　　　图7-23　Ⅵ型休息椅的设计尺寸（单位：mm）

④ 摇椅：摇椅是一种特殊的休息用椅，其设计与人机工程学的关系非常密切。摇椅影响舒适度的关键因素是摇腿的曲率，人体与摇椅构成一个摇摆振动系统，摇摆的频率直接影响舒适度。日本东京艺术大学美术学部建筑学科的奥村昭雄对此进行了比较系统的人机工程学研究，根据他对四种不同曲率半径（760～1400mm）的摇椅进行测试研究（图7-24），得出四种摇椅的尺寸参数（表7-4）。

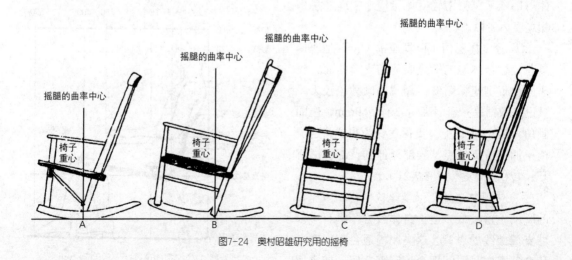

图7-24　奥村昭雄研究用的摇椅

表7-4　四种摇椅的尺寸参数值

摇椅尺寸参数	摇椅A	摇椅B	摇椅C	摇椅D
摇椅重量/kg	9.4	8.2	6.1	9.7
摇腿中央部分的曲率半径/mm	760	1025	1300	1400
摇椅重心高/mm	391	430	397	406
座面高/mm	317	317	358	323
坐下后实际座面与地面的夹角/(°)	15.5	17.7	10.5	13.2
座面与靠背的夹角/(°)	95.5	98.5	86.6	95.8

　　研究表明，人在使用摇椅时，会主动摇动摇椅，使摇摆频率接近自己舒适的频率。摇椅A由于固有摆动频率小，被试者加快摇摆频率，其他3种则减慢摇摆频率。通过测试分析得出，摇椅的摇腿曲率半径与体重的关系，如图7-25所示。由于摇摆频率受摇腿曲率半径、体重和椅子重心高的影响，在身高和椅子重心比较高时，可选择图中中上部范围的值。在设计摇椅时，还要考虑摇腿前后部分曲率半径的变化。越靠近两端，曲率半径越小，否则摇摆时需要的力就很大。座椅面与靠背的夹角以95°~100°为宜。

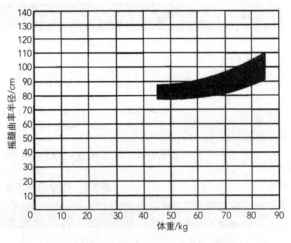

图7-25　摇腿曲率半径与体重的关系

　　（3）交通工具座椅　　随着交通运输业的发展，对交通工具内饰布置进行人机工程学研究变得日益重要。尤其是座椅的设计，不仅关系到司机的工作效率，也与广大乘客的舒适乘坐有很大关系（图7-26）。表7-5至表7-8为各种交通工具座椅尺寸的推荐值。

（a）汽车座椅

（b）飞机座椅

（c）高铁座椅

图7-26　交通工具座椅

表7-5　汽车驾驶用座椅尺寸推荐值　　　　　　　　　　　单位：mm

类型	坐-靠背夹角	座垫后倾角	坐高	坐宽	坐深	靠背高
小轿车	100°	12°	300~350	480~520	400~420	450~500
轻型载重汽车	98°	10°	380~400	480~520	400~420	450~500
中型载重汽车	96°	9°	400~470	480~520	400~420	450~500
重型载重汽车	92°	7°	430~500	480~520	400~420	450~500

表7-6　汽车乘客座椅尺寸推荐值　　　　　　　　　　　单位：mm

项目	尺寸	项目	尺寸
坐高	480~450~440	靠背宽	450~480~530
坐宽	450~480~530	扶手高	230~240
坐深	420~450	坐-靠背夹角	105°~110°~115°
靠背高	530~560	座垫倾斜角	6°~7°

注：尺寸中有三个数字的，分别为适合短途、中途、长途汽车的座椅。

表7-7　高速运输机座椅尺寸推荐值　　　　　　　　　　　单位：mm

项目	尺寸	项目	尺寸
坐高	381	靠背宽	559
坐宽	508	扶手高	203
坐深	432	坐-靠背夹角	115°
靠背高	965	座垫倾斜角	7°

表7-8　火车座椅尺寸推荐值　　　　　　　　　　　单位：mm

项目	尺寸	项目	尺寸
坐深	508	臀宽	483
靠背高	711	肩宽	483
肘高	216	坐宽	429

第三节　作业空间设计的基本要求

　　人在操作机器时所需要的操作活动空间，以及机器、设备、工具、被加工对象所占有的空间的总和，称为作业空间。作业空间设计是根据人的操作活动要求，对机器、设备、工具、被加工对象等进行合理的布局与安排，以达到操作安全可靠、舒适方便、提高工作效率的目的。作业空间设计要着眼于人，即在充分考虑操作者需要的基础上，为操作者创造既舒适又经济高效的作业条件。

人进行作业的作业空间，并非只限于一定作业姿势下作业区域及周围的有限场地所组成的物理空间，还要考虑作业者行动和心理等方面的要求。这些要求虽与作业动作无直接联系，但与顺利完成作业任务有着紧密的关系。所以设计作业空间时，除了要考虑操作活动空间外，还应满足行动空间、心理空间等方面的要求。

一、行动空间

行动空间是人在作业过程中，为保证信息交流通畅、便捷而需要的运动空间。为此，作业空间设计应满足以下要求。

1. 行走通行顺利

作业空间设计首先应考虑人能够顺利通行，因此，作业空间必须根据人体尺寸进行设计，这是保证作业空间适合操作者的最基本的原则。例如，设计人通行的走廊、通道、过道，其宽度至少应等于人的肩宽，高度至少等于人的身高。如果考虑人的着衣类型和百分位分布，则过道的宽度至少应为630mm，高度至少应为1950mm（如允许弯腰，可用1600mm）。对于同时有多人通过的过道，每增加一人，应增加500mm的宽度。对于机器之间的过道，要考虑到机器有些凸出来的部件，如控制手柄，若被行人无意碰撞，则可能导致操作者受伤或造成机器的意外触发。因此，在使用上述数据时，还要在宽度上适当增加。

2. 操作联系方便

操作者在联系方面的要求，包括操作者与机器之间的联系和操作者之间的联系两个方面。操作者与机器之间的联系，应使操作者能通过其视觉、听觉、触觉与之发生联系。操作者之间的联系，应使其能听到其他操作者的声音并能相互交谈。

3. 机器布置合理

人和机器安装位置的关系，应遵循便于人迅速而准确地使用机器的原则。最主要和最经常使用的机器，应安装在操作者最容易到达的位置。机器或作业区域应按其功能归纳分组。如有可能，操作者在机器间的运动应遵循某种使用顺序。

4. 信息交流畅通

（1）视觉方面的要求　作业空间设计应使操作者在操作过程中，能够看得到自己所操作的机器和其他与自己有联系的操作者。为此，可画出操作者的视线图，即通过操作者的眼睛处和机器处连线，如果连出的线为直线，则表明操作者的视线不为其他设备所遮挡。

但也有例外，如为了保密的需要，可以人为地设置视线障碍，如办公室设置的隔断。又如为了保护操作者的视力，需要对像熔炉这样的眩光源加上屏障。

（2）听觉方面的要求　操作者与机器之间的信息联系通道主要是视觉通道，而操作者之间的联系通道则主要是听觉。因此，对环境噪声水平作出估计并设法降低或避免，是非常重要的。通常可采用吸收噪声的方法作用于噪声源以便降低噪声。例如，在产生噪声的机器周围加衬垫，或使用吸音墙、吸音地板等，也可通过改进设备降低噪声水平。

二、心理空间

人在某一作业场所工作时，对该场所是用心理空间来感受和体验的。心理空间设计可以从人身空间、领域，以及周围环境的色彩、照明、通风换气等方面来考虑。实验证明，对人的人身空间和领域的侵扰，可使人产生不安感、不舒适感和紧张感，难以保持良好的心理状态，进而影响工作效率。

1. 人身空间

人身空间是指环绕一个人并随人移动的具有不可见的边界线的封闭区域，其他人无故闯入该区域，则会引起人在行动上的反应，如转过身去或靠向一侧，企图躲避入侵者，有时甚至还会发生口角和争斗。

人身空间的大小，可采用人与人交往时彼此保持的物理距离来衡量。通常分为四种距离，即亲密距离、个人距离、社会距离和公共距离。不同的距离（区域），允许进入的人的类别不同，如表7-9所示。

人身空间以身体为中心，但在不同方向要求的距离是不同的。霍洛维兹（M. J. Horowitz）通过实验发现，人们站立时，接近物体的距离总小于接近人的距离；不同性别的人，身体前、后、侧部的接近距离不同，构成了人体周围的八角形的"缓冲带"，如表7-10所示。同时还发现，女性被试走过站立男性时的距离比男性被试走过站立女性时的距离远。

人身空间的大小受性别、个性、年龄、民族、文化习俗、社会地位和熟悉程度等多种因素的影响。例如，研究表明，女性对身体间的接触比较有忍耐性，外向型的人比内向型的人对人身空间的要求小，社会地位高的人对人身空间要求较高，等等。

表7-9　人身空间的分区及说明　　　　　　　　　　　　　　单位：cm

区域名称和状态			距离	说明
亲密距离	指与他人身体密切接近的距离	接近状态	0～15	指亲密者之间的爱抚、安慰、保护、接触等交流的距离
		正常状态	15～45	指头、脚部互不相触，但手能相握或抚触对方的距离
个人距离	指与朋友、同事之间交往时所保持的距离	接近状态	45～75	指允许熟人进入而不发生为难、躲避的距离
		正常状态	75～120	指两人相对而立，指尖刚刚相接触的距离，即正常社交区
社会距离	参与社会活动时所保持的距离	接近状态	120～210	一起工作时的距离，上级向下级或秘书说话时保持的距离
		正常状态	210～360	业务接触的通行距离，正式会谈、礼仪等多按此距离进行
公共距离	指在演说、演出等公共场合所保持的距离	接近状态	360～750	指须提高声音说话，能看清对方的活动的距离
		正常状态	750以上	指已分不清表情、声音的细微部分，要用夸张的手势、大声疾呼才能交流的距离

表7-10　到接近对象的距离　　　　　　　　　　　　　　　单位：cm

被试者	目标名称	前方	后方	侧面		前方		后方	
				右	左	右	左	右	左
正常人	物体	4.06	7.62	9.40	9.38	3.56	4.32	6.86	5.59
	男性	15.75	9.14	18.80	18.54	14.99	13.46	12.70	11.94
	女性	12.19	17.27	19.56	16.26	13.46	12.45	11.43	10.92

2. 领域性

与人身空间相类似，领域性也是一种涉及人对社会空间要求的行为规则。它与人身空间的区别在于，领域的位置是固定的，而不是随身携带的，其边界通常是可见的，具有可识别性。

领域可分为私人领域和公共领域。私人领域（例如房产）可由一个人占领，占有者有权准许或不准许他人进入。公共领域（例如大街、商场、电影院、地铁、餐厅等）不能由一人占有，任何人都可以进入。对设计师而言，应当解决如何在公共领域建立半私人领域的问题。例如，如何划分公共场所的座位边界等。

一般来说，满足人的社会空间要求，可通过增加个人的可用空间，降低人的密度加以解决。但是，在很多情况下，上述办法行不通。此时，可通过设置固定标志的办法来满足人的领域要求。例如，可用活动屏风将工作场所隔开（图7-27）；用扶手、椅边小桌、大耳椅等将座位隔开（图7-28）。也可利用内景设计手段，如颜色、阴影、水平条纹等增加表现空间，使人从心理上感到自己的人身空间或者私有领域并未受到侵扰。还可以通过建立植物墙来分隔空间，既实现了空间领域的划分，又兼具美化环境、改善空气的功能（图7-29）。

图7-27　用活动屏风分隔的办公空间　　　　图7-28　座位的分隔　　　　图7-29　植物墙的分隔

三、活动空间

人从事各种作业都需要足够的操作活动空间。操作活动空间受工作过程、工作设备、作业姿势，以及在各种作业姿势下工作持续时间等因素的影响。作业中常采用的作业姿势有立姿、坐姿、坐-立姿、单腿跪姿以及仰卧姿等（图7-30～图7-33）。图中粗实线表示上身直挺及头向前倾的身体轮廓，为保持身体姿势而必须的平衡活动已考虑在内；虚线表示从髋关节起上身向前、向侧弯曲的活动空间；点画线表示上身不动，自肩关节起手臂向上和向两侧的活动空间；细实线表示上身从髋关节起向前、向两侧活动时，手臂自肩关节起向前和两侧的活动空间。图7-31、图7-33中的点虚线表示自髋关节、膝关节起腿的伸、屈活动空间。

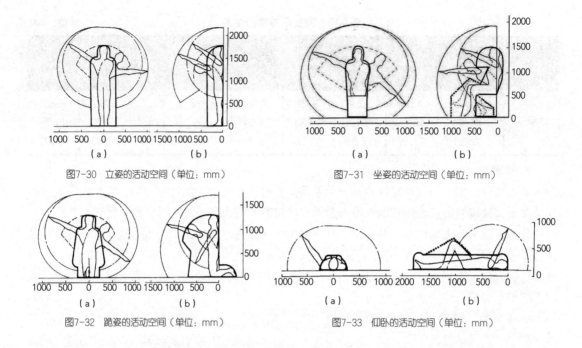

图7-30 立姿的活动空间（单位：mm）

图7-31 坐姿的活动空间（单位：mm）

图7-32 跪姿的活动空间（单位：mm）

图7-33 仰卧的活动空间（单位：mm）

第四节 工作区域与作业空间设计

一、工作区域设计

工作区域也称作业区域或作业范围，是构成作业空间的主要组成部分，是操作者采用立姿或坐姿时能够有效地进行作业的范围。工作区域的设计应以上肢或下肢的可达距离为依据。以上肢水平前举或垂直上举时中指指尖点的可达距离为依据，确定上肢的空间可达范围，即以肩关节为轴心，上肢伸直在空间回转时，中指指尖点的运动轨迹所包络的区域。

1. 工作区域的分类

工作区域可分为水平面工作区、垂直面工作区和立体（空间）工作区。静态和动态的人体测量尺寸是设计工作区域的重要依据。

（1）坐姿工作区域

① 水平面工作区域。操作者采用立姿或坐姿操作时，上肢在水平面上移动形成的轨迹所包含的区域称为水平面工作区域（图7-34）。水平面工作区域可分为最大工作区域和正常工作区域。

正常工作区域中，作业者应能在小臂正常放置且上臂处于自然悬垂状态下舒适地操作；最大工作区域应使作业者在臂部伸展状态下能够操作，且这种作业状态不宜持续很久，如图7-34中细实线和虚线所示。

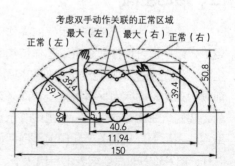

图7-34 坐姿水平面工作区域（单位：cm）

作业时，由于肘部也在移动，小臂的运动与之相关联。考虑到这一点，则水平面作业区域小于上述范围，如图7-34中粗实线所示。在此水平作业范围内，小臂前伸较小，从而能使肘关节处受力减小。因此，考虑臂部运动相关性所确定的作业范围更为合适。

② 垂直面工作区域。垂直面工作区域（图7-35）也可分为最大工作区域和正常工作区域。美国的法莱（Farley）将最大工作区域定义为以肩峰点为轴，上肢伸直在矢状面上移动时，手的移动轨迹所包括的范围；将正常工作区域定义为上臂自然下垂，以桡骨点为轴，前臂在矢状面上移动时，手的移动轨迹所包括的范围。图中代号所表示的尺寸见表7-11。

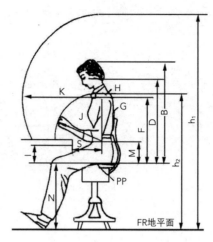

图7-35 坐姿垂直面工作区域

注：肩高F和肘高M，均以坐平面PP为基准，其中F取第5百分位数，M取第95百分位数；N为坐姿腘窝高，取第95百分位数；h_1为垂直面最大工作区域，h_2为垂直面正常工作区域。

表7-11 男、女性坐姿作业位置设计参数 单位：mm

测量项目	男性	女性	男女共用	男性百分位数			女性百分位数		
				5	50	95	5	50	95
B躯干高（坐姿放松）	920	863	920	820	870	920	771	817	863
D眼高（坐姿放松）	711	657	657	711	760	809	657	701	745
F肩高（坐姿）	563	524	524	563	604	647	524	562	600
G胸厚	255	249	255	196	222	255	180	209	249
H肩宽	344	320	320	344	375	403	320	351	377
I大腿厚	161	161	161	122	140	161	123	140	161
J前臂长	386	352	352	386	420	454	352	384	417
K上肢前展长	675	614	614	675	733	792	614	668	725
M肘高（坐姿）	298	284	298	228	263	298	215	251	284
N腘窝高（坐姿）	448	405	448	383	413	448	342	382	405
h_1垂直面最大工作区域	1686	1543	1586	1621	1750	1887	1480	1612	1730
h_2垂直面正常工作区域	1132	1041	1098	997	1096	1200	909	1017	1106

③ 立体工作区域。将水平面工作区域和垂直面工作区域结合，上肢在三维空间运动所包括的范围为立体工作区域或空间工作区域。立体工作区域也可分为最大工作区域和正常工作区域。舒适工作区域一般介于肩与肘之间的空间范围内，此时手臂活动路线最短。

（2）立姿工作区域 立姿作业的水平面工作区域与坐姿时相同，垂直面工作区域的设计如图7-36所示，图中代号所表示的尺寸见表7-12。

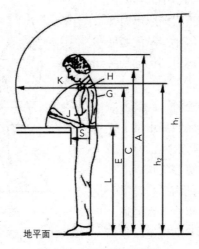

图7-36　立姿垂直面工作区域

注：肩高E取第5百分位数，肘高L取第95百分位数；

h_1为垂直面最大工作区域，h_2为垂直面正常工作区域。

表7-12　男、女性立姿作业位置设计参数　　　　　　　　单位：mm

测量项目	男性	女性	男女共用	男性百分位数			女性百分位数		
				50	50	95	5	50	95
A身高（立姿放松）	1781	1665	1781	1589	1684	1781	1490	1576	1665
C眼高（立姿放松）	1480	1377	1377	1480	1574	1670	1377	1460	1547
E肩高	1306	1220	1220	1306	1392	1480	1220	1296	1375
G胸厚	255	249	255	196	222	255	180	209	249
H肩宽	344	320	320	344	375	403	320	351	377
J前臂长	386	352	352	386	420	454	352	384	417
K上肢前展长	675	614	614	675	733	792	614	668	725
L肘高	1121	1048	1121	979	1049	1121	924	985	1048
h_1垂直面最大工作区域	1981	1834	1834	1981	2125	2272	1834	1834	2100
h_2垂直面正常工作区域	1507	1400	1473	1365	1469	1575	1276	1276	1465

　　如图7-36所示，立姿垂直面工作区域也可分为正常工作区域和最大工作区域两种，并分为正面和侧面两个方向。最大可及范围是以肩关节为中心，臂的长度（包括手长，720mm）所划过的圆弧；最大可抓取的作业范围是以600mm为半径所划的圆弧；正常或舒适作业范围是半径为300mm左右的圆弧。当身体向前倾斜时，半径可增至400mm。立姿垂直面工作区域是设计控制台、驾驶盘以及确定控制装置的基本数据。

2. 工作面高度的确定

（1）工作面高度的设计原则　进行工作区域设计时，对于工作面高度的确定，应以提高工作效率和使操作者保持准确作业姿势、减少疲劳为原则。工作面太低，则背部过分前屈；工作面太高，则必须抬高肩部，超过其松弛位置，引起肩部和颈部的不适。许多研究表明，最佳工作面高度应略低于人的肘高。工作面高度的确定应遵从下列原则。

① 如果工作面高度可调，则必须将高度调节至适合操作者身体尺寸及个人喜好的位置。

② 应使臂部自然下垂，处于合适的放松状态，小臂一般应接近水平状态或略下斜；任何场合都不应使小臂上举过久。

③ 不应使脊椎过度屈曲。

④ 若在同一工作面内完成不同性质的作业，则工作面高度应可调节。调节工作面高度可采用三种办法：一是调节机器的高度，此办法适用于机器有固定的操作者或者轻便的机器；二是通过高度可调的座椅或脚踏板，调节操作者肘部的高度，使之与工作面保持适宜的距离；三是调节工作的高度。上述三种办法中，通常以第二种办法最为经济、方便。

一般，工作面高度应在肘部以下50～100mm，康兹（S.A.Konz）认为，工作面的最佳高度应在肘部以下50mm，但工作面确定在人的肘部以上25mm至以下25mm之间，对工作效率无明显不良影响。对于特定的工作，其工作面高度取决于工作性质、个人喜好、座椅高度、工作高度、操作者大腿厚度等。对于写字或轻型装配，其工作面高度为正常位置；重负荷工作面高度低是为了臂部易于施力，且避免手部负重；对于精细作业，较高的工作面使得眼睛接近作业对象，便于观察。

（2）不同作业姿势下的工作面高度

① 坐姿工作面高度。对于坐姿作业，可使工作面高度恒定，根据操作者肘高和作业特点，通过调节座椅高度，使肘部与工作面之间保持适宜的高度差，并通过调节搁脚板高度，使操作者的大腿处于近似水平的舒适位置。从人体结构和生物力学角度来看，人在操作时最好能使上臂自然下垂，前臂接近水平或者稍微下倾地放在作业面上，这种作业姿势可使操作者消耗最小的能量，最舒适省力。因此，一般把工作面高度设计得略低于肘部50～100mm。表7-13给出了男、女性坐姿操作时恒定的工作面高度，以及相应的座椅高度和搁脚板高度的调节范围。

表7-13　坐姿工作面高度　　　　　　　　　　　　单位：mm

名称	男性	女性	男女共用	男性		女性	
				粗工作	精密工作	粗工作	精密工作
固定工作面高度	850	800	850	775	850	725	800
座椅面高度调节范围	500～650	450～600	500～650	500～575			
搁脚板高度调节范围	0～250		0～300	0～175			

② 立姿工作面高度。对于立姿作业，其工作面高度的设计要素与坐姿相似，即由立姿肘高和工作类型决定，其基本原则与坐姿工作面相同。实际设计中，既可设计适合不同身高的作业者需求的可调式工作台，也可按立姿肘高尺寸的第95百分位数设计，然后通过调整脚底高度来调整作业者的肘高。图7-37为三种不同工作面的推荐高度，图中零位线为肘高，我国男性肘高第50百分位数为1036mm，女性为963mm。图7-38为轻负荷作业条件下，工作面高度随身高

不同而调节的情况，可作为设计可调工作台面的依据。

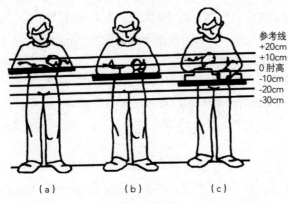

图7-37 立姿作业的工作面高度推荐值（单位：cm）

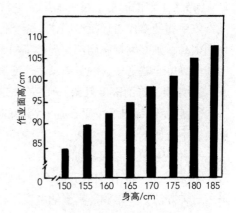

图7-38 立姿一般作业面高度与身高的关系

③ 坐立姿工作面高度。为使操作者能变换体位，以消除局部疲劳或利于操作，有时采用坐立姿交替式作业，如图7-39所示。在这种情况下，工作面高度的设计应保持上臂处于自然松弛状态，椅子与踏板应便于变换姿势。因此，交替式工作面并不是单纯地提高坐姿工作面高度，而且必须考虑工作的性质与交换的频率。

图7-39 坐立姿交替式办公桌

二、作业空间设计

1. 作业空间的分类

人与机器结合完成生产任务是在一定的作业空间进行的。按作业空间包含的范围，可将其分为近身作业空间、个体作业场所和总体作业空间。

（1）近身作业空间 近身作业空间是指在某一位置时，考虑身体的静态和动态尺寸，在坐姿或立姿状态下，其所能完成作业的空间范围。近身作业空间又包括以下三种不同的空间范围。

① 作业范围，指在规定位置上进行作业时必须触及的空间。

② 作业活动空间，指人在作业或进行其他活动时（如进出工作岗位、在工作岗位进行短暂的放松与休息等）人体自由活动所需的范围。

③ 安全防护空间，指为了保证人体安全、避免人体与危险源（如机械传动部位等）直接接触所需要的空间。

（2）个体作业场所 作业场所是指操作者周围与作业有关的、包含设备因素在内的作业区域，如汽车驾驶室等。

（3）总体作业空间 不同的个体作业场所的布置构成总体作业空间。总体作业空间反映的是多个作业者或使用者之间作业的相互关系，如一个车间、办公室等。

2. 作业空间的设计原则

（1）近身作业空间设计原则

① 作业特点。人们所从事的工作性质和内容有很大差别。性质和内容不同的工作，对作业空间的要求自然会有所不同。例如，车床操作所要求的作业空间应比汽车、飞机驾驶的作业空间大得多；高温作业比常温作业的作业空间大；体力作业比脑力作业的作业空间大；动态作业比静态作业的作业空间大。总之，作业空间的尺寸大小与构成特点，都必须首先服从工作需要，要与工作性质和工作内容相适应。

② 人体尺寸。近身作业空间的人体尺寸是指作业者操作时，四肢所及范围的静态尺寸和动态尺寸，近身作业空间的尺寸是作业空间设计与布置的主要依据，特别是一些空间受限制的作业环境中，人体尺寸更是作业空间的设计依据。它主要受功能性臂长的约束，而臂长的功能尺寸又由作业方位及作业性质决定。此外，近身作业空间还受着衣着影响。

③ 个体因素。设计近身作业空间还应考虑使用者的性别、年龄、人种、体型因素等。男性身体尺寸一般大于女性，因此，专供女性使用的作业空间可比男性专用或男女通用的作业空间设计得小一些。不同年龄阶段使用的作业空间应有不同要求。人种和体型也是设计作业空间要考虑的因素。例如，亚洲人躯干对四肢长度的比值大于欧美人，但在身体骨架大小、体重、肢体力量等方面不如欧美人。因此，供不同人种使用的作业空间，上下左右空间应按欧美人体尺寸为设计依据。而对坐高的作业空间设计，则应以亚洲人体尺寸为设计依据。

（2）作业场所设计原则　作业场所的布置是在限定的作业空间内，设定合适的作业面后，显示装置与控制装置（或者其他作业设备、元件等）的定位与安排。任何设施都可有其最佳位置，这取决于人的感受特性、人体测量学与生物力学、体型以及作业性质。对于某一作业场所而言，由于设施众多，不可能每一设施都处于其理想的位置，这必须依据一定的原则来安排。从人机系统整体来看，最重要的是保证操作方便、准确。

① 重要性原则。根据机器与人之间所交换信息的重要程度布置机器元件，将最重要的机器元件布置在离操作者最近或最方便的位置。一个元件是否重要往往根据它的作业是否频繁来确定。有些元件可能并不频繁使用，但对于整体系统的运行却是至关重要的。比如紧急控制装置，一旦使用，就必须保证迅速而准确。

② 使用频率原则。根据人、机之间交换信息频率来布置机器元件。将信息交换频率高的机器元件布置在操作者近处，便于操作者观察和操作，例如冲床的动作开关。

③ 功能原则。在系统作业中，应按功能性相关关系对显示装置、控制装置以及机器进行适当的编组排列，把具有相同功能的机器布置在一起，以便于操作者记忆和管理。例如，将温度显示装置和温度控制装置编组排列，将配电指示与电源开关置于同一布置区域。

④ 使用顺序原则。在设备操作中，为完成某动作或达到某一目标，操作者常按顺序使用显示装置与控制装置，以使作业方便、高效。例如，开启电源、启动机床，看变速标牌、变换转速等。

在进行系统中各元件布置时，不可能只遵循一种原则。通常，重要性和使用频率原则主要用于作业场所内元件的区域定位阶段，而使用顺序和功能原则侧重于某一区域内各元件的布置。选择何种原则布置，设计者应统一考虑、全面权衡。在上述四个原则都可使用的情况下，有研究表明，按使用顺序原则布置设施执行时间最短。

（3）总体作业空间设计原则　总体作业空间设计随设计对象的性质不同而有所差别。企业的生产方式、工艺特点决定了总体作业空间内的设备布局，在此基础上再根据人机关系，按照人的操作要求进行作业场所设计及其他设计。

总之，作业空间设计时应结合操作任务要求，以人为主体进行设计。也就是首先要考虑人的需要，为操作者提供舒适的作业条件，再对相关的设施进行合理的排列布置。

3. 近身作业空间设计

（1）坐姿近身作业空间　坐姿作业通常在作业面以上进行。随作业面高度、手偏离身体中线的距离及手举高度的不同，其舒适的作业范围也在发生变化。

若以手处于身体中线处来考虑，直臂作业区域由两个因素决定：肩关节转轴高度及该转轴到手心（抓握）距离（若为接触式操作，则到指尖）。图7-40为第5百分位的人体坐姿抓握尺寸范围，以肩关节为圆心的直臂抓握空间半径，男性为650mm，女性为580mm。

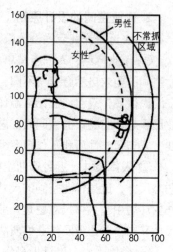

图7-40　坐姿抓握尺寸范围（单位：cm）

（2）立姿近身作业空间　立姿作业一般允许作业者自由地移动身体，但其作业空间仍需受到一定的限制。例如，应避免伸臂过长的抓握、蹲身或屈曲、身体扭转及头部处于不自然的位置等。图7-41为立姿单臂作业的近身作业空间，以第5百分位的男性为基准，当物体处于地面以上1100～1650mm的高度，并且在身体中心左右460mm范围内时，大部分人可以在直立状态下达到身体前侧的舒适范围（手臂处于身体中心线处操作），最大可及区弧半径为540mm。对于双手操作的情形，由于身体部位相互约束，其舒适作业空间范围有所减小（图7-42）。这时伸展空间为在距身体中线左右各150mm的区域内，最大操作弧半径为510mm。

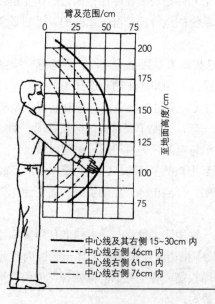

图7-41　立姿单臂近身作业空间

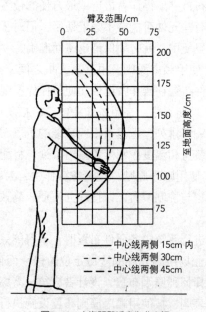

图7-42　立姿双臂近身作业空间

（3）脚作业空间　与手相比，脚操作力大，但精确度差且活动范围小，一般脚操作限于踏板类装置。正常的脚作业空间位于身体前侧、坐高以下区域，其舒适作业空间取决于身体尺寸与动作的性质。图7-43、图7-44分别为立姿和坐姿时的脚作业空间，网格区域是脚的灵敏作业空间，而其余区域需大腿、小腿有较大动作，故不适合布置常用的操作装置。

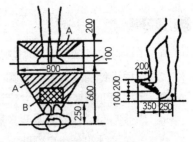

图7-43　立姿脚作业空间（单位：mm）

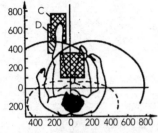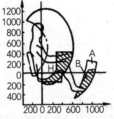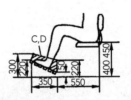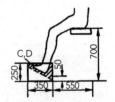

图7-44　坐姿脚作业空间（单位：mm）

（4）受限作业空间　作业者有时必须在限定的空间中进行作业，有时还需要通过某种狭小的通道。虽然这类空间大小受到限制，但在设计时还必须使作业者能在其中进行作业或经过通道。为此，应根据作业特点和人体尺寸确定受限作业空间的最低尺寸要求。为防止受限作业空间设计得过小，其尺寸应以第95百分位数或更高百分位数人体测量数值为依据，并应考虑冬季穿着厚重衣服等进行操作的要求。图7-45为常见的几种受限作业空间，图中代号所表示的尺寸见表7-14、表7-15。

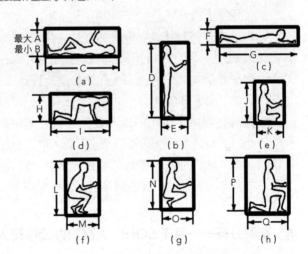

图7-45　几种受限作业空间的设计尺寸

表7-14　几种受限作业空间尺寸（a~d）　　　　　单位：mm

代号	A	B	C	D	E	F	G	H	I
高身材男性	640	430	1980	1980	690	510	2440	740	1520
中身材男性及高身材女性	640	420	1830	1830	690	450	2290	710	1420

表7-15　几种受限作业空间尺寸（e~h）　　　　　单位：mm

代号	J	K	L	M	N	O	P	Q
高身材男性	1000	690	1450	1020	1220	790	1450	1220
中身材男性及高身材女性	980	690	1350	910	1170	790	1350	1120

复习题

1. 工作台设计的主要原则是什么？
2. 座椅设计的基本原则有哪些？
3. Ⅰ型和Ⅱ型座椅的尺寸设计数据包含哪些内容？
4. 作业空间设计的基本要求是什么？
5. 工作区域的分类有哪些？
6. 如何确定工作面的高度？
7. 近身作业空间的设计原则有哪些？

思考分析题

1. 观察日常生活或工作中的各类控制台，分析它们所属的类别和关键人机尺寸。
2. 对国内外市场上的人机工程学椅进行调研，搜集十款以上的产品，比较它们在人机工程学上的差异。
3. 通过实地调研或桌面调研的方式，对高铁的商务座、一等座、二等座的座椅展开比较研究，谈谈你对它们的功能、人机尺寸、活动空间等的感受。
4. 根据自身体验，谈谈如何在公共设施设计（例如火车站的公共座椅）中更好地融入人的社会心理因素。
5. 围绕地铁站、火车站以及各类公共空间闸机的人机尺寸、交互方式等方面展开调研，分析这类产品是如何兼顾不同人群（例如老人、残障人士等）的使用需求的。
6. 根据人体尺寸及工作台椅的设计原则，对教室的课桌椅展开测绘，分析目前产品存在的不足，设计一套适合学生用的课桌椅。

案例分析——基于 SOHO 人群的办公座椅人因分析与设计

该案例主要针对SOHO女性，通过产品调研和实地体验，对现有办公座椅进行了比较分析，并构建了用户画像。在此基础上进行坐姿分析，并依据坐姿解剖学、生物力学特征以及人体尺寸数据展开设计实践。

案例分析——办公家具区隔空间个人领域感知特征研究

南京林业大学陈世栋博士，采用模拟办公场景下的实验室止步距离法，对开放办公空间的个人领域感知特征进行了分类测量和舒适度分级实验研究，获得了不同场景下办公空间的人际距离参考值。在此基础上，设计了一款可以进行灵活区隔的办公桌。

第八章

人与作业环境

作业环境涉及的内容很多，一般环境有温度、湿度、照明、噪声、振动、粉尘以及有毒物质等。特殊的环境还有失重、超重、高气压、低气压、电磁辐射等。作业环境直接影响到作业者的健康与安全，也影响到人机系统的整体效率。研究作业环境对人机系统的影响及如何排除不良的环境因素，创造最佳的作业环境，成为人机工程学研究中的一个重要方面。

根据作业环境对人体的影响和人体对环境的感觉，可把作业环境分为以下四个区域。

最舒适区——环境各项指标最佳，完全符合人的生理和心理要求。在这种环境下长时间工作不会感到疲劳，工作效率高，操作者主观感觉很好，是一种理想的环境模式。目前只有少数实验室、精密设备操作室等才能达到这种要求。

舒适区——环境各项指标符合要求，在正常情况下，环境对人身健康无损害，而且作业者不会感到刺激和疲劳。如一般仪器仪表加工和装配车间、实验室等。

不舒适区——环境中的某项指标偏离舒适指标的正常值，长时间在这种环境下工作会损害操作者的健康，或导致职业病的产生。如高噪声、高温、粉尘和有害有毒气体环境等。在这种环境下需要采取一定的防护措施，才能保证正常工作。

不能忍受区——人在该环境下将难以生存，必须采取相应的方法，使人与有害的外界环境隔离开来。如水下作业、放射环境等。

最佳的作业环境是使人体感到舒适且利于工作的环境。而在生产实践中，由于技术、经济等各种原因，最佳的环境条件是难以充分保证的，此时要创建一个相对安全的环境，保证人体不受伤害和基本不影响工作效率。在某些条件下，若不能充分控制环境，就需要采用各种人体防护用具来保护人体，对抗不利的环境条件，以保证人体的安全和系统的高效。

本章主要介绍一般环境因素对人体的影响、防护标准、评价方法等，为设计各种舒适环境、允许环境或安全环境提供基本依据。

第一节　照明与色彩

任何作业环境和生活环境都离不开照明，照明是视觉感知的必要条件。人与自然界接触中，有80%以上的信息是通过视觉获得的。因此，作业场所的照明条件（光环境）直接影响到作业者的效率。

一、光的性质与度量

光是照明设计中最主要的部分，了解光本身的性质与活动的特性，有助于在日常生活与工作中应用各种方法对光加以控制，如灯具的设计、材质的使用、光源与灯具的选择。

1. 光的性质

光是能量的一种形式，以辐射方式传送，并能刺激眼睛视网膜产生视觉感知。光从光源直接向外放射而具有辐射特性，可穿透所有的透明物质，并可在真空中传递而无须依靠任何媒介。

白光给人的感觉是无色的，事实上它由多种色彩光构成，牛顿通过棱镜的折射将日光分解成不同颜色的光。来自热辐射、太阳或白炽灯的光，可分析出完整的光谱：红、橙、黄、绿、青、蓝、紫。而且，各种颜色之间没有明显的边界。

人们习惯以表面色彩来分析色光。当白光照射在平面上，通常不会反射出构成此光所在光谱内的所有色光，或者说不会以相同的角度反射，大部分反射的光将决定这个平面的色彩效果。如一个绿色表面将反射光谱中绿色的部分，蓝光和黄光会以较小角度反射，而红光和紫光就被吸收了。

根据光的三色原理，色光混合将会产生以下效果：红光+绿光 = 黄光；红光+蓝光 = 紫红光（品红光）；绿光+蓝光 = 天蓝光（青绿光）；红光+绿光+蓝光 = 白光。

其中，红色、绿色和蓝色被称为三原色，黄色、紫红色和青绿色被称为三次色，因为它们分别由两种原色组合而成。当两色光混合可产生白光时，这两种色彩就被称为互补色。

例如，黄光+蓝光 = 白光；（青）绿光+红光 = 白光。因此，黄与蓝、（青）绿与红是两对互补色。

2. 光的度量

光的度量单位很多，与照明质量最直接的有照度和亮度两种。

（1）光通量 光通量是最基本的光的度量单位。单位时间内通过某一面积的光辐射能，或光源在单位时间内所辐射的光能称之为光通量。光通量的符号为 Φ，单位为瓦（W）或流明（lm），1W=680lm。光通量是根据人眼对光的感觉来评价的辐射通量。例如，一个200W的白炽灯要比100W的白炽灯亮得多，就是因为200W的白炽灯发出的光通量多。

人眼对不同波长的光产生不同的颜色感觉，也具有不同的视敏度。因此，人眼对光的感觉的强弱，不仅与光源辐射功率有关，也与人眼对该光源的辐射波长的视敏度有关。国际上把波长为555nm的黄绿光（光的主观感觉最亮）的感觉量定为1，其他波长的感觉量均小于1。图8-1是国际照明委员会绘制的相对视敏函数（K_λ）曲线，其值随波长而改变。表8-1列举了几种常见光源的光通量。

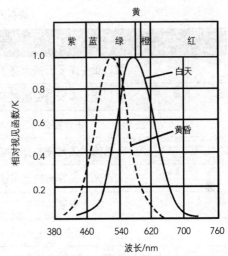

图8-1 光谱相对视敏函数

表8-1 常见光源的光通量

光源	光通量/lm
太阳	4.3×10^{28}
20W白色日光灯	750
40W白色日光灯	2100
40W白炽灯	400
100W白炽灯	1290

（2）发光强度 光源在单位立体角内发出的光通量称为发光强度，简称光强。光强的符

号为I，单位为坎德拉（cd）。它与光通量的关系如式（8-1）所示：

$$I=\Phi/\Omega \qquad (8-1)$$

式中　I——发光强度（cd）；

　　　Φ——光通量（lm）；

　　　Ω——立体角（球面度，sr）。

（3）光照强度　光照强度是指单位面积上的光通量的大小，简称照度，符号为E，单位是勒克斯（lx）。1勒克斯（lx）定义为每平方米1流明（lm）的光通量。

照度是衡量光照水平的最重要指标，与发光体光通量的大小以及受照物与发光体的距离有关。若光线与被照表面的法线有一夹角α，则照度公式如式（8-2）所示：

$$E=I\cos\alpha/r^2 \qquad (8-2)$$

式中　I——发光强度（cd）；

　　　α——光线在被照表面的入射角（°）；

　　　r——光源至被照表面的距离（m）。

表8-2列举了不同环境下的照度情况。

表8-2　不同环境下的照度

环境	照度/lx
夏日正午在多云的天空下	100000
夏日正午多云但在阴影下	10000
阴天室外	50~500
人造光，在光亮的办公室	1000
人造光，在普通的起居室	100
读书需要的照度	50
街道照明	5~30
满月，在明净的夜晚	0.25
黑夜	0.001~0.02

（4）亮度　亮度是指发光面在指定方向的发光强度与发光面在垂直于所取方向的平面上的投影之比，符号为L，单位为坎德拉每平方米（cd/m²）。它与光强的关系如式（8-3）所示：

$$L=I/s \qquad (8-3)$$

式中　I——发光强度（cd）；

　　　s——发光面积（m²）。

亮度是物体表面明亮程度的测量指标，同时用于发光体和受照物。物体要具有一定的亮度，人眼才能识别。人眼的"最低亮度阈限"是$0.1cd/m^2$，当亮度增加到$1cd/m^2$时，人眼达到最大灵敏度，即可以看到最小的东西。亮度小于$0.1cd/m^2$时，人看不见东西；亮度大于$1cd/m^2$时，由于刺激了眼睛，灵敏度反而会下降。

二、环境照明对作业的影响

作业场所的光环境分为两种：天然采光和人工照明。用自然界的天然光源来形成作业场所光环境的称为天然采光（简称采光）；用人工制造的光源来形成作业场所光环境的称为人工照明（简称照明）。合理利用采光和照明来满足作业要求，对提高生产效率、降低事故率等都有重要意义。

天然采光就是利用天然光源的直射、反射和投射等性质，通过各种采光口设计，给人以良好的视觉和舒适的光环境。天然光线均匀、光质好、照度大、节约资源，而且对人的视觉和健康有利，它和室外自然景色联系在一起，还可以提供人们所关心的气候状态，提供三维形体的空间定时、定向和其他动态变化的信息。因此，应尽可能利用天然采光（图8-2）。

图8-2 天然采光案例（见彩插）

人工照明就是利用各种人造光源的特性，通过灯具造型设计和分布设计，造成特定的人工光环境，可以利用灯光指示方向，利用灯光造景，利用灯光扩大室

图8-3 人工照明场景（见彩插）

内空间等。人工光源主要有白炽灯和气体放电灯。

太阳光谱具有固定的光色，而人工照明却具有冷光、暖光、弱光、强光及各种混合光，可根据环境意境而选用。如果说色彩具有性格的倾向和感情的联想，那么人工照明则可以使色彩产生变化和运动。人工照明对室内光环境的创造、环境氛围的渲染起着非常重要的作用（图8-3）。

作业场所的合理采光和照明对生产效率、安全都有重要意义。良好的照明环境可以降低作业者的视觉疲劳，提高工作效率，减少差错率和事故发生，同时可以提高作业者身体的舒适度。

1. 环境照明对生产率的影响

人眼能适应$10^{-3} \sim 10^{5}$lx的照度范围，人的活动、注意力可通过提高照度而得到加强。但人的视力不仅受目标物体亮度的影响，还受到背景亮度的影响。当背景亮度与目标亮度相等或稍暗时，人的视力最好；反之，则视力下降。

在作业生产中，良好的照明环境主要是通过改善人的视觉条件和视觉环境来提高生产率的。在照明条件差的环境下，作业者长期反复辨认目标，会引起眼睛疲劳、视力下降，甚至造成全身疲劳。生产率、视觉疲劳与照度的关系如图8-4所示。

2. 环境照明对安全的影响

人们在作业环境中进行生产活动，主要通过对外界的情况作出判断而行动。若作业环境照明条件太差，操作者就不能清晰地看到周围的物体，容易接受错误的信息，从而作出错误的判断，导致操作失误甚至发生事故。良好的照明可以有效地改善视觉条件和环境，提高工作效率（图8-5）。

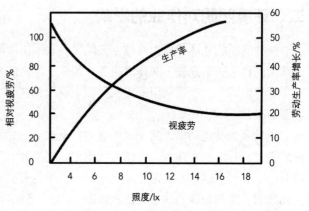

图8-4　生产率、视觉疲劳与照度的关系

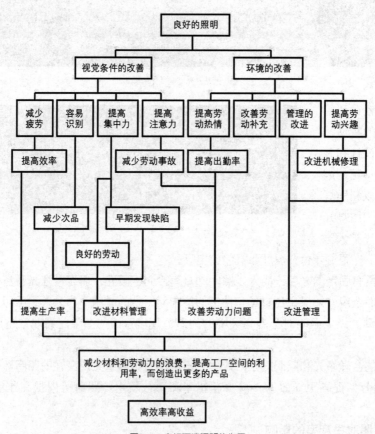

图8-5　良好环境照明的作用

因此，良好的环境照明对降低事故发生率，以及保护工作人员视力和安全有明显的效果。图8-6、图8-7说明了良好的环境照明使事故次数、出错件数、缺勤人数明显减少。

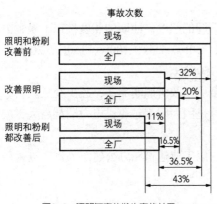

图8-6　照明与事故发生率的关系

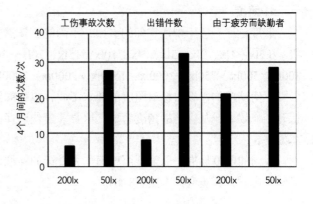

图8-7　照明与工作效率的关系

日本照明协会关西分会就改善照明的效果曾做过实际调查，其调查结果见表8-3。

表8-3　改善照明所产生的效果实测

工种		照度 /lx		改善效果
		改善前	改善后	
合成纤维精纺室		160	230	产量增加0.08%
机械厂	机械加工	40	180	产值增加4.2% 工作损失费减少7.9%
	机械装配	30	170	产值增加12.2% 工作损失费减少1.3%
自动售货机的零件制造		150～300	250～500	提高生产率9.5% 有关差错减少5.0% 工伤事故减少66.6%
机械用仪表厂		100	300	产量提高15.0% 出勤率提高30.0%
电度表组装、修理、检查		平均430	平均720	生产件数增加8.2% 不合格率减少3.0% 出勤率提高2.8%

从以上图表可以看出，改善照明与劳动安全、生产率的提高有着密切的关系。另外，由于设置和改善道路照明而减少夜间交通事故的效果也是明显的，一般能使夜间交通事故减少20%～75%。

三、照明标准

环境照明设计已经由过去的不断提高照明亮度转向提高照明质量，也就是要恰当地规定视野范围内的亮度、消除耀眼的眩光，创造一个舒适愉快的照明环境。照明的标准由以下几个方面组成。

1. 照度

照度是许多应用中最实际的参数，不同的工作需要不同的照度。照明的照度按以下系列分级：0.5lx、1lx、2lx、3lx、5lx、10lx、15lx、20lx、30lx、50lx、75lx、100lx、150lx、200lx、300lx、500lx、750lx、1000lx、1500lx、2000lx、3000lx、5000lx。

不同情况的查看目标对照度的要求不同，更高的照度可以改善照明品质，减少视觉疲劳，提升工作效率。从经济的角度考虑，这并非最佳选择。这是因为照度越高，电力消耗越大，成本提升。

我国的照度标准是以最低照度值作为设计的标准值，以工业建筑和办公建筑为例，当采用天然采光时，其照度标准如表8-4所示。

表8-4　工业和办公建筑天然采光标准值

采光等级	场所名称	侧面采光		顶部采光	
		采光系数标准值/%	室内天然光照度标准值/lx	采光系数标准值/%	室内天然光照度标准值/lx
1. 工业建筑					
I	特精密机电产品加工、装配、检验、工艺品雕刻、刺绣、绘画	5.0	750	5.0	750
II	精密机电产品加工、装配、检验、通信、网络、视听设备、电子元器件、电子零部件加工……	4.0	600	4.0	450
III	机电产品加工、装配、检验、一般控制室、木工、电镀、油漆、铸工……	3.0	450	3.0	300
IV	焊接、钣金、冲压剪切、锻工、热处理、食品、日用化工产品……	2.0	300	2.0	150
V	发电厂主厂房、压缩机房、风机房、锅炉房、泵房、动力站房、一般库房……	1.0	150	1.0	75
2. 办公建筑					
II	设计室、绘图室	4.0	600	—	—
III	办公室、会议室	3.0	450	—	—
IV	复印室、档案室	2.0	300	—	—
V	走道、楼梯间、卫生间	1.0	150	—	—

工业厂房的照明应符合《建筑采光设计标准》（GB 50033—2013）和《建筑照明设计标准》（GB 50034—2013）的规定。以电子工业厂房为例，其照度标准如表8-5所示。

表8-5　电子工业厂房一般照明标准值

房间或场所		参考平面及其高度	照度标准值/lx	UGR	U_0	R_a	备注
整机类	整机厂	0.75m水平面	300	22	0.60	80	—
	装配厂房	0.75m水平面	300	22	0.60	80	应另加局部照明
元器件类	微电子产品及集成电路	0.75m水平面	500	19	0.70	80	—
	显示器件	0.75m水平面	500	19	0.70	80	可根据工艺要求降低照度值
	印制线路板	0.75m水平面	500	19	0.70	80	—
	光伏组件	0.75m水平面	300	19	0.60	80	—
	电真空器件、机电组件等	0.75m水平面	500	19	0.60	80	—
电子材料类	半导体材料	0.75m水平面	300	22	0.60	80	—
	光纤、光缆	0.75m水平面	300	22	0.60	80	—
酸、碱、药业及粉配制		0.75m水平面	300	—	0.60	80	—

注：UGR——统一眩光值；U_0——照度均匀度；R_a——一般显色系数。

2. 视野内的亮度分布

亮度分布是极为重要的照明品质准则。亮度分布适当使人感到愉快、动作灵活。当工作面明亮而周围环境较暗时，人的动作变得稳定、舒展；如果周围环境很昏暗，则会给作业者造成压抑、不愉快的感觉。但是，作业空间亮度过于均匀也不合适，让环境变得单调。

物体能否被看清还有赖于物体与背景的亮度对比。亮度对比度太低，物体分辨起来就很困难，还会使得场景变得沉闷而无立体感，没有任何吸引人的地方。亮度对比度太高，则会造成喧宾夺主的现象，当眼睛从一个视觉目标转向另一个视觉目标时，还会产生适应的问题。通常将亮度对比C（两者的亮度差，除以最大的亮度）分为三类。

① 较大对比（$C > 0.5$）：物体的亮度与背景亮度差别很明显。

② 中等对比（$0.2 \leqslant C \leqslant 0.5$）：物体的亮度与背景亮度差别比较明显。

③ 较小对比（$C < 0.2$）：物体的亮度与背景亮度差别很小。

适当的亮度对比可以产生平衡和谐的视觉场景，给操作者带来满意和舒适的感受。如果在以气氛照明为主的环境，有时还需要用变化亮度的方法来改变室内单调的气氛。如会议桌周围的亮度比桌面上的亮度高2~4倍时，能产生"中心感受"的效果。

把一张白纸放在黑色桌上，白纸的亮度会高于桌子，但是两者的照度却完全相同。之所以亮度会有所不同，主要是因为纸张和桌子的反射率并不相同。因此，亮度分布还可以通过规定室内各表面的适宜的反射系数范围来实现。室内各表面反射系数推荐值见表8-6，常见材料的反射率见表8-7，照度分布和室内各表面的反射系数推荐值见图8-8。

表8-6　室内各表面反射系数推荐值

室内各表面	反射系数的推荐值	室内各表面	反射系数的推荐值
顶棚	80%~90%	机械设备、工作桌（台）	25%~45%
墙壁（平均值）	40%~60%	地面	20%~40%

表8-7　常见材料的反射率

材料名称	反射率/%	材料名称	反射率/%	材料名称	反射率/%
白塑料	90~92	砂石	18	黑墨水	4
白色玻璃幕墙	75~80	白色纯棉	65	植被（平均）	25
混凝土	40~55	黑色毛织物	12	银	90~92
白色大理石	45	优质白纸	85	铜（亮）	65
暗红色砖	30	粉红色纸	60	铝（抛光）	67~70
水泥	27	软铅笔线	25	不锈钢	25~30

亮度分布必须"令人满意"，这意味着照明品质的评估必然相当主观。就室内而言，良好的照明设计并不能弥补拙劣的室内设计。在设计时，最好不要使用反射率非常低的天花板、墙壁、窗帘和家具等，因为它们与周围环境的搭配很难达到令人满意的视觉效果，照明虽能改善和消除这种情况，但最后的品质结果必定糟糕。

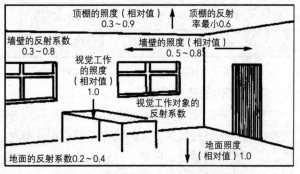

图8-8　室内各表面的反射系数和相对照度

3. 眩光

当视野内亮度过高或对比度过大时，物体表面产生的刺眼或耀眼的强烈光线称之为眩光。眩光会引起人眼部疲劳、舒适度降低、视网膜曝光过度而使视线模糊，影响可见度，还使人注意力不易集中，影响作业效率。因此，应尽力避免和控制。眩光可以分为直接眩光、反射眩光和对比眩光三种。

直接眩光是由强烈光源直接照射而引起的，如电焊光、太阳光等。直接眩光与光源位置有关，光线距离眼睛越近，亮度越高，越会感到光线耀眼，如图8-9所示。

反射眩光是强光照射在过于光亮的表面后反射到人眼所造成的。如在办公桌上铺一块大玻

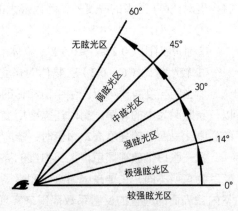

图8-9　光源位置与眩光效应

璃板，就常常会感到天花板上的荧光灯反射而来的耀眼眩光。

对比眩光是目标物体与背景的强烈的明暗对比所造成的。如黑夜中查看手机屏幕，如果不降低屏幕亮度，就会产生对比眩光，久而久之会损伤视力，对眼睛造成伤害。

眩光的危害很大，要尽量避免。其危害主要表现为：减弱了目标物与背景之间的对比，降低了目标物的辨识度；使眼睛的瞳孔直径减小，在视野内亮度不变的情况下降低了视网膜上的照度；视觉细胞受高亮度光源的刺激，会使大脑皮层细胞间产生相互作用。这

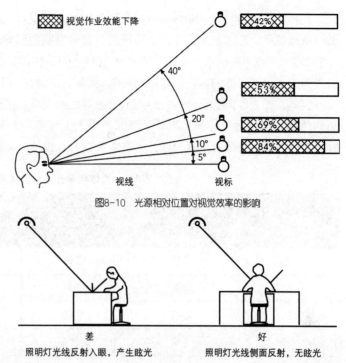

图8-10 光源相对位置对视觉效率的影响

图8-11 光源位置与眩光

些最终会导致对目标物的观察模糊，视觉能力降低，造成视觉疲劳，影响作业效率。不同位置的眩光源对视觉效率的影响如图8-10所示。

由于眩光对作业者的工作和身体健康危害较大，因此应该设法消除它。常用的措施有以下几种。

（1）限制光源亮度　当光源亮度大于16cd/cm²时，无论亮度对比如何，都会产生严重的眩光。而白炽灯灯丝亮度达到300cd/cm²以上，应考虑玻璃壳内进行磨砂处理，或者在其内表面涂以白色无机粉末，用来提高光的漫反射性能，使灯光柔和。

（2）合理布置光源位置　研究表明，增加视线和眩光源之间的角度，可以有效地避免光线直接入眼。将光源悬挂在水平视线45°范围以上的弱眩光区时，可有效地避免直接眩光，如图8-11所示；也可以采用不透明材料（如灯罩）将眩光源挡住。

（3）改变物体表面性质，降低反射系数　通过改变反射物的材质或者涂色降低反射系数，避免反射眩光。

（4）让光线转为散射或者漫射　使光线经灯罩、天花板或墙壁漫反射后再到工作空间，也可使光线柔和，降低眩光。

（5）限制光源亮度或提高周围亮度，减弱明暗对比度　对于明暗对比强烈所造成的眩光，可使物体亮度与背景亮度的对比减小，防止对比眩光的产生。

（6）避免反射眩光　对于由视野内的高反射表面，如镜面、机器表面、天花板等引起的反射眩光，可通过降低光源亮度、改变光源位置或作业面位置，使反射光线避开作业者的眼睛；或者改变高反射表面的性质，降低其反射系数，使其不产生或少产生反射。

4. 颜色呈现和显色性

物体的颜色与照明的光谱有着密切的关系，要判定物体的颜色，就必须先确定光源的颜

色。光源的颜色包括色表和显色性。色表是指光源所呈现的颜色，如荧光灯呈现日光色，低压钠灯呈橙黄色。光的显色性是指当不同的光源分别照射到同一个物体上时，该物体便显示出不同的颜色。表8-8表示不同光照色下物体色产生的变化。显色性通常用显色指数来表示，并以日光为标准，把日光的显色指数定为100，其余的光源都小于100，如表8-9所示。

另外，如表8-10所示，不同的人工光源对色彩也有一定的影响。因为，平常机器设备和产品的色彩是在自然光源的照明下呈现的。用人工光源照明时，机器设备和产品的色彩就会不同，如同人戴上墨镜看东西一样，会产生色变，在设计时需要充分考虑这一要素。

表8-8　物体色与光照色的关系

物体的颜色	光照的颜色			
	红	黄	天蓝	绿
白	淡红	淡黄	淡蓝	淡绿
黑	红黑	橙黑	蓝黑	绿黑
红	灿红	亮红	深蓝红	黄红
黄	红橙	灿淡橙	淡红棕	淡绿黄
天蓝	红蓝	淡红蓝	亮蓝	绿蓝
绿	深紫红	淡红紫	灿蓝	深绿蓝
棕	棕红	棕橙	蓝棕	深橄榄棕

表8-9　人工光源的显色指数

光源	显色指数	光源	显色指数
白炽灯	97	金属卤化物灯	53~72
氙灯	95~97	高压汞灯	22~51
日光色荧光灯	75~94	高压钠灯	29
白色荧光灯	55~85		

表8-10　不同的人工光源对色彩的影响

色彩	冷光荧光灯	3500K白光荧光灯	柔白光荧光灯	白炽灯
	对色彩的影响			
暖色系（红、橙、黄）	能把暖色冲淡，或使之带灰	能使暖色暗淡，使浅淡的色彩及淡黄色稍带黄绿色	能使鲜艳的色彩（暖色或冷色）更为有力	加重所有暖色，使之更鲜明
冷色系（蓝、绿、黄绿）	能使冷色中的黄色或绿色成分加重	能使冷色带灰，并使冷色中的绿色成分加重	能冲淡浅色彩，使蓝色及紫色罩上一层粉红色	使一切淡色、冷色暗淡及带灰

物体的本色在日光下才会不失真，但光源的显色性有时候需要避免。如车间照明不宜用有色光源，它会使视觉效能降低。若以日光下标准为100%，则黄光下为99%，蓝光下为92%，红光下为90%。光的颜色感觉和显色性能力都是由可见辐射的光谱分布所决定的，由于市场上出现许多新型光源，它们又有各自的颜色特性，因此这项准则的重要性正不断增加。

5. 具体的照明标准（以教室为例）

（1）关于教室的照度标准值　根据上面的分析和我国的经济技术状况，参考国际标准，应大大提高我国学校教室的照度标准。建议低、中和高三个档次的照度标准为200lx、300lx、500lx，中小学教室为200~300lx；高中的教室最好能达到300lx以上；大学的教室为300~500lx，最好能达到500lx，最低应达到300lx。根据以往所做的阅读汉字与满意度的关系的试题结果来看，当照度为200lx时学生的满意度为50%，而当照度为500lx时满意度为70%。

（2）关于教室的照明光源　根据现有条件，建议采用高光效、长寿命和显色性好的细管径（26mm）36W的T8三基色荧光灯，有能力的学校可采用更细管径（16mm）的T5三基色荧光灯，它比T8灯更能提高光效，但必须采用电子镇流器，用来消除噪声和频闪现象。

（3）关于教室的灯具　从调查结果上看，多数学校教室采用简易控照荧光灯，其配光和光效均不太好，建议采用高效节能的灯具。宜采用配光合理和无眩光的蝙蝠翼式配光灯具，灯具效率在70%以上。垂直悬挂式直接照明型灯具光效最高，而嵌入顶棚内的格栅灯具的效率稍低些。为减少灯具的眩光，灯管的轴线应垂直于黑板面方向安装。灯具的布置要保持教室有足够照度均匀度，其最小照度与平均照度之比为0.7。

（4）关于教室的照明用电量　为在学校教室照明中实施绿色照明，以达到节约能源、保护环境、提高照明质量和保护学生视力健康之目的，应对学校教室规定用电标准，其标准应用最大单位面积安装功率来评价。根据调查结果和参考国外发达国家的标准，建议我国用电标准为15W/m²，稍低于发达国家标准。

四、环境照明设计的人机工程学原则

照明主要分为两种：一种是以功能为主的明视照明，另一种是以舒适感为主的气氛照明。从人机工程学的角度出发，研究照明的目的主要有：创造良好的视觉环境，防止眼睛疲劳；避免因照明不足或者过强而引起操作失误或事故；提高工作效率。

一个良好的照明设计，不仅是为了满足视觉工作的要求，还为了让环境更舒适、愉快，让工作人员心情舒畅。单纯提高环境的照度是"量"上的变化，而创造舒适的照明环境才是"质"的变化。环境照明设计应考虑以下几项原则。

① 要有合理的照度平均水平。同一环境中，亮度和照度不应过高或过低，同时还要避免过于一致而产生单调感。

② 光线的方向和扩散要合理，不要产生影响工作的阴影。当然，在需要立体观察物体时，可保留必要的阴影。

③ 不要让光线直接投向眼睛，以免产生眩光。让光源照射物体或其邻近区域，只让反射光线进入眼睛，光线照射到物体后的反射光线射向眼睛时，应该不影响人的正常视觉且不使人感到烦恼。

④ 光源的光色要合理。光源的光谱应具有再现各种颜色的特性，即要有良好的显色性。

⑤ 符合美学原理。要按照美学原理设计照明环境，通过照明和色彩的协调，形成人们希望的环境美感。

⑥ 必须考虑成本。任何理想的照明环境都不能忽视经济条件的制约，同时还要考虑技术要求。

依照设计原则实现良好照明还要考虑其他因素。图8-12表示了良好照明的各种特性因素。

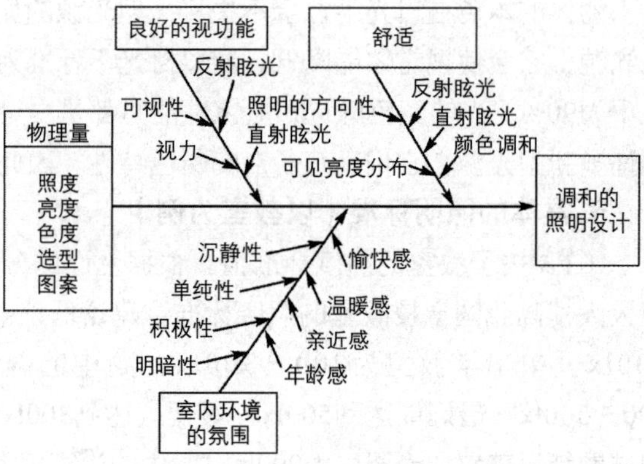

图8-12 良好照明的各种特性因素

五、色彩的生理与心理效应

1. 色彩的生理效应

色彩的生理效应主要表现为对视觉能力与视觉疲劳的影响。色彩可以提高辨认的灵敏度。眼睛对不同的颜色有不同的敏感性，对黄色较敏感，因此常用黄色当作警戒色。通常，蓝、紫色易引起视觉疲劳，红、橙色次之，黄绿、绿、绿蓝色等色调不易引起视觉疲劳，而且认读速度快、准确度高。

色彩对人体其他机能也有影响。例如，红色色调会使人兴奋和紧张、血压升高及脉搏加快，所以红色一般象征着热情、活力、动感；蓝色可使人平静；绿色则象征着和平等。

2. 色彩的心理效应

颜色常和情绪、意思表达相联系，不同的色彩对人的心理有不同的影响，主要有冷暖感、兴奋与抑制感、活泼忧郁感、轻重感、远近感、大小感、柔软光滑感等。

（1）色彩的感觉

① 冷暖感。一般来说，红、橙、黄系列的颜色让人有温暖的感觉，称为暖色；蓝、绿、紫系列的颜色感觉寒冷，称为冷色；而黑、白、灰颜色较中性，称为中性色。

② 轻重感。明度不同，人们对色彩的轻重感觉也不同。明度高的颜色给人感觉轻，明度低的颜色给人感觉重。不同色相的颜色有不同的轻重感，例如黄色感觉轻，紫色则感觉重。

③ 收缩与膨胀感。一般来说，明度高的色及暖色有扩张、膨胀感，而明度低的色和冷色有收缩的感觉。

④ 距离感。一般情况下，明度高和暖色系的颜色具有前进、凸出、接近的感觉，而明度低和冷色系的颜色则让人产生后退、凹陷、远离的感觉。

⑤ 软硬感。物体表面的色彩不同，则软硬感觉也不同，有的色感觉柔软，有的色感觉坚硬。通常而言，不同明度和纯度的色彩会给人以不同的软硬感觉，明色软，暗色硬，中等纯度的色软，黑与白是坚固色，灰色是柔软色。

⑥ 情感。色彩能引起人的情绪变化。合理的色彩搭配可使人心情愉快，保持良好的精神状态；杂乱而刺目的色彩影响人正常的心理情绪，对人的健康产生损害。

心理学家对此曾做过许多实验。他们发现，在红色环境中，人的脉搏会加快，血压有所升高，情绪兴奋冲动；而处在蓝色环境中，脉搏会减缓，情绪也较平静。有的科学家发现，颜色能影响脑电波，脑电波对红色的反应是警觉，对蓝色的反应是放松。自19世纪中叶以后，心理学已从哲学转入科学的范畴，心理学家注重实验所验证的色彩心理的效果。

冷色与暖色是依据心理错觉对色彩的物理性分类，对颜色的物质性印象，大致有冷暖两个色系。波长长的红光、橙光、黄色光，本身具有温暖感，以此光照射到任何物体上都会产生温暖感。相反，波长短的紫光、蓝光、绿色光，有寒冷的感觉。夏日，我们关掉室内的白炽灯，打开日光灯，就会有一种变凉爽的感觉。在冷食或冷饮包装上使用冷色，视觉上会引起人们寒冷的感觉。冬日，把卧室的窗帘换成暖色，就会增加室内的温暖感。

以上的冷暖感觉并非来自物理上的真实温度，而是与我们的视觉与心理联想有关。总的来说，人们在日常生活中既需要暖色，又需要冷色，在色彩的表现上也是如此。

冷色与暖色除了给我们温度上的不同感觉以外，还会带来其他的一些感受，例如重量感、湿度感、距离感等。比方说，暖色偏重，冷色偏轻；暖色有密度大的感觉，冷色有稀薄的感觉；两者相比较，冷色的透明感更强，暖色则透明感较弱；冷色显得湿润，暖色显得干燥；冷色有很远的感觉，暖色则有迫近感。

除去冷暖色系具有明显的心理区别以外，色彩的明度与纯度也会引起对色彩物理印象的错觉。一般来说，颜色的重量感主要取决于色彩的明度，暗色给人以重的感觉，明色给人以轻的感觉。纯度与明度的变化给人以色彩软硬的印象，如淡的亮色使人觉得柔软，暗的纯色则有强硬的感觉。

（2）常见色彩的心理效应

红：激情、热烈、喜悦、吉庆、革命、愤怒、焦灼。

橙：活泼、欢喜、爽朗、温和、浪漫、成熟、丰收。

黄：愉快、健康、明朗、轻快、希望、明快、光明。

绿：安静、新鲜、安全、和平、年轻、植物、通行。

青：沉静、冷静、空旷、冷漠、孤独。

紫：庄严、高贵、严肃、神秘、不安。

白：纯洁、朴素、纯粹、清爽、冷酷。

灰：平凡、中性、沉着、抑郁、沉重、阴暗。

黑：黑暗、肃穆、阴森、忧郁、严峻、不安、压迫。

（3）颜色的视觉效果

① 某些因素（如距离）会影响到能否正确地区分颜色：暗黄色常用于远距离的照明；橙色和红橙色最能引起人的注意；蓝色常用于有雾和模糊区域。

② 接近辨认极限边界的小而亮的灯会比其他颜色的灯容易辨认：红色、绿色、某些蓝色的灯比较容易辨认；白灯是其次易辨认的；黄色、橙色灯是再次易辨认的。

③ 绿色和蓝色的灯在远距离时很难辨认，黄色和橙色的灯在远距离也很难辨认。

六、作业环境的色彩应用与调节

色彩是物体的一个属性，我们所接触到的实际颜色并非在各种情况下恒定不变的，而是依赖于以下因素：光源；周围环境的颜色；先前注视的颜色。

色彩在生产生活中是一种必不可少的管理手段。房间的颜色、设备的颜色、操纵器的颜色、信号显示器的颜色等都与生产率有联系。色彩对人的生理和心理都有影响，合理应用色彩，可以改善劳动条件、改善作业者的生理与心理情况，进而提高生产率。

总的来说，暖色（红色、黄色、橙色等）是早期生活中的重要颜色；现代生活中蓝色、红色、绿色则成为主要的用色。

1. 色彩在设备、操纵机构等方面的应用

（1）道路交通中的颜色编码　标准的道路交通信号中包含以下颜色。

① 红色代表"危险"和"停止"；

② 黄色代表"注意"；

③ 绿色代表"无障碍""通行"；

④ 蓝色代表"注意""正在工作"。

（2）危险品颜色编码　在有毒和有害物品上标志的颜色含义如下。

① 白底红字为有毒物质、爆炸物和毒气；

② 绿底黑字为压缩气体；

③ 红底黑字为易燃液体和爆炸物；

④ 黄底黑字为易燃固体和氧化剂；

⑤ 白底黑字为酸。

（3）有关工业安全的颜色编码

① 红色用于防火设备和易燃液体储罐，还表示路障的灯、机器的停止按钮；

② 铁路道口的门上常用红色和白色；

③ 橙色用于警报，还经常用于机器上的切、压、撞击等危险行程的部件；

④ 高可视度的黄色代表注意和通道，黄色上面的黑色条纹用于特殊警告；

⑤ 绿色代表安全和辅助设备；

⑥ 蓝色代表注意，还用于检修中的设备（通常作为"不要使用"的标志）；

⑦ 紫红色代表放射性危害；

⑧ 黑色和白色用于通道和辅助标志。

（4）气动系统的颜色编码

① 黑色代表压力增大（包括助推器）；

② 红色为提供压力（驱动气体的压力）；

③ 间断的红色为增大压力和压力下降；

④ 黄色为流量的测量（控制流量）；

⑤ 蓝色为完成（将动力气体返回到空气中）；

⑥ 绿色为进气（低于大气压，如由压缩机进气）。

（5）识别用的管道颜色编码　下面为用于管道系统以及类似设备的颜色标志。

① 红色代表喷头的干管和上水管；

② 橙色或者黄色代表输送危险物质的管道（如输送酸、碱、氯气、氨、二氧化硫）或者表示高温、高压（如蒸汽、高压水、高压气体）；

③ 黑色、白色、灰色或铅色代表安全物质；

④ 亮蓝色用于减弱了其危害性的危险物质（如解毒后的有毒烟雾），也用于除防火以外的所有保护材料。

2. 色彩调节

色彩会引起人们心理、情绪、情感及认知上的变化，所以可用色彩调节来避免不利影响，提高工作效率。利用色彩的情感效果，为作业场所构建一个良好的光色环境，称为色彩调节。在视觉效果上，人们总是首先看到色彩配合的效果，然后才注意到形，所谓"先看颜色后看花"，色彩具有先声夺人的魅力。如果作业场所色彩设计不合理，就会在很大程度上影响人的情绪和对信息的接收，并进一步影响到作业效率。

进行色彩设计时，首先需要考虑作业场所的工作性质。如办公室，就需选择明度较高、偏中性或冷色系的色彩，有利于办公人员精力集中，从而更好地提高工作效率。医院则需要选择较为温和、轻盈、沉静的色彩，如淡蓝、淡黄、本白等，这样的色彩可以有效缓解患者的焦虑和不安情绪，促进患者尽快康复。而对于娱乐场所，则以跳跃、活泼的暖色系为主体色调，同时加强色彩的对比度，更大程度地激发出人们的热情和活力。

在作业场所及机械设备上，适当地选用不同的颜色，可以改善劳动条件，使人精神愉快、减少疲劳、集中注意力、减少出错率。有研究表明，明度对活动性因素影响最大，亮度大的墙面使人精力充沛、心情愉快；饱和度对情绪的影响最大，过高或过低的饱和度对情绪都有不良影响；色相对冷暖感的影响最大，暖色给人以暖和感，冷色则相反。在色彩的调节与搭配上，需要掌握一些基本原则。

① 大面积色彩宜降低彩度，如墙面、天花板和地面；

② 小面积色彩应适当提高彩度，如家具、设备、陈设等；

③ 对于明亮色彩或弱色彩，宜适当扩大面积；

④ 对于暗色、强烈的色彩宜缩小面积，形成重点配色；

⑤ 白色容易引起眩目，又不耐脏，应谨慎使用；

⑥ 灰色可以和任何一种颜色协调。

3. 环境色彩的选择

一般来说，若想使狭窄的空间变得宽敞，应该使用明亮的冷调。由于暖色有前进感，冷色有后退感，可在远处的两壁涂以暖色，近处的两壁涂以冷色，空间就会从心理上更接近方形。

色彩能改变室内环境气氛，影响视觉的印象。主要是利用色彩的知觉效应，如利用色彩的温度感、距离感、重量感、尺度感等来调节和创造室内环境气氛。

彩色的墙面可以加强或补充人的气色。但是，如果灯光从这些颜色上反射过来，那么气色反而不好。因此，采用彩色墙面时，要注意与灯具的配合、协调。在缺少阳光或阴暗的房间，采用暖色，以增添亲切温暖的感觉；在阳光充足的房间，则往往采用冷色，起到降低室温感的作用。

空旷的空间不希望色彩造成空旷感，要采用有"前进"感的色彩，如用黄色或其他高明度、高饱和度的色彩。狭小的空间要采用有"后退"感的色彩，使四壁"向后"，用蓝绿色或低明度、低饱和度的色彩。

车间地面需要增加作业者的注意力，可采用增强活力的色彩，如红色或高饱和度的色彩，但为了避免视觉疲劳，须适当降低明度。如果面积较大，天花板又较低，为了避免空间的压抑感，一般采用天蓝色，使人有在蓝天下的开阔感（图8-13）。

图8-13　车间色彩搭配（见彩插）

在办公室里，采用各种调和灰色可以获得安定、柔和、宁静的气氛。在空间低矮的房间常采用有轻远感的色彩来减少室内空间的压抑感；而对于室内较大的房间，则采用具有收缩感的色彩避免使人感到室内空旷（图8-14）。

图8-14　办公室色彩搭配（见彩插）

即使在同一房间，从天花板、墙面到地面，色彩往往是从上到下、由明亮到暗重，以获得丰富色彩层次、扩大视觉空间的效果，加强空间的稳定感。此外，还需要注意室内配色，即在确定整体的色彩基调后，利用色彩的物理性能及其对生理和心理的影响进行配色，以充分发挥色彩的调节作用。室内环境受墙面、顶棚与地面的影响较大，故其色彩可以作为室内的色彩基调。墙面通常是家具、设备、生产操作台的背景，而家具、设备和操作台又会影响墙面，因此其配色应与墙面色彩产生协调和对比。

为了突出重点部位，强调其功能，使人显而易见，因此需要重点配色。这时，色彩在色相、明度和纯度方面应和背景有适当的差别，使其起到装饰、注目、美化或警示的效果。表8-11提供了一般情况下不同车间作业环境色彩的设计。

表8-11　车间环境色彩设计

类型	室内各表面					
	天棚	墙壁	墙围	地面	机器本体	机器工作面
大型机器车间	5Y9/2	6GY7.5/2	10GY5.5/2	10YR5/4	7.5GY7/3	1.5Y8/3
小型机器车间	5Y9/2	1.5Y7.5/3	7YR5/5.3	N5	7.5GY6/3	1.5Y8/3

注：1. 表中色号采用的是CBCC中国建筑色卡。

2. R（Red）——红；Y（Yellow）——黄；G（Green）——绿；B（Blue）——蓝；P（Purple）——紫。

3. N——无彩色；V——明度；C——彩度（饱和度）。

4. 相邻的中间的颜色为中间色，即YR（红黄）、GY（黄绿）、BG（绿蓝）、PB（蓝紫）、RP（紫红）五色。

对于作业环境来说，仅满足舒适性是远远不够的，还要根据不同的使用对象创造出不同的氛围。如医院要干净、安静，车间要整洁、有序、明亮。

第二节　噪声

人类生存在一个丰富的有声世界里，大自然里有风声、雨声、鸟鸣、虫叫，日常生活里有美妙的音乐、用声音传递的信息、思想的交流，以及利用某些特殊的声波进行疾病诊断和治疗，等等。人们无时无刻不被各种声音包围着，其中有些声音是令人愉悦的或有益的，而有些声音却使人厌烦并且可能危害人的身心健康，这就是噪声。如机器的运转声、车辆的轰鸣声、街道的嘈杂声、人群的喧哗声等。噪声影响人们对听觉信息的感知和处理，使人烦躁不安，工作效率下降，容易发生意外事故，严重时还会损害人的听觉。所以，人们不但要适应这个有声的周围环境，也需要周围的声音环境能满足人的生理和心理需求。

一、噪声的定义

噪声是指人们主观上不需要、在环境中起干扰作用的声音。噪声可能由自然现象产生，也可能由人们活动而产生。从声学的角度看，噪声是振幅和频率杂乱、断续或者统计上无规则的声振动。但是另一方面，噪声与人的生理、心理以及人的生活状态密切相关，不单纯由声音的物理性质决定。比如旋律优美的音乐，在某个特定的时间或地点也会变成令人厌恶的噪声。所以，一切对人们生活和工作有不利影响的声音都可以看作噪声，向外辐射声音的振动体就称为噪声源。

噪声具有局限性、分散性和暂时性的特点，即环境噪声的影响局限在有限范围内，而声源的分布十分分散。并且噪声不像其他污染源排放的污染物，它没有残留，只要噪声源被控制，危害即可消除。这些特点对噪声的防治是非常有意义的。

二、噪声的分类

噪声源可以分为自然噪声和人工噪声两大类。目前，人类对自然噪声的控制有限，一般所说的噪声防治主要是针对人工噪声而言。对于人工噪声，可按照不同的标准进行分类，通常有如下几种。

1. 按照声源发生的场所分

（1）工业噪声　主要指工厂车间的各种机器设备运转或加工过程中产生的噪声。工业噪声强度大，给生产工人带来极大的危害。但是，这种噪声一般是局限性的，噪声源比较固定，防治措施相对容易些。工业噪声按其生产方式不同又可分为以下几种。

① 空气动力性噪声。由于气体压力发生突变产生振动发出的声音，如鼓风机、排气扇、汽笛、压力排放等发出的声音。

② 机械性噪声。由于机器的转动、撞击、摩擦等发出的声音，如织布机、机床、车床、齿轮等发出的声音。

③ 电磁性噪声。由于电磁交变力相互作用而发出的声音，如变压器、发电机等发出的声音。

（2）交通噪声　主要来自城市的交通运输，是移动的噪声源，对环境影响很大。

（3）建筑施工噪声　主要是建筑机械设备工作时产生的噪声，相比交通噪声来说比较局限。

（4）社会生活噪声　主要指社会活动和家庭生活设施产生的噪声，这类噪声虽然对人体影响不是很严重，但是却干扰人们的工作、生活和学习。

2. 按照人们对噪声的主观评价分

（1）过响声　很响的使人烦躁不安的声音，如车间里的机器轰隆声。

（2）妨碍声　声音不大，但妨碍人们交谈、学习或工作的声音，如图书馆里的窃窃私语声。

（3）刺激声　短促而刺耳的声音，如电动车的刹车声。

（4）无形声　日常人们习惯了的低强度噪声。

3. 按噪声随时间变化的特性分

（1）稳定噪声　声音强弱随时间变化不显著（波动小于5dB）的噪声。

（2）周期性噪声　声音强弱呈周期性变化的噪声。

（3）无规律噪声　声音强弱随时间无规律变化的噪声。

（4）脉冲噪声　突然爆发又很快消失、持续时间小于1s、间隔时间大于1s、声级变化大于40dB的噪声。

三、噪声的影响

1. 噪声对听觉的影响

噪声对听觉的影响由浅到深依次表现为以下三个方面：听觉适应、听觉疲劳和听力损伤。

（1）听觉适应　人在比较强烈的噪声（80dB）环境下停留一段时间，就会感到耳鸣、不适、听觉敏感性降低，听力随之下降，听阈提高10～15dB。原来能听到的声音听不到了，原来很清晰的声音听不清了，这种现象是暂时性听阈偏离，即暂时失聪。离开噪声环境一段时间后就可能完全恢复，称为听觉适应。

（2）听觉疲劳　如果长期处在强噪声环境中，虽然开始一段时间听力可以恢复，但是离开噪声环境后恢复的时间越来越长，听力逐渐下降，听阈提高15～30dB，称为听觉疲劳。听觉疲劳已经是人耳的一种功能性改变，属于病理前期状态。

（3）听力损伤

① 噪声性耳聋。如果继续长期暴露在强噪声环境下，听觉疲劳不能及时恢复，就会使听觉感受器发生器质性病变，从而造成不可逆转的永久性听力损伤，听阈提高并超过一定的限度时，将导致噪声性耳聋。可见，噪声对人的听觉的损害是一个累积的过程，持续的听力损伤会导致噪声性耳聋。有关资料显示，在85dB的高噪声车间连续工作5年，噪声性耳聋的发病率达到5%，而在115dB的高噪声环境连续工作5年，噪声性耳聋的发病率达到71%。

国际标准化组织规定，500Hz、1000Hz、2000Hz三个频率的平均听力损伤超过25dB称为噪声性耳聋。一般情况下，当听阈位移达到25～40dB时为轻度耳聋；当听阈位移提高到40～60dB时称为中度耳聋，此时已听不清一般性的谈话；而当听阈位移超过60～80dB时，低、中、高频都严重下降，称为重度耳聋。

② 爆震性耳聋。人如果突然暴露于高达140dB以上极其强烈的噪声环境中，可使听觉器官发生急性损伤，双耳完全失去听力，这种损伤称为爆震性耳聋。

噪声对听力的影响与噪声的强度、作用时间和作用频率特性有关。一般认为，噪声强度为75dB、每天暴露8小时，或强度为70dB、每天暴露24小时不会引起明显的听力损伤。听力丧失过程与频率有关，含高频成分多的噪声比含低频成分多的噪声对听觉的损害要大。另外，人一般会先丧失4000Hz以上声音的听力，然后才会丧失对低频声音的听力。脉冲噪声比连续噪声的危害大。

2. 噪声对生理和心理的影响

（1）噪声对生理的影响　噪声对人的神经系统、消化系统、循环系统、呼吸系统等都有影响。

① 对神经系统的影响。在噪声作用下，人的大脑皮层的兴奋与抑制的平衡失调，人的注意力分散、思维能力降低、动作的敏捷性减退，出现头晕、疲劳、失眠、作业效率降低等症状。

② 对内分泌系统的影响。在噪声刺激下，会导致甲状腺功能亢进，肾上腺皮质功能增强等。两耳长时间受到不平衡的噪声刺激时，会引起前庭反应、嗳气、呕吐等。

③ 对心血管系统的影响。噪声对心血管系统功能的影响主要表现为心跳加速、心律不齐、心电图改变、高血压，以及末梢血管收缩、供血减少等。

④ 对消化系统的影响。长期暴露在噪声环境下，人的胃肠功能会发生紊乱，引起代谢过程的变化，食欲不振，甚至闻声呕吐，导致胃溃疡和胃肠炎发病率增高。

（2）噪声对心理的影响　噪声会导致人产生烦恼、生气、焦虑、不安、讨厌等不愉快的情绪。噪声越强，引起不快情绪的可能性越大。一般来说，高调噪声比响度相等的低调噪声对人的影响大，脉冲噪声比连续噪声的影响大。

3. 噪声对工效的影响

在作业环境中，噪声会掩盖与任务有关的听觉信号和谈话。一般来说，语言交流的质量取决于说话的声音强度和背景噪声的强度。交谈者在安静环境中相距1m的说话声大约为45～50dB（A），而在噪声环境中必须大声叫喊，甚至需要手势作补充来达到语言交流效果。在第五章中曾提及声音的掩蔽效应，噪声的掩蔽作用使人不易觉察或不易分辨一些听觉信号。噪声对语言的掩蔽不仅使听阈提高，对语言的清晰度也有影响。噪声对信号的掩蔽作用常给生产带来不良后果。有些危险信号常常采用声信号，由于噪声的掩蔽效应，使作业者对信号分辨不清，因此很容易造成工伤事故。可见，噪声会影响信息传达，对工效产生不利影响。

噪声对一般的体力作业影响较小，但对脑力劳动和需要高度技巧的体力劳动干扰极大。在嘈杂的环境下，人们心情烦躁，反应迟钝，注意力不集中，这些都直接影响作业者的工作效率、质量和安全。通过实验得知，在高噪声下工作，心算速度降低，遗漏和错误率增加，反应时延长，总体工作效率下降。

噪声还容易使人疲劳，但对于非常单调的工作，一定的噪声环境可能防止工作者分散注意力，从而产生较为有益的效果。

为了保证工效，一方面需要研究噪声的防护方法，另一方面要研究保证可听度的声音信号，一般选用噪声频率相差较远的声音作为听觉信号。

四、噪声的评价

噪声对人的影响不但与噪声本身的特性有关，如声压、声强、频率、声功率等，还与人的主观心理感受有关。噪声评价的目的，就是希望将噪声的客观物理量与人的主观感受结合起来，寻求与主观影响相对应的评价量，用以评价噪声对人的影响程度。噪声评价是一个十分复杂的问题，评价方法也很多。采用合理的评价方法，制定科学的噪声标准，对噪声的防治有重要的意义。

1. 噪声的评价量

（1）响度级、等响曲线、响度

① 响度级。人耳对于声音强度的感觉不但与声波的声压有关，而且和频率也有关系。声压级相同而频率不同的声音，人耳听起来也是不一样响的。因为人耳对高频声敏感而对低频声不敏感，所以，声压级相同的高频噪声听起来比低频噪声响很多。为了定量地确定声音的轻或响的程度，依照声压级的概念，引入一个与频率有关的物理量，即响度级。

响度级是表示声音响度的主观量，与声压级和频率有关。响度级的单位为方（phon）。以1000Hz纯音为基准声音，任何声音如果听起来和某个1000Hz纯音一样响，那么这个1000Hz纯音声压级的分贝值就是该声音的响度级。

② 等响曲线。对不同频率的声音作这样的试听比较，得出达到同样响度级时频率与声压级的曲线，称为等响曲线。国际标准化组织（ISO）推荐的一组在人耳可听频率范围内的等响曲线，是在消声室内对18~25岁的120名听力正常的人测量得到的，如图8-15所示。图中每一条曲线都是由声压级和频率不同而响度相同的若干声音组成。从等响曲线可以看出1000Hz纯音的声压级等于其响度级。图中最下面的虚线表示人耳刚能听到的声音，为可听阈曲线，一般低

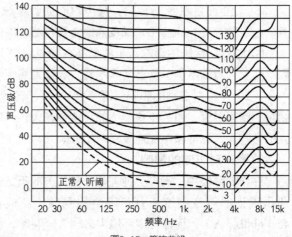

图8-15 等响曲线

于此曲线的声音人耳无法听到。响度级考虑了声压级和频率两个因素，不同响度级与主观感觉上的轻响程度并不是线性关系，即响度级为40phon的声音并不意味着比20phon的声音响一倍。

③ 响度。响度（N）表示声音强度和频率在人心理、生理上的主观感觉，单位为宋（sone），指听者判断一个声音比响度级为参考声的倍数。譬如，1000Hz、40dB的声音，定义为1sone。2sone的声音是1sone的2倍响。经实验得出，响度级每增加10phon，响度增加1倍，即响度级为30phon响度为0.5sone，50phon的响度为2sone。

（2）计权声级和频率计权网络

① 计权声级。人耳对于不同频率的声波，反应的敏感程度是不一样的，所以相同声压级的声音，因频率的不同而使人感觉到不同的响度。为了使仪器测量得到的分贝值与人们主观上的响度感觉有一定的相关性，通常对不同频率声音的声压级经某一特定的加权修正后，再叠加计算可得到噪声总的声压级，此声压级称为计权声级。

② 频率计权网络。人耳对于高频声音，特别是频率在1000~5000Hz之间的声音比较敏感，而对于低频声音，特别是对100Hz以下的声音不敏感。在仪器上附加一个电路来提升高频声音或衰减低频声音，使仪器对该高频或低频声也变得像人耳一样的感觉，这样的仪器测得的

分贝值与人耳的主观响度感觉比较接近。这个附加的电路就叫"频率计权网络"。

计权声级是近似以人耳对纯音的响度级频率特性而设计的，常见的有A、B、C、D四种频率计权网络。如图8-16所示，其中A计权网络模拟人耳对40phon纯音的响应，即以40phon等响曲线为基础，经规整化后倒置。A计权的频率响应与人耳对宽频的声音的灵敏度相当，目前被管理机构和工业部门的管理条例所普遍采用，成为广泛应用的评价参量。

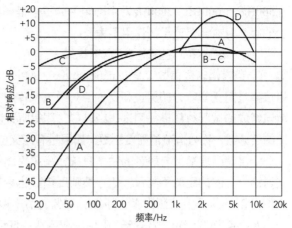

图8-16 计权网络的特性曲线

③ 等效连续A声级。A声级适合评价一个稳态连续的稳态噪声，但是实际存在的噪声往往是声级起伏或不连续的。如一台间歇工作的机器，其某段时间内的A声级时高时低，这种不稳定的噪声用某一瞬时A声级，即A计权声级很难确切地反映出来。所以在多数情况下，采用噪声能量按时间平均的方法来评价噪声对人的影响更为确切，即求某一段时间间隔内A计权声压级的平均等效声级，称为等效连续A声级。

C.W.Kosten和Vanos在1962年，基于等响曲线提出了噪声评价曲线（NR），见图8-17，该曲线被国际标准化组织推荐用于噪声评价。NR值为噪声评价曲线的号数，是中心频率1000Hz的倍频带声压级的分贝数。

（3）噪声掩蔽 人耳在倾听某种声音时，如果同时存在另外的声音，则会对所要听的声音产生干扰，对所听的声音的听阈相应提高。由于噪声的存在，降低了人耳对另一种声音听觉的灵敏度，使听阈提高，这种现象叫作噪声掩蔽。听阈所提高的分贝数称掩蔽阈。噪声掩蔽是很复杂的，通常具有以下规律。

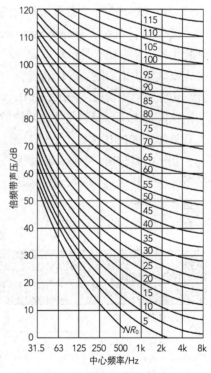

图8-17 噪声评价曲线（NR）

① 被掩蔽纯音的频率接近掩蔽音时，掩蔽量大，即频率相近的纯音掩蔽效果显著；

② 掩蔽音的声压级越高，掩蔽量越大；

③ 掩蔽的频率范围越宽，掩蔽音对比其频率低的纯音掩蔽作用小，而对比其频率高的纯音掩蔽作用强；

④ 低频音对高频音掩蔽作用大，而高频音对低频音的掩蔽作用小；

⑤ 低频音的声压级越高，对高频音的掩蔽作用越大。

由于噪声掩蔽效应，人们会感觉到在高噪声环境中相互之间的交谈有些吃力，这种情况下，人总会下意识地提高讲话的声级，以克服噪声的掩蔽作用。语言交谈的频率范围主要集中在500Hz、1000Hz、2000Hz为中心频率的三个倍频程中，所以，频率在200Hz以下、7000Hz以上的噪声对语言交谈干扰作用不大。

（4）语言清晰度指数和语言干扰级

① 语言清晰度指数（Articulation Index，AI）。语言清晰度评价常采用特定的实验来进行，是选择具有正常听力的男性和女性，对经过选择的包括意义不连贯的音节（汉语为方块字）和单句组成的试听材料进行测试。经过实验测得听者对音节所作出的正确响应与发送音节总数之比的百分数，称为音节清晰度指数，如果是有意义的语言单位，则称为语言清晰度指数。

语言清晰度指数与声音的频率有关，高频声比低频声的语言清晰度指数要高。当背景噪声及对话者之间的距离不同时，语言清晰度指数也会发生变化。对某些没听清楚的单字或音节，人们可以从句子中推测出来，所以，95%的清晰度对语言通话都是允许的。在一对一的交谈中，距离通常为1.5m，背景噪声的A计权声级在60dB以下即可保证正常的语言对话；如果处在公共会议室或室外庭院环境中，交谈者之间距离一般是3.8～9m，背景噪声的A计权声级必须保持在45～55dB以下才能保证正常的语言对话。

② 语言干扰级（Speech Interference Level，SIL）。语言干扰级是对语言清晰度指数的简化代用量，主要用于评价环境噪声对语言交谈和打电话的干扰程度。在实践中，对语言干扰级加入低频噪声的影响，取倍频带中心频率为500Hz、1000Hz、2000Hz的三个声压级的平均值，提出更佳语言干扰级（Preferred-frequency Speech Inter ference Level，PSIL）。更佳语言干扰级与讲话声音大小、背景噪声之间的关系如表8-12所示。表8-12中分贝值表示以稳态连续噪声作为背景噪声的PSIL值，列出的数据只是勉强保持有效的语言通信，干扰级是男性声音的平均值，女性的减5dB。从表中可以看出，如在相距0.6m时，两个人面对面以正常声音对话，能保证听懂的干扰级只允许62dB；如果背景噪声再提高，当干扰级达到68dB，就必须提高讲话的声音才能听懂。

表8-12　更佳语言干扰级

讲话者与听者间的距离/m	PSIL/dB			
	声音正常	声音提高	声音很响	非常响
0.15	74	80	86	92
0.30	68	74	80	86
0.60	62	68	74	80
1.20	56	62	68	74
1.80	52	58	64	70
3.70	46	52	58	64

2. 噪声的评价标准

（1）环境噪声评价量的选定　噪声源评价量可以选用声压级或倍频带声压级、A计权声级等。稳态噪声一般以A计权声级为评价量；声级起伏较大或间歇性噪声以等效连续A声级为评价量；机场飞机噪声一般以计权等效连续感觉噪声级为评价量。

（2）室外环境噪声允许标准　《工业企业厂界环境噪声排放标准》（GB 12348—2008）规

定，工业企业厂界环境噪声不得超过表8-13规定的排放限值，其中，"昼间"是指6：00至22：00之间的时段，工业企业若位于未划分声环境功能区的区域，当厂界外有噪声敏感建筑物时，由当地县级以上人民政府参照GB 3096—2008《声环境质量标准》和GB/T 15190—2014《声环境功能区划分技术规范》的规定确定厂界外区域的声环境质量要求，并执行相应的厂界环境噪声排放限值。

表8-13　工业企业厂界环境噪声排放限值　　　　　　　　单位：dB（A）

厂界外声环境功能区类别	时段	
	昼间 （6:00～22:00）	夜间 （22:00～次日6:00）
0	50	40
1	55	45
2	60	50
3	65	55
4	70	55

注：夜间频发噪声的最大声级超过限值的幅度不得高于10dB（A）；
　　夜间偶发噪声的最大声级超过限值的幅度不得高于15dB（A）。

《社会生活环境噪声排放标准》（GB 22337—2008）规定，社会生活噪声排放源边界噪声不得超过表8-14规定的限值。

表8-14　社会生活噪声排放源边界噪声排放限值　　　　　　单位：dB（A）

边界外声环境功能区类别	时段	
	昼间 （6:00～22:00）	夜间 （22:00～次日6:00）
0	50	40
1	55	45
2	60	50
3	65	55
4	70	55

（3）室内环境噪声允许标准　世界各国都颁布了相应的室内环境噪声标准，但由于地区差异而使标准不完全一致。在社会生活噪声排放源位于噪声敏感建筑物内情况下，噪声通过建筑物结构传播至噪声敏感建筑物室内时，噪声敏感建筑物室内等效声级不得超过表8-15和表8-16规定的限值。

表8-15　室内噪声排放限值（等效声级）　　　　　　单位：dB（A）

房间类型 时段 噪声敏感建筑物 声环境所处功能区类别	A类房间		B类房间	
	昼间	夜间	昼间	夜间
0	40	30	40	30
1	40	30	45	35
2、3、4	45	35	50	40

注：A类房间——以睡眠为主要目的，需要保证夜间按键的房间，包括住宅卧室、医院病房、宾馆客房等；
　　B类房间——指主要在昼间使用，需要保证思考与精神集中、正常讲话不被干扰的房间，包括学校教室、会议室、办公室、住宅中卧室以外的其他房间等。

表8-16　室内噪声排放限值（倍频带声压级）　　　　　　单位：dB

噪声敏感建筑所处声环境 功能区类别	时段	倍频带中心 频率/Hz 房间类型	室内噪声倍频带声压级限值				
			31.5	63	125	250	500
0	昼间	A、B类房间	76	59	48	39	34
	夜间	A、B类房间	69	51	39	30	24
1	昼间	A类房间	76	59	48	39	34
		B类房间	79	63	52	44	38
	夜间	A类房间	69	51	39	30	24
		B类房间	72	55	43	35	29
2、3、4	昼间	A类房间	79	63	52	44	38
		B类房间	82	67	56	49	43
	夜间	A类房间	72	55	43	35	29
		B类房间	76	59	48	39	34

民用建筑各类主要功能房间的室内允许噪声级，应符合《民用建筑隔声设计规范》（GB 50118—2010）的规定。以医院为例，其主要房间的室内允许噪声级如表8-17所示。

表8-17　医院建筑室内允许噪声级

房间名称	允许噪声级（A声级，dB）			
	高要求标准		低限标准	
	昼间	夜间	昼间	夜间
病房、医护人员休息室	≤40	≤35	≤45	≤40
各类重症监护室	≤40	≤35	≤45	≤40

房间名称	允许噪声级（A声级，dB）			
	高要求标准		低限标准	
	昼间	夜间	昼间	夜间
诊室	≤40		≤45	
洁净手术室	≤40		≤50	
人工生殖中心净化区	—		≤40	
听力测听室	—		≤25	
化验室、分析实验室	—		≤40	
入口大厅、候诊室	≤50		≤55	

注：1. 对特殊要求的病房，室内允许噪声级应小于或等于30dB；

2. 表中听力测听室允许噪声级的数值，适用于采用纯音气导和骨导听阈测听法的听力测听室。

五、噪声控制

噪声污染是一种物理性污染，在任何噪声环境中，发出噪声并传播必须具备三个要素：噪声源、传播途径、接收器。因此噪声的防治也可从这三个方面来考虑，主要措施有以下几点。

1. 控制噪声源

研究各种噪声的发生机理、采取措施控制噪声源是噪声控制中最根本和最有效的手段。机械噪声一般起源于设备的连接处和转动区的撞击，所以，通过改进设备结构、提高设备精度、改革生产工艺和操作方法、更换低噪声的设备等手段，就可以有效降低噪声辐射功率。此外，封闭噪声源也是消除噪声的一个有效途径，可用隔音材料将噪声源限制于局部范围，将噪声源与周围环境隔离。

2. 阻止噪声传播

要使一切机械设备都达到低噪声，在技术和经济上都不易做到，因此，阻止噪声传播或使其传播的能量随距离衰减，也是控制噪声的有效方法。如在声源周围采用消声、隔声、吸声、隔振、阻尼等局部措施来进行噪声控制；采用合理的车间布局；利用天然地形或设置围墙、屏障等，阻断或屏蔽一部分噪声向接受者传播；对高强度噪声源，可使其出口朝向上空或野外，即利用声源的指向性控制噪声。

3. 吸声和消声处理

吸声和消声处理也是降低噪声的有效措施。吸声是将吸声材料或吸声结构装置在室内，直接吸收声能而降低室内混响声，从而达到降噪的目的。消声是利用装在气流通道上的消声器来降低空气动力性噪声，以解决各种风机、空压机、内燃机等进排气噪声的干扰。

4. 保护接受者

接受者一般是人，有时也指一些灵敏的仪器设备。人可以使用个人防护用具（橡胶或塑料制耳塞、耳罩、防噪声帽等）或在隔声间操作加以保护；还可以采用轮换作业等方式，尽可能地减少在噪声环境中的暴露时间。仪器设备可以采取隔声、隔振设计等手段加以保护。

第三节　热环境

一、影响热环境的四要素

空气温度、空气湿度、空气流动速度和热辐射是影响热环境条件的主要因素。这四个要素会对人体的热平衡产生影响，而且会对人体产生相互的作用。因此，综合考虑各个要素对热环境条件的影响，才能对热环境进行分析和评价。

空气的冷热变化程度称为空气温度。气温取决于大气温度并随季节变化。作业环境的温度除取决于大气温度外，还受作业场所中热源的影响，如各种冶炼炉、化学反应炉、机器运转发热和人体散热等，这些因素会使气温升高。

空气的干湿程度称为湿度，主要取决于大气湿度。作业环境中的气湿以空气相对湿度表示。当相对湿度在80％以上时，称为高气湿，而低于30％称为低气湿。在纺织、印染、造纸、制革，以及潮湿的矿井、隧道等作业场所常出现高气湿。在冬季的高温车间可出现低气湿。一般来说，当无风时，以环境温度为16℃～18℃，湿度为45%～60%为宜；冬季感觉舒适的温度为18℃±3℃，湿度为40%～60%；夏季感觉舒适的温度为21℃±3℃，湿度为45%～65%。

空气流动的速度称气流速度。作业环境中的气流速度除受外界风力的影响外，还与作业场所热源有关，室内外存在温度差，形成空气对流。在舒适温度范围内，人感到空气新鲜的平均气流速度为0.15m/s。

作业环境中的热辐射主要指太阳及作业环境中的各种熔炉，开放火焰、熔化的金属等产生的一部分可视光线及红外线，使周围物体加热。当周围物体表面温度超过人体表面温度时，人体受热，为正辐射。反之，人体向周围物体辐射热量，为负辐射。

二、热环境综合评价的生理热指标

影响热环境的四个因素是互相影响的，对人的作用也是综合的。此外，人的着装、个体新陈代谢量的差异、不同作业环境及所从事的工种也不同。因此，在对热环境进行评价时，不能只根据单一的要素，而必须用包括各种要素的综合指标来进行评价。另一方面，人体具有自身热调节的功能，有对环境变化的调节、适应能力，因此舒适的热环境不是一个点，而是一个范围。

1. 有效温度（ET）与新有效温度（ET*）

有效温度（Effective Temperature，ET）是人在不同温度、湿度和气流速度三方面因素的综合影响下，所产生的湿热主观感受指标。在任何热环境下，若人对温度的感觉与风速小于或等于0.1m/s、相对湿度为100％条件下的某温度值引起的温度感觉相同，那么，这个温度值就是有效温度值。若已知干球温度、湿球温度、相对湿度和水蒸气分压力等参数中的任意两个，就可在有效温度图上直接查到有效温度值。

1977年，美国供暖、制冷与空调工程师协会倡导建立一种新的有效温度，用ET*表示。ET*不仅考虑了影响热环境的六项因素（空气的温度、湿度、气流速度、热辐射、人体代谢量和着衣量），还考虑了人体的湿润率和皮肤平均温度。

图8-18为有效温度图。图中的左上部曲线标有湿球温度值，不同湿球温度值用不同的斜线表示；图中的虚线为有效温度（单位为℃）线，有效温度线与相对湿度100%线的交点为ET值，而与相对湿度50%线的交点的横坐标的值为ET*值。图中阴影部分是舒适区。

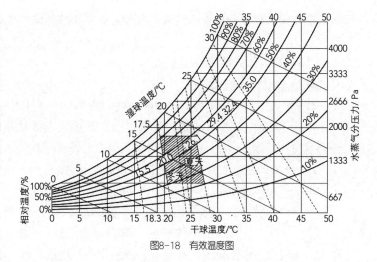

图8-18 有效温度图

2. 计算温度

主要用于室内空调环境的评价指标，它综合考虑了干球温度、湿球温度和风速的影响，得出计算温度。计算温度用于室内空调技术设计和评价的依据。在夏季，计算温度为24℃～28℃，风速不大于0.6m/s；冬季计算温度为19℃～22℃，风速不大于0.15m/s。对于体力劳动场所，应适当地降低。

3. 冷风力

用于室外寒冷环境下，综合风速与气温的影响而得出的综合评价。冷风力越大，人感到越冷。冷风力为800kcal/（m² · h）时，人感觉到冷；冷风力达到2300kcal/（m² · h）时，半分钟就可使裸露的皮肤冻伤。

4. 作用温度

作用温度是古斯塔夫 · 盖奇（Gustaf Gagge）博士在1937年提出的，将人体在现实环境中因对流和辐射引起的热交换量以作用温度来表示，通过将空气温度和平均辐射温度加权平均后得到作用温度。作用温度不考虑湿度影响，在只有气温和辐射影响的环境评价中，是一个理想的评价指标。

5. 三球温度（WBGT）

1957年，美国海军为了有效防止军事训练中的热损伤事故而提出了著名的湿球黑球温度指数（Wet Bulb Globe Temperature，WBGT），它考虑到了空气温度、湿度、气流速度和辐射温度四种因素的影响，比ET更适于暑热环境下的热强度评价。它主要由三球温度所组成：干球温度T_{ab}、自然通风状态下的湿球温度T_{nwb}和黑球温度T_{g}。

在太阳下，应用式（8-4）：

$$WBGT = 0.7T_{nwb} + 0.2T_{g} + 0.1T_{ab} \tag{8-4}$$

在室内和室外遮阴的环境下，应用式（8-5）：

$$WBGT = 0.7T_{nwb} + 0.3T_{g} \tag{8-5}$$

三球温度测量简单、计算容易，已作为ISO 7243:2017标准而被许多国家用于室内（舱内）炎热环境的评价。

三、人体的热平衡

人体所受的热有两种来源：一是人体的代谢产热，新陈代谢产生的能量约有70%转化为热能散发了。二是外界环境热量作用于人体。人体通过对流、传导、辐射、蒸发等途径与外界环境进行热交换，用以保持身体的热平衡。人体与周围环境的热交换用（8-6）来表示：

$$\Delta S = M \pm R \pm C - W - E \tag{8-6}$$

式中　ΔS——人体的蓄热的变化量；

　　　　M——新陈代谢热量；

　　　　C——人体与周围环境通过对流交换的热量，人体从周围环境吸热为+号，散热为-号；

　　　　R——人体与周围环境通过辐射交换的热量，人体从外环境吸收辐射热为+号，散出辐射热为-号；

　　　　E——人体通过皮肤表面汗液的蒸发散热量；

　　　　W——人体对外做功即劳动所消耗的热量。

显然，当人体产热和散热相等时，即$\Delta S=0$，人体处于动态热平衡状态；当产热多于散热时，即$\Delta S>0$，人体热平衡被破坏，导致体温升高（如中暑）；当散热多于产热时，即$\Delta S<0$，可导致体温下降（如冻伤）。当不平稳程度极大时，会使人受到严重伤害，甚至导致死亡。

四、热环境对人体的影响

1. 过冷、过热环境对人体的影响

根据测定，人体感觉舒适的气温在15.6℃～21℃。在这个区段里，体力消耗最小，工作效率最高，对人们的生活和工作都非常有利。当气温低于21℃时，人一般不会出汗。随着气温的增高，出汗量逐渐增加，过高或过低的温度都会影响到人的健康和工作效率。但不同习惯和不同工作性质的人，对舒适温度的要求也有所不同。

人体具有较强的恒温控制能力，能适应较大范围的热环境条件，但若环境远远偏离舒适范围，使人体处于极大热不平衡状态中，导致人体恒温控制系统失调，人体将会受到伤害。

（1）局部低温冻伤　低温环境下，人体最易受到的伤害是冻伤。环境温度越低，冻伤越快越严重。人体易于发生冻伤的部位是手、足、鼻尖或耳廓等。

（2）低温的全身性影响　暴露于一般的低温环境（-1℃～6℃）中，人还可以靠人体自身的体温调节系统进行调节，使人体深部温度保持稳定。但长时间暴露于低温环境中，可引起人体深部温度的降低，出现呼吸和心率加快、颤抖等现象，并进而出现头痛等不适反应。当人体深部温度低于35℃时，就表现为不辨方向、出现幻觉或兴奋；降至30℃时，全身剧痛，意识模糊；降至27℃以下时，不能随意运动，瞳孔反射、深部腱反射和皮肤反射全部消失，濒临死亡。

（3）高温烫伤　高温使皮肤基础组织受到伤害时就会出现烫伤，高温烫伤常常在生产中发生。一般皮肤温度达41℃～44℃时会有灼热感，若温度继续上升，则会出现烫伤。生产中常出现局部烫伤，而火灾事故中往往出现全身性烫伤。

（4）全身性高温反应　在高温环境中停留一段时间，人体吸收或产生的热量多于散发的热量，引起新陈代谢加快，从而产生更多的热量，体温进一步升高。高温环境下，人体血液流动速度增加，产生更多的汗液，引起脱水；肌肉产生更多的乳酸，引起肌肉疲劳。人在高温环境中停留时间较长，体温会逐渐升高，出现头晕、头痛、恶心、呕吐等症状，高温极端不舒适反应的深部体温临界值为39.1℃～39.4℃。超过这一临界值，即会出现生理危象，如晕厥、昏迷，直至死亡。

人体对低温的耐受能力比高温的耐受能力强。当深部温度降至27℃时，经抢救还可存活；而当深部温度达到42℃时，则往往失去生存希望。

2. 湿度对人体的影响

空气相对湿度对人体的热平衡和温热感有很大影响，一般情况下，相对湿度在30%～70%之间比较理想。在夏季高温高湿的情况下，如南方的梅雨季节，人体散热困难，让人有透不过气来的闷热感。降低湿度能促使人体散热从而感到凉爽。在潮湿的冬季，低温高湿的环境会让人感到更加阴冷，湿冷比干冷在体感上让人更不舒服。

3. 风速对人体的影响

空气的流动对人体的影响是多面的。当外界气温高于人体皮肤温度（35℃左右）时，空气流动会使人体从外界环境吸收更多的热，不利于人体的热平衡。当外界气温低于人体皮肤温度时，空气流动则会促使人体散热。在炎热的夏季使人感到舒适、凉爽，在寒冷的冬季则会使人感到更加寒冷。

4. 热辐射对人体的影响

当人体与外界物体存在温度差时，热量就要从高温物体向低温物体辐射，直到两者的温度达到动态平衡为止。物体温度高于人体皮肤温度时，人会感觉到很热；反之，热量则从人体向物体辐射。

五、热环境对工作的影响

虽然大多数人都不会在过冷或过热的环境中工作与生活，但某些特定的工作使人们必须处于过冷或过热的环境，这样就会影响到人的工作能力和工作效率，甚至对人的健康造成一系列的危害。

1. 高温环境对工作绩效的影响

研究表明，在高温环境下工作，为了更好地散热，流向皮肤的血液量增加，流向肌肉的血液量减少，使肌肉供氧不足而容易疲劳。高温环境一般不影响视觉、听觉反应等简单任务的完成，甚至短时间在高温环境中进行简单任务还有助于提高工作效率。但对于需要用运动神经操作、警戒性和决断技能的复杂任务，高温会使工作绩效明显降低。

高温环境对操作者工作的负面影响因工作性质、暴露时间长短和操作者个体的差异而有所不同。在高温环境下，体力劳动强度越大，人体水分失去越多，能耗也越大。因此，不同劳动强度的操作者被允许持续接触高温的时间限制也是不同的。

2. 低温环境对工作绩效的影响

低温严重影响体力劳动，它使肌肉力量和忍耐度降低，降低劳动能力；低温还干扰某些类型的脑力活动的效率。对低温最敏感的是手指的精细操作，当手部皮肤温度降低至15.5℃以下时，手部尤其是手指操作灵活性会急剧下降，肌力和感觉能力会明显变差，会引起操作效率的降低。除了手部操作外，低温环境对警戒、追踪等其他作业也有不同程度的影响。

总之，过热或过冷的环境都会影响人的脑力及体力工作能力，应采取相应的防护措施。在高温环境中，可以使用空调、风扇来降温，或使用除湿器等降低空气湿度；对热辐射源加以遮挡可以减少热量的辐射；通过水（冰）冷背心、隔热服等各种保护设备来减少高温的影响；安排合理的工作时间和保证充分的休息时间等。在低温环境中，可使用辅助加热器等取暖设备，或使用服装、手套以保持身体的温度。

人体处于热环境中，在既不感到冷又不感到热时，即达到热舒适环境时，心理感觉最满意。采用热舒适环境的各项指标进行设计是最理想的，但从经济性来考虑，在实际应用时可根据不同工作性质使温度稍高于或低于最佳温度。研究表明，偏离最佳热舒适温度3℃时一般不影响工作能力和效率。

六、热环境的主观评价标准

1. 主观评价依据

人体对热环境影响的主观感觉是评价热环境条件的主要依据之一。当人处于不同的气温、湿度、气流速度、热辐射、大气压等情况下时，研究人的主观感觉，将所获得的数据作为评价环境对人体舒适感觉的依据。

2. 耐受标准和安全标准

如果以人不能耐受的温度作为极限温度，则低于或高于该限度的温度称为可耐温度。图8-19是人对温度的主诉可耐区，曲线1为高温可耐限，曲线2为低温可耐限，中间部位为人的主诉可耐区。

如果以不出现生理危象或伤害作用的温度作为极限标准，则称为温度的安全限度。图8-20是温度的安全限度，范围1为低温安全限度，范围2、3、4、5分别为相对湿度为100%、50%、25%、10%时的高温安全限度。当温度超过安全限度时，将出现高温或低温生理危象或伤害。但在劳动条件下，高温安全限度要比图示的数值稍低一些。

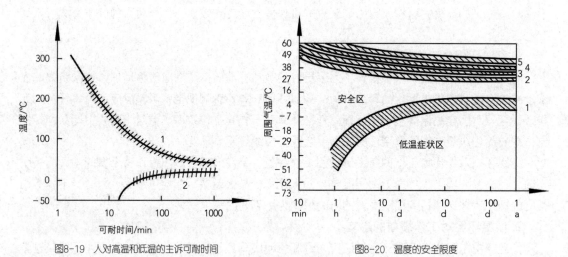

图8-19　人对高温和低温的主诉可耐时间　　　　图8-20　温度的安全限度

3. 工作效率不受影响的温度范围

在一定的温度范围内，人可以保证其工作效率，而超出此范围工作则会受到影响，图8-21为一定时间内工作效率基本不受影响的热耐受界限，图8-21（a）、图8-21（b）分别为工作效率不受影响的允许温度和温度范围。图8-21（a）中曲线1为复杂操作效率不受影响的限度；曲线2为智力工作效率不受影响的限度；曲线3为生理可耐限度；曲线4为出现虚脱危险的限度。图8-21（b）中A为工作效率不受影响的温度范围，B为生理可耐限度。

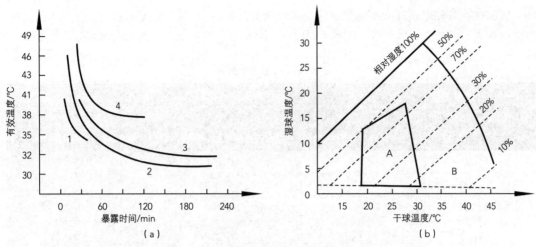

图8-21 工作效率不受影响的允许温度和湿度范围

4. 工业生产热环境标准

根据作业性质和劳动强度的不同，工业生产中要求有不同的热环境。表8-18为工厂车间内作业区的空气温度和湿度标准。

表8-18 工厂车间内作业区的空气温度和湿度标准

车间和作业特征			冬季		夏季	
			温度/℃	相对湿度	温度/℃	相对湿度
主要放散对流热的车间	散热量不大的	轻作业 中等作业 重作业	14~20 12~17 10~15	不规定	不超过室外温度3℃	不规定
	散热量大的	轻作业 中等作业 重作业	16~25 13~22 10~20	不规定	不超过室外温度5℃	不规定
	需要人工调节温度和湿度的	轻作业 中等作业 重作业	20~23 22~25 24~27	≤（80~75）% ≤（70~65）% ≤（60~55）%	31 32 33	≤70% ≤（70~60）% ≤（60~50）%
放散大量辐射热和对流热的车间 [辐射强度大于$2.5×10^5$J（h·m²）]			8~15	不规定	不超过室外温度5℃	不规定
放散大量湿气的车间	散热量不大的	轻作业 中等作业 重作业	16~20 13~17 10~15	≤80%	不超过室外温度3℃	不规定
	散热量大的	轻作业 中等作业 重作业	18~23 17~21 16~19	≤80%	不超过室外温度5℃	不规定

根据《中华人民共和国国家职业卫生标准》中的《工作场所职业病危害作业分级 第3部分：高温》（GBZ/T 229.3—2010），高温作业分级的依据包括劳动强度、接触高温作业时

间、WBGT指数和阻热性。高温作业按危害程度分为4级：Ⅰ级（轻度危害作业）、Ⅱ级（中度危害作业）、Ⅲ级（重度危害作业）和Ⅳ级（极重度危害作业），具体见表8-19。

表8-19　高温作业分级

劳动强度	接触高温作业时间/min	WBGT指数/℃						
		29~30（28~29）	31~32（30~31）	33~34（32~33）	35~36（34~35）	37~38（36~37）	39~40（38~39）	41~（40~）
Ⅰ（轻劳动）	60~120	Ⅰ	Ⅰ	Ⅱ	Ⅱ	Ⅲ	Ⅲ	Ⅳ
	121~240	Ⅰ	Ⅱ	Ⅱ	Ⅲ	Ⅲ	Ⅳ	Ⅳ
	241~360	Ⅱ	Ⅱ	Ⅱ	Ⅲ	Ⅳ	Ⅳ	Ⅳ
	361~	Ⅱ	Ⅲ	Ⅲ	Ⅳ	Ⅳ	Ⅳ	Ⅳ
Ⅱ（中劳动）	60~120	Ⅰ	Ⅱ	Ⅱ	Ⅲ	Ⅲ	Ⅳ	Ⅳ
	121~240	Ⅱ	Ⅱ	Ⅱ	Ⅲ	Ⅳ	Ⅳ	Ⅳ
	241~360	Ⅱ	Ⅲ	Ⅲ	Ⅳ	Ⅳ	Ⅳ	Ⅳ
	361~	Ⅲ	Ⅲ	Ⅳ	Ⅳ	Ⅳ	Ⅳ	Ⅳ
Ⅲ（重劳动）	60~120	Ⅱ	Ⅱ	Ⅲ	Ⅲ	Ⅳ	Ⅳ	Ⅳ
	121~240	Ⅱ	Ⅲ	Ⅲ	Ⅳ	Ⅳ	Ⅳ	Ⅳ
	241~360	Ⅲ	Ⅲ	Ⅳ	Ⅳ	Ⅳ	Ⅳ	Ⅳ
	361~	Ⅲ	Ⅳ	Ⅳ	Ⅳ	Ⅳ	Ⅳ	Ⅳ
Ⅳ（极重劳动）	60~120	Ⅱ	Ⅲ	Ⅲ	Ⅳ	Ⅳ	Ⅳ	Ⅳ
	121~240	Ⅲ	Ⅲ	Ⅳ	Ⅳ	Ⅳ	Ⅳ	Ⅳ
	241~360	Ⅲ	Ⅳ	Ⅳ	Ⅳ	Ⅳ	Ⅳ	Ⅳ
	361~	Ⅳ	Ⅳ	Ⅳ	Ⅳ	Ⅳ	Ⅳ	Ⅳ

注：括号内WBGT指数值适用于未产生热适应和热习服的劳动者。

复习题

1. 掌握照度、亮度、光通量等有关照明测量方面的术语，并理解它们之间的联系。

2. 什么是眩光？如何在环境照明设计中有效地消除它？

3. 环境照明设计的人机工程学原则有哪些？

4. 在色彩的调节与搭配上，需要掌握哪些基本原则？

5. 什么是噪声掩蔽？在工作环境设计中，如何更好地利用或者消除噪声掩蔽？

6. 噪声对工效的影响主要体现在哪些方面？

7. 噪声控制的主要措施有哪些？

8. 热环境对工效的影响主要有哪些？

思考分析题

1. 对国内外市场上的灯具进行调研，搜集十款以上的产品，比较它们在照明设计上的差异。
2. 根据自身体验，谈谈如何在工作环境设计（例如教室或办公场所）中更好地进行色彩氛围的选择与调节。
3. 选取几个典型的空间导视设计，分析其如何利用色彩进行空间区分以及方向导引的？
4. 通过观察和实地体验，谈谈对周围环境中不同噪声的感受。

▲◉ 案例分析——PH 灯具设计

　　该案例选用设计大师保尔·汉宁森的**PH**系列灯具，探讨如何根据使用者的生理和心理需求，让灯具设计既能满足环境照明的视觉工作需求，同时又能提升使用者的审美体验。

▲◉ 案例分析——公共空间中的色彩导视设计

　　该案例以乌克兰基辅Underhub语言学校以及迪肯大学图书馆的导视系统为例，探讨在进行公共空间设计时，如何通过色彩的区分及正确引导，提升各空间的辨识度，帮助使用者快速找寻到正确的方位。

▲◉ 案例分析——车内氛围灯的设计优化

　　该案例结合照明与色彩的设计原理，通过分析汽车驾驶室内基础氛围灯、语音交互灯、语音情感氛围灯以及车前和车后对外交互灯设计的跳转逻辑，对现有驾驶室内氛围灯进行了设计优化，有效提升了用户的驾乘体验。

第九章

人机系统与人机界面设计

人机系统是由人和机器构成的系统。这里的人是指机器的操作者和管理者，机主要指人使用的工具和器物。

一、人机系统的定义

人机系统是由相互作用、相互联系的人和机器两个子系统构成的，且能完成特定目标的一个整体系统。由于人的工作能力和效率随周围环境因素而变化，任何人机系统又都处于特定环境之中，所以在研究人机系统时，应当把环境当作一个重要因素来考虑。因此，完整的人机系统包括人、机、人机之间的界面以及人机系统所处的环境。

人子系统包括感觉器官、中枢神经系统及运动器官三大部分，机子系统包括显示装置、机器本身及控制装置三大部分。人机界面负责人机子系统之间的信息传递。环境是人机系统运行的外界条件（图9-1）。

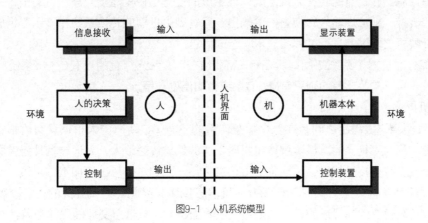

图9-1　人机系统模型

二、人机系统的基本模式

人机系统的基本模式由人的子系统、机的子系统和人机界面所组成。图9-2为人机系统的基本模式图。人的子系统可概括为"S（stimulus）—O（operation）—R（response）"（刺激—加工—反应）；机的子系统可概括为"C（control）—M（motion）—D（display）"（控制—运转—显示）。人机之间存在着信息环路，人机相互联系具有信息传递的性质。系统能否工

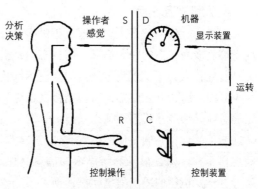

图9-2　人机系统的基本模式

作，取决于信息传递过程是否能持续有效地进行。这里所指的信息可以是视觉、听觉、触觉等感觉通道传递的各种信息。

1. 人的子系统

人的子系统又包含"S—O"（刺激—加工）和"O—R"（加工—反应）两个子系统。前者由各种感觉器官与大脑中枢组成，由传入神经作为联系纽带；后者则由大脑中枢与人体的各种运动器官组成，由传出神经作为联系纽带。信息由感觉器官感知后，由传入神经输入人的大脑并进行加工处理，最后大脑对所传入的信息作出判断和决策。对于所输入的信息，有的只需存储记忆或者分析判断，而无须作出相应的反应，即不必启动O—R系统，有的则要求O—R系统作出相应的反应，即运动器官接收来自传出神经的信息，执行大脑中枢发出的各种指令，从而作出相应的动作。

肯定人机系统中人的主导地位和作用，是人机工程学研究的一个基本思想前提。在人机系统中，人的主导作用主要反映在人的决策功能上。虽然由于科技的不断发展、信息技术的日益普及，出现了许多智能化的机器系统，人机系统形式发生了很大改变，但不管机器如何智能化，人机系统基本模式仍未发生根本变化，即人依然处于人机系统的主导地位。在许多智能化的人机系统中，人的判断决策失误仍是造成事故的主要原因之一。

2. 机的子系统

机的子系统又可分为"C—M"（控制—运转）和"M—D"（运转—显示）两大子系统。前者由控制器和机器的转换系统组成，该系统的任务是使机器接受操作者的指令，实现机器的运转和调控，把信息输入转换为信息输出；后者则由机器的转换系统和显示器组成，其主要任务是反映机器内部的运行过程和显示状态的信息。

并非所有的机器子系统都同时具备C—M和M—D子系统。有的只有C—M系统，如缝纫机、打字机、自行车等；有的则只有M—D系统，如温度计等。

3. 人机界面

如图9-1所示，人与机之间存在一个相互作用的"面"，所有的人机信息交流都发生在这个作用面上，称为人机界面。显示装置将机器工作的信息传递给人，人通过各种感觉器官（视觉、听觉、触觉等）接受信息，实现机—人信息传递。大脑对信息进行加工、决策，然后作出反应，通过控制装置传递给机器，实现人—机信息传递。因此，人机界面的设计主要是指显示、控制以及它们之间的关系的设计，要使人机界面符合人机信息交流的规律和特性。

人机界面设计的目的是实现人机系统优化，即实现系统的高效性、高可靠性、高质量，并有益于人的安全、健康和舒适，设计的主要依据始终是系统中的人的因素。

4. 人机交互作用

人机交互作用就是人与机器互相进行信息交换的过程。一方面是人的输出信息发向机器，经转换后成为机器的输入信息；另一方面是机器的输出信息发向人，转换为人的输入信息。

首先，人为了实现预定的目的作出启动机器的决策，该决策以指令信息的形式通过传入神经，经由大脑传向效应器，效应器接受指令后，作出相应的动作作用于控制器。这样，人的输出信息就转换成了机器的输入信息。其次，机器接收到输入信息后，就按照设定的程序发生运转或加工活动，并通过伺服装置实现对被控对象的控制。机器内部的运转以及被控对象状态的信息传至显示器，显示器所显示的信息又作用于人的感觉器官，使人获得机器工作状态的信息。这样，机器的输出信息就被转换为人的输入信息。人根据所接受的反馈信息对机器作出进一步的控制。

三、人机功能的比较和分配

1. 人机特性比较

人机工程学的研究目的是根据人类的各种特性，对与人类直接相关的各种机具进行设计与改进，使人机系统以最优方式协调运行，达到最佳的效率和总体功能。表9-1是人与机器的特性对照比较表。

表9-1　人机特性比较

项目	机的特性	人的特性
检测	物理量的检测范围广，可正确检测像电磁波等一些人不能检测的物理量	具有与认知有直接联系的检测能力，缺少标准，易出偏差，具有视、听、触、嗅觉等
操作	在力量、速度、精度、操作范围、耐久性，以及处理气体、液体和粉状体等方面比人优越，处理柔软物体不如人	手空间自由度高，协调性好，可在三维空间进行多种运动，但力量、速度有限；可通过多种信息控制运动器官灵活地操作
信息处理	按预先编程可进行快速、准确的数据处理，记忆正确、持久，调出迅速	具有抽象、归纳、综合、模式识别、联想、发明创造等高级思维能力及丰富的经验
持续性	可持续、稳定、长期运转，需维护保养；可进行单调的重复性工作，不会疲劳	易疲劳，需要适当休息、娱乐和保健，很难长时间保持紧张状态；不适应从事刺激小、单调乏味的工作
可靠性	与成本有关；对事先设计的作业有高可靠性，对意外事件无能为力；特性固定不变，不易出错，对错误不易修正	与动机、责任感、身心状态、意识水平、经验有关；可靠性差，易出差错，但易修正错误；自我维护能力强，可处理意外事件
信息交流	与人的信息交流只能通过特定的方式进行	人际之间很容易进行信息交流
效率	需外加功率；简单作业速度快、准确；新机械从设计、制造到运转需要时间	能耗小，但需补充能耗，需要教育和训练，必须采取绝对安全措施
适应性	专用用途不能改变，只能按程序运转，不能随机应变；容易进行改造和革新	通过教育训练，有较强的随机应变能力；改变习惯定型较困难
图像识别	图像识别能力差	图像识别能力强
环境	能适应放射性、毒气、粉尘、噪声、黑暗、风暴等不良环境条件	要求环境条件安全、健康、舒适，对特定环境适应较快
成本	需要购置、运转和保养维修费；机器不使用时仅失去机器本身的价值	需要工资、福利和教育培训费；如发生意外，会危及生命

2. 人机功能分配

一个复杂的人机系统往往包含多方面的工作，每个方面又往往有不同的功能要求。不同的功能要求，有些可以由机器去完成，而有些由人去做更为合适。因此，设计人机系统时必须对系统的功能进行分析，确定哪些任务分配给机器，哪些任务由人去完成。人机功能分配的一条重要原则就是使人和机器都做到扬长避短，各得其所。要做到这一点，就要求对人与机器在功能上的长短处有所了解（表9-2）。

表9-2　人与机器各自的功能优势比较

机器的功能优势	人的功能优势
强度大	感知能力强
速度快	可接受多通道信息
精度高	灵活性高，可塑性强
反应灵敏	创造能力好
记忆强	有诊断、修复机器的能力
稳定性好	善于总结经验、吸取教训和自我完善
受环境限制小	有情感，具有能动性

了解了人机功能各自的特点后，再按照系统的效率、可靠性、成本等原则在人、机之间进行合理的分工。在经济合理的前提下，总是尽可能让机去更多地取代人的工作强度。一般以下工作可由机来完成：枯燥、单调、笨重的工作；强度大、快速操作、高级运算的工作；危险性大或操作环境恶劣的工作；高可靠性、高精度和程序固定的工作。而以下工作则可由人来完成：编制、设计程序；处理意外事件、排障维修；变换频繁的工作；探索性、决策性工作。

当然，在确定人机功能分配时，我们还应考虑各种经济和社会的因素的影响。例如人力过剩或人力缺乏的情况，使用机器在经济效益上得不偿失的情况，都是确定人机功能分配时不得不考虑的问题。

3. 人机匹配

人机匹配除合理分配人与机器的功能外，实现人和机器的相互配合也是很重要的。一方面需要人监控机器，即使是完全自动化的系统也必须有人监视。机器一旦出现异常情况，必须由人来手动操纵。另一方面需要机器监督人，以防止人产生失误时导致整个系统发生故障。人经常会出现失误，在系统中放置相应的安全装置非常必要，如火车的自动停车装置等。

人机匹配的具体内容很多，包括显示器与人的信息感觉通道特性的匹配；控制器与人体运动反应特性的匹配；显示器与控制器之间的匹配；环境条件与人的有关特性的匹配；人、机、环境要素与作业之间的匹配等。随着电子计算机和自动化的不断发展，将会使人机匹配进入新阶段。人与智能机的结合，人类智能与人工智能的结合，使人机系统形成一种新的形式，人也将在人机系统中处于新的地位。

四、人机系统的类型

1. 按人机结合方式分

按人机结合方式可分为串联式人机系统、并联式人机系统和混合式人机系统三种方式

（1）串联式人机系统　串联式人机系统如图9-3（a）所示。作业时人直接介入工作系统，操纵工具和机器。在这种系统中，人机连环串联，人机任何一方停止活动或发生故障，都会使整个系统中断工作。例如司机开车、接线员接通电话、计算机操作人员输入数据等，都属于串联式人机系统。一般，手工作业和机械化形式以人机串联为主。人机结合使人的长处和作用增大了，但是也存在人机特性相互干扰的一面。由于受人的能力特性的制约，机器特点不能充分发挥，而且还会出现种种问题。当人的能力下降时，机器的效率也可能会降低，甚至会由于人的失误而发生事故。

（2）并联式人机系统　人机并联结合方式如图9-3（b）所示。在自动化系统中，人机之间多采用并联的方式。并联式人机系统，人机并接，两者的功能有互相补充的作用，如机器的自动化运转可弥补人的能力特性的不足。但人与机器的结合不可能是恒常的，当系统正常时机器以自动运转为主，人不受系统的约束；当系统出现异常时，机器由自动变为手动，人必须直接介入系统之中，人机结合从并联变为串联，要求人能够作出迅速而正确的判断和操作。

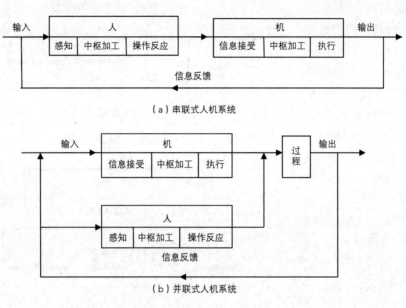

图9-3　串联式和并联式人机系统

（3）混合式人机系统　这种结合方式多种多样，实际上就是人机串联和人机并联两种方式的综合，兼具这两种方式的基本特性。

2. 按有无反馈控制分

反馈是指系统的输出量与系统的输入量结合后重新对系统发生作用。按反馈分类，有开环式人机系统和闭环式人机系统。

（1）开环式人机系统　开环式人机系统是指系统中没有反馈回路，人开动机器后不知道机器的运转状态，因而谈不上人对机器状态的调整和控制；或输出过程也可提供反馈的信息，但无法用这些信息进一步直接控制操作，即系统的输出对系统的控制作业没有直接影响。

（2）闭环式人机系统　闭环式人机系统是指系统有封闭的信息反馈回路，人操作机器后，机器状态发生变化的信息通过反馈回路作用于人，人又根据反馈信息对机器的状态作出进一步控制或调整。

3. 按系统自动化程度分

人机系统还可按系统的自动化程度分为手控式人机系统、机控式人机系统和监控式人机系统三种方式。

（1）手控式人机系统　手控式人机系统为人力系统，主要包括人和手工工具及一些辅助机械。由人提供作业动力，并作为生产过程的控制者（图9-4）。这种人机系统具有悠久的历史，可以说从人类祖先开始学会使用工具之日起就出现了。在现代社会中仍存在大量的手工劳动，使用着这样或那样的手工工具，因此仍需要对手控式系统加以研究。

（2）机控式人机系统

机控式人机系统为半自动系统，这类人机系统要比手控式人机系统复杂，由人控制具有动力的机器设备，人也可能为系统提供少量的动力，对系统作某些调整或简单操作（图9-5）。机控式人机系统已经有几百年的历史，现在仍是人类社会中使用最多的人机系统类型。

（3）监控式人机系统

监控式人机系统为全自动系统，系统中信息的接受、储存、处理和执行等任务，全部由机器完成，人只起管理和监督作用，如图9-6所示。系统的能源从外部获得，人的具体功能是启动、制动、编程、维修和调试等。为了安全运行，系统必须对可能产生的意外情况及时预报和紧急处理。

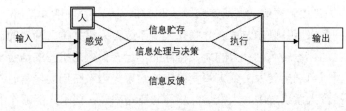

图9-4　手控式人机系统

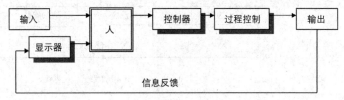

图9-5　机控式人机系统

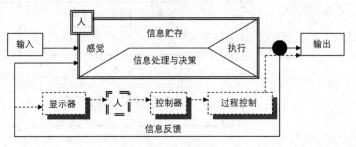

图9-6　监控式人机系统

五、人机系统设计

在现代设计中，人机系统设计是各种产品设计中必不可少的一个部分，而且在设计的最初阶段就应考虑。人机系统设计是一个非常广泛的领域，凡是人与机器、设备、设施等相结合的设计，小至一枚纽扣、一个开关、一件家具，大至一个大型复杂的生产过程、一个现代化系统（如宇宙飞船），均为人机系统设计的对象。

1. 人机系统设计的要求

人机系统设计的根本目的是，根据人的特性，设计出最符合人操作的机器、设备、器具，最醒目的显示装置，最方便使用的控制装置，最舒适的使用环境和工作姿势，最合理的操作过程、标准和作业方法等，使整个人机系统保持安全、可靠、高效和舒适。因此，一个好的人机系统，应满足以下基本要求。

① 能达到预期的目标，完成预定的任务；

② 使人和（广义）机器在整个系统中都能充分发挥各自的作用并协调地工作；

③ 系统接受输入和进行输出的功能都必须符合设计的能力；

④ 系统设计应考虑环境因素的影响，如工作空间和布置、照明、色彩、噪声、温度等；

⑤ 系统应有一个完善的反馈闭环回路，在这个回路中输入的比率可以调整，也可调整输出来适应输入的变化。

2. 人机系统设计的步骤

（1）设定系统，进行系统分析和规划　对人机系统进行设计时，首先要设定一个系统，确定系统的设计目标，明确各种使用条件；然后分析该系统的目的和功能，以及必要的和制约的条件，进行系统的分析和规划。这种分析主要包括系统的功能分析、人的时间和动作分析、工序分析、职务分析等。其中也包括提供人进行作业的必要条件和必需的信息，分析人的判断和操纵动作。在进行人机功能分配时，为了最有效地发挥系统的功能，必须对人和机械的特性和功能优势进行比较，使其达到良好的整体配合。

（2）系统设计　系统设计阶段主要包括设计细则、具体设计以及人员培训等。在该阶段，功能分配要充分考虑和研究人的因素。当考虑信息处理的可靠性时，既要提高机械、设备、计算机等的可靠性，又要提供操纵机械、设备的人的可靠性，以保证整体人机系统的可靠性得到提高和改善。

此外，对机械、设备、器具等进行人机工程学设计时，必须使机具适应人的特性，保证人使用时得心应手。其中包括人机界面的设计，如控制器和显示器的选择与设计、作业空间设计、作业辅助设计、作业环境设计等，并要为提高人机系统的安全性及可靠性采取具体对策。必要时，还要制订对操作人员的选择和培训计划。

（3）系统评价　为保证人机系统的设计质量，必须在系统设计过程中和设计后进行评价，试验该系统是否具备完成既定目标的功能，并进行安全性、舒适性及社会性因素的分析、评价。对系统评价时应注意：人与机的功能分配和组合是否正确；人的特性是否充分考虑和得到满足；能适用的人员占全员的多大百分位；作业是否舒适；是否采取了防止人为失误的措施等。

第二节　人机界面设计

所谓界面就是进行信息交流的接口，人机界面是人与机器进行相互交互的操作方式，即用户与机器相互传递信息的媒介。一个良好的人机界面应美观易懂、功能明确、操作简便，使用户操作舒适、感觉愉悦、兴趣增强，从而有效地提高使用效率。

一、人机界面概述

1. 人机界面的定义

在图9-1所示的人机系统模型中，人与机器之间存在一个相互作用的"面"，称为人机界面，人与机器之间的信息交流和控制活动都发生在人机界面上。机器的各种显示都"作用"于人，实现机—人之间的信息传递：人通过视觉、听觉和触觉等感觉器官接受来自机器的信息，经过大脑中枢的加工、决策，作出相应的反应，实现人—机的信息传递。可见，人机界面的设计直接关系到人际关系的合理性，而研究人机界面则主要针对两个问题：显示与控制。

计算机系统中的人机界面（Human-Computer Interface，HCI）又称为人机接口、用户界面（User Interface，UI），也是通常所理解的狭义的人机界面，是计算机科学中最年轻的分支之一。广义的人机界面设计，在前面的章节中已进行了详细论述。因此，本节中的人机界面设计主要针对HCI而言。

根据这一定义，我们可以理解人机界面就是人和计算机相互作用、相互进行信息交流的接口。在这个界面中，人和计算机是两个重要的组成系统，而界面是人与计算机之间传递、交换信息的媒介，是用户使用计算机系统的综合操作环境。通过人机界面，用户向计算机系统提供命令、数据等输入信息，这些信息经计算机系统处理后，又通过人机界面，把产出的输出信息回送给用户。

计算机系统是由计算机硬件、软件和人所共同构成的人机系统。人机界面主要包括两类：硬件界面和软件界面。硬件界面包含计算机输入装置和输出装置，前者如键盘、鼠标、图形输入板、光笔、触摸屏、追踪球、操纵杆等；后者则包含显示器、打印机、绘图仪等。人只有利用这些输入和输出装置，才能实现与计算机的信息交流。软件界面则要通过编程来实现其功能。设计各种软件的目的是要使计算机能适用于使用者的要求，不仅要能够有效地完成工作任务，而且要使使用者操作方便、易学易用。可以说，计算机系统中的人机界面不同于一般人机界面的地方主要体现在软件界面上。

2. 人机界面学的起源和发展

（1）人机界面学的起源　人机界面学是由众多面向人的学科和面向计算机的学科组成的一门交叉性、综合性的科学，因此，人机界面学的起源主要包括这两方面的内容。

① 面向人的学科。人机界面学中面向人的知识和方法主要来源于哲学、生物学、医学、心理学以及人机工程学等。除人机工程学外，其他学科都是在18世纪、19世纪或者20世纪初逐步形成和建立的。而建立于20世纪60年代的人机工程学则是一门应用性很强的学科，从其诞生之日起，即与工程与工业界紧密相连。人机工程学中关于人的问题的研究始于第一次世界大战期间的军工厂。在二战期间人们更是注意到，不仅要挑选和培养人才，使他们能够很好地适应和掌握机器（即人适机），而且要比以往任何时候更加重视其自身的设计，使机器的设计能够适应大多数普通人的能力（即机适人）。这种由"人适机"向"机适人"的重大转变，是人机工程学发展的一个里程碑，引起了特定领域内的工程师和生物学界的科学家的重视和广泛合作。起初，这种合作仅仅局限于军事问题，随着二战的结束，其合作逐渐由军事领域向民用领域转变，从而促使英国人机工程学研究学会（Ergonomic Research Society，ERS）在1949年成立。

② 面向计算机的学科。面向计算机的知识和方法主要来源于物理、电学和电子工程、控制工程、系统工程、信息论和数理逻辑等。它们分别构成了现代计算机工业的两大基础领域：硬件工程和软件工程。而随着计算机技术的发展，硬件工程和软件工程进一步深入，为人机界面设计奠定了基础，拓展了研究领域。

（2）人机界面学的发展　人机界面学的发展大致可以分为以下阶段。

① 初创阶段（1950～1970年）：对于人机交互的认识经历了相当漫长的时期。1959年布莱恩·沙克尔（B. Shackel）提出的关于计算机控制台的人机工程方面的论文被认为是有关人机界面的第一篇文献。与此同时，20世纪50年代后期，在计算机系统尤其是军事系统的设计中，已经开始涉及人机工程学。同年，约瑟夫·利克莱德（J. C. R. Licklider）首次提出了人机紧密共栖（Human-Computer Close Symbiosis）的新概念。

20世纪60年代，HCI的工作是零散的、不系统的，而且大多与军事领域有关，主要集中在硬件、大系统和过程控制上，很少涉及办公和商用系统。随着20世纪60年代中期小型机和分时、交互式、多通道系统的出现，小型计算机的使用者开始包括非计算机专业人士，因而刺激了非计算机专业人员对人机工程学问题的研究。

1969年，第一次人机系统国际会议在英国剑桥召开，以及第一份有关人机界面研究的《国际人机研究》（*International Journal of Man-Machine Studies*）杂志创刊，标志着人机界面的发展进入了一个新的历史时期。

② 奠基阶段（1970～1980年）：20世纪70年代初期，相继出现了四本人机工程学的专著，总结和提出了应该着手研究的问题，指明了HCI的发展方向，为人机界面学在以后甚至20世纪80年代的发展铺平了道路。

同时在1970年成立了两个HCI研究中心：英国拉夫堡大学（Loughborough University）的人类科学与先进技术研究中心（Human Science and Advanced Technology，HUSAT）和施乐公司（Xerox）创立的帕洛·阿尔托研究中心（Palo Alto），为HCI的发展做出了显著贡献。前者致力于将人机工程学的特点、方法和知识用于计算机设计和使用的研究，后者则是为施乐打入数字办公技术和系统的市场提供研究支持，其研究成果主要体现在著名的施乐产品设计、星（STAR）工作站以及后来与之相似的苹果（Apple）、丽萨（LISA）和麦金托什（Macintosh）计算机。

直到20世纪70年代后期，与计算机交互的人群依然是信息技术专业人士和专门的业余爱好者。个人计算的发展将计算机的使用快速推向了普通人群，非专业人士与复杂难懂的电脑系统之间的矛盾开始凸显。基于此，认知科学提出将科学和工程相结合来满足普通用户的需求，HCI就是认知工程领域的一个首要研究方向。

其他一些技术的发展也促进了HCI的发展，微机在20世纪70年代后期的出现以及在20世纪80年代的迅猛发展，极大地促进了对人机工程学和可用性的研究。软件工程在20世纪70年代陷入难以管理的软件复杂性的"软件危机"（Software Crisis）中，从而开始关注非功能性需求，包括可用性和可维护性。计算机图形学和信息检索也在20世纪70年代出现，并迅速认识到交互式系统是超越早期成就的关键。计算机科学的所有发展趋势都指向同一个结论：计算的前进方向需要更好地理解和赋予用户更多的自主权。

③ 发展阶段（1980～1990年）：20世纪80年代初期，相继出现了六本专著，对HCI最新的研究成果进行了总结。这一时期，还出现了大量的会议、杂志、专著、学会以及文献，充分反映出HCI的飞速发展。在此期间，HCI主要专注于创建易于学习和使用的系统。

与此同时，计算机专业人士开发出了大量易用、直观的图形用户界面和能够帮助普通人解决实际问题的应用程序系统。计算机易用性和可用性的提高，使更多的人都能够接受它、愿意使用它，同时也不断提出各种各样的要求。其中最重要的是要求人机界面"简单、自然、友好、方便、一致"，由此"人本因素"成为计算机产品中越来越突出的问题。

可用性一直都是HCI最持久关注的技术重点，这个概念最初表达为"易于学习，易于使用"，这种直截了当的简单性使HCI在计算领域中的作用既前卫又突出。在HCI领域内，可用性的概念不断地被重新阐释和重建，并且越来越丰富和有趣。在20世纪80年代初期，HCI只是一个小型且专注的专业领域，试图建立当时的人与计算机的交互范式。今天，HCI涉及庞大而多方面的社区，受到不断发展的可用性概念的约束，并将人类活动和经验视为技术发展的主要驱动力。

④ 扩展阶段（1990~1996年）：随着20世纪90年代的到来，HCI研究相对较好地融入了计算机科学。1988年美国计算机协会（Association of Computing Machinery，ACM）工作组将HCI列为计算机科学学科的九个核心领域之一。美国计算机协会和美国电气和电子工程师协会（Institute of Electrical and Electronics Engineers，IEEE）的联合课程工作组建议将HCI作为计算机科学课程。HCI被列为第一本计算机科学与工程手册的十个主要部分之一。

这一时期HCI开始专注于认知心理学的理论指导。认知心理学是一门研究感知、运动、思考、语言和记忆等相关心理过程的学科。当时，人机交互的许多理论都来自认知心理学。例如，唐纳德·诺曼（Donald Arthur Norman）从认知心理学中提出情感设计的三个层次（本能层、行为层及反思层），了解界面如何影响行为，表达了人类在与计算机交互中的任务表现，该理论对HCI产生了深远的影响。后来，HCI扩展到社会学、人类学等专业领域，开始研究人机交互的社会组成部分。

尽管HCI一直被视作独立于设计的研究领域，但到了20世纪90年代，HCI直接吸收设计学知识，并向设计界输出用户体验设计和交互设计的概念。随着用户界面技术的发展，将用户界面的研究转移到图形界面设计以及更具普世价值的用户体验中。

⑤ 变革阶段（1996~2015年）：自1996年以来，HCI的研究重点从认知科学转向对用户体验的研究，从对机器的理解转向了对人的理解，涉及智能交互、多媒体交互、虚拟交互等。机器是为响应人类而设计的，人类活动隐含着人类的各种需求、偏好和设计愿景，因此，最大的改变是将HCI理解为人类活动和技术造物的共同演变。

在理论发展层面，继基于人机工程学的第一范式和基于认知主义的第二范式之后，史蒂夫·哈里森（Steve R. Harrison）提出了人机交互的第三范式。在第三范式中，用户与计算机之间的交互被视为一种基于用户体验的创造形式。在自我表达和社会意识觉醒的时代，价值驱动设计在可持续变革设计方面占据主导地位。一种整体的设计方法也出现了，即强调人、空间和技术之间的复杂交互。愉悦、享受、探索和游戏化成为HCI设计的核心。

⑥ 融合阶段（2015年至今）：计算领域的技术革新极大地改变了人机交互，移动计算HCI向多元化发展，用户可以与现代设备在多个层面进行交互，例如触摸、声音、心跳、体温等。软件工程、人因工程、计算机图形学和认知科学在HCI中逐渐成长并交织在一起，甚至一些更新的领域和分支也开始融入，如社会科学、网络、媒体、信息管理和人工智能等。

尽管HCI的源头是计算机科学，但其领域不断多样化并打破学科之间的界限。与HCI相关的学科包括心理学、设计学、传播学、认知科学、信息科学、地理科学、信息管理系统，以及工业、制造和系统工程等。HCI最初关注个人和一般的用户行为，然后扩展到关注社会和组织，包括老年人、认知和身体障碍者在内的广泛的人类体验和活动。

HCI最重要的成就之一是其不断发展的研究与实践整合模式。目前，HCI正在广泛结合设计实践和研究，例如将用户体验和生态可持续性理论化。在未来十年，围绕HCI可能会出现更多新的设计学科，在这些发展中，HCI为科学与实践之间的相互关系提供了前所未有的蓝图。

3. 人机界面学的相关学科

人机界面学主要是认知心理学和计算机科学相结合的产物，同时还涉及哲学、生物学、医学、语言学、社会学等，是名副其实的跨学科、综合性的交叉性学科。其研究范围包括硬件界面、界面所处的环境、界面对人的影响、软件界面以及人机界面开发工具等。

　　休伊特（Hewett）等将人机界面分为自然的人机交互、计算机的使用与配置、人的特征、计算机系统与界面结构、发展过程五个部分，并将其关系表示为图9-7。

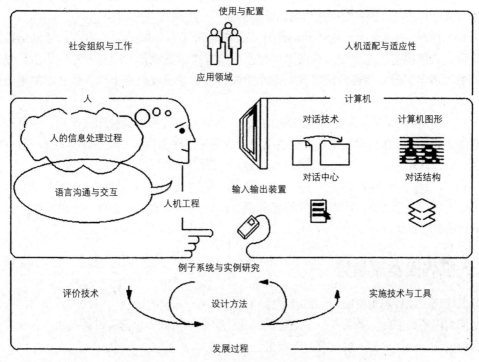

　　图9-7　人机界面的研究内容

　　（1）认知心理学（用户心理学）　认知心理学（Cognitive Psychology）是20世纪50年代中期在西方兴起的一种心理学思潮，在20世纪70年代成为西方心理学的一个主要研究方向。它研究人的高级心理过程，如注意、知觉、表象、记忆、思维和语言等，从心理学的观点出发，对用户进行人机交互的原理进行研究。该领域研究包括如何通过视觉、听觉、触觉等各种感觉来接收和理解来自外界环境的信息的感知过程，以及通过人脑进行记忆、思维、推理、学习和问题解决等人的心理活动的认知过程。从这方面来看，信息加工观点已成为研究认知过程的主流，可以说认知心理学相当于信息加工心理学。它将人看作是一个信息加工的系统，认为认知就是信息加工，包括感觉输入的变换、简约、加工、存储和使用的全过程。其中人脑的认知模型——神经元网络及其模拟，已成为新一代计算机、人工智能等领域中最热门的研究课题之一。对人的认知行为的研究、测量、分析和建模也称为认知人机工程学。

　　（2）人机工程学　人机工程学是从系统工程和应用心理学的观点，研究人、机器、环境相互之间的合理关系，使机器的设计和制造能适应、补充和延拓人的能力，以保证人们安全、健康、舒适地工作的学科。在人机界面学的初创和奠基阶段，人机工程学是最活跃、最主要的分支，曾经对人机界面学的发展作出了很大的贡献。

　　经典的人机工程学（硬件人机工程学）一般只涉及硬件和硬件界面，主要集中在对人的体能行为、人体限制及人体特性信息的应用，以满足设计、分析、测试与评价、标准化以及系统控制的要求。

软件人机工程学（Software Ergonomics）研究软件和软件界面，侧重于运用和扩充软件工程的理论和原理，对软件人机界面进行描述、分析、设计和评估等。主要解决人类思维与信息处理的有关问题，包括设计理论、标准化、增强软件的可用性的方法等，使计算机软件与人的对话能够适应和满足人的思维模式与数据处理的要求，实现软件的可用性。

（3）计算机语言学　人机界面的形式定义中使用了多种类型的语言，包括自然语言、命令语言、菜单语言、填表语言或图形语言等。计算机语言就是专门研究这些语言，以及涉及计算机语言学和形式语言理论等各个方面的内容，后者已成为整个计算机科学的重要组成部分。

（4）设计学　设计学主要从美的需求出发，研究人机界面以何种形式呈现，包括硬件界面和软件界面设计。硬件界面设计主要由工业设计师与工程师共同完成，软件界面设计则由艺术设计人员、认知工效学专家、界面设计师与软件工程师完成。

（5）社会学与人类学　社会学主要涉及人机系统对社会结构的影响，而人类学则涉及人机系统中的群体交互活动的研究。人机界面设计要研究人类的文化特点、审美情趣，以及个人、群体的偏爱等。

二、人机界面发展趋势

第五代高性能计算机的出现和普及很大程度上取决于人机界面技术的突破，面对用户在计算机使用方面不断变化、多层次、多方位的需求，早期的人机界面已被日渐淘汰，界面设计正朝着高科技化、自然化和人性化的方向前进。

在快节奏的世界中，人们正在寻找运行流畅、节省时间并能提高舒适度的产品和服务，需要更直观、更自然的界面。用户不想因为随身携带屏幕并用手操作而受到限制，此外，人类需要通过技术来扩展甚至提升自己的感知能力。这两个不断增长的需求需要新的智能和沉浸式用户界面。人机界面正在从用手操作按钮的"手触时代"（Hands & Touch）迈向以身体为界面的"脑体时代"（Mind & Body），其中包括更紧密、更吸引人、更个性化和更情感化的人机互动，更好的可视化和分析信息的方式，并且更加注重残疾人士和弱势群体的包容性设计。

人机界面研究根基于人机交互模式的发展，人机交互模式经历了人机共存、人机协作、人机共享，直到人机共生的发展历程，人机界面形式也随之丰富和发展（图9-8）。

图9-8　人机界面形式的发展路线

1. 早期人机界面（人机共存阶段）

人机交互开始于人机共存，机器只是与用户共享一个共同的工作场所和时间框架。然而，人类和机器不一定要共同工作，因为各个任务各不相同且彼此独立。人机界面在20世纪70年代应用于解决需要使用计算终端的工作，例如文字处理和电子表格（图9-9）。20世纪80年代早期最广泛的设计理念之一就是电脑的办公桌隐喻，苹果公司的麦金托什（Macintosh）系统推广了它：将文件和文件夹显示为图标，并分散在屏幕表面上（图9-10）。"桌面"是开发图形用户界面范式的完美孵化器，产生了流行的"WIMP"范式，即"视窗"（Window）、"图标"（Icon）、"菜单"（Menu）以及"指点"（Pointer）界面。

图9-9　20世纪70年代后期的美国办公室

图9-10　早期的Macintosh桌面

2. 智能人机界面（人机协作阶段）

（1）智能用户界面　智能用户界面（Intelligent User Interface，IUI）是融入了人工智能算法的用户界面，IUI通常有一个"代理人"，它是一个智能虚拟指南，并通过类似人类的语言和非语言行为来提高人机交互的自然度。事实上，今天的很多界面（例如小爱同学）都是人工智能界面。而符合这一概念的最早实例则可以追溯到20世纪60年代的网络社区智能辅导系统。1988年的智能接口架构研讨会上首次使用"IUI"一词。IUI的现代示例包括著名的微软办公助手"Clippy"（图9-11），因其提供不适宜的建议而饱受诟病。

通常，IUI涉及具有复杂领域知识或用户模型的终端，这些终端允许界面更好地了解用户的需求，并使其个性化或进行交互指导。麻省理工学院媒体实验室对智能界面提出以下要求：界面可适应不同用户的需求；界面可以学习新的概念和技术；界面可以预见用户的需求；界面可以主动向用户提出建议；界面可以提供其动作的解释。

人工智能在今后会成为许多界面得以运行的辅助基础，例如手势界面、语音界面和眼动界面，都需要使用算法，并利用数据集进行大量训练，从而产生更好的分类结果，提高准确率。但智能用户界面更加强调通过类似人类的行为对用户提供辅助（图9-12）。

图9-11　智能界面助手"Clippy"

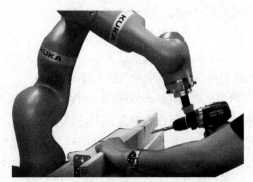

图9-12　人类和机械臂联合在木制工件上钻孔

人类和人工智能的共生问题也影响着智能人机界面的发展：如何优化人类和人工智能决策的划分？在何时何地信任机器？如何防止算法中的偏见？自2016年以来，人工智能人机界面趋势的特点是稳定、高速增长，在国外主要由谷歌深脑（Google DeepMind）公司、英伟达（Nvidia）公司和美国国际商业机器公司（International Business Machine，IBM）推动。此外，计算机视觉、生物识别和自然语言处理正在推动人工智能界面的发展。

（2）自然人机界面　自然人机界面是一种有效、不可见的用户界面，无须事先学习即可使用。"自然"指的是用户体验中的一个目标——交互自然而然，同时与技术交互。这与直观界面的概念形成对比，这种类型的交互旨在减少操作新技术所需的体力和脑力，以下是几种常见的自然人机界面。

① 触摸界面（Touch User Interface，TUI）。过去，HCI工具使用鼠标或键盘等物理设备，但它们阻碍了界面的直观性和自然性，成为利用计算机挖掘用户潜力的障碍。能够尽可能自然地与系统交互是人机界面的基础，并且越来越重要。使用手作为输入设备是提供自然交互的一种有吸引力的方法，基于文本的用户界面。为了在虚拟现实中创造逼真体验，工程师们正致力于创造真实的触觉感受，触觉界面通过穿戴式设备，利用皮下神经传导的触觉感受——压力、摩擦或温度进行虚拟感知（图9-13）。而希瑟·卡尔伯森（Heather Culbertson）开发的一种"数据驱动触觉"设备，它能逼真地模拟物体表面的粗糙度、硬度和光滑度（图9-14）。触觉界面从过去的触摸屏反馈正逐渐过渡到更自然的交互方式，应用范围也随之进一步扩大。

 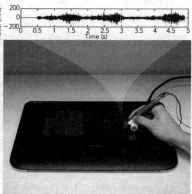

图9-13　力反馈装置　　　　　　　　　　　　　　　图9-14　"数据驱动触觉"设备

② 语音界面（Voice User Interface，VUI）。预计未来语音交互技术的采用率将超过80%，因为它是一种所有人都易于使用、快速且有效的技术。触摸可能仍将是最广泛使用的交互形式，但语音的使用正在普及。例如中国小米公司通过智能语音界面"小爱同学"支持其公司大多数智能产品与用户的自然交互（图9-15）。

③ 手势识别界面（Hand User Interface，HUI）。手势识别允许计算机捕捉和解释人类手势作为命令，来感知用户界面。不同于按键打字或在触摸屏上敲击，而是将运动感知并解释为数据输入的主要来源。手势界面应用于零售业、驾驶系统、移动支付、手语翻译、医疗等领域（图9-16），许多公司启动了基于手势的界面设计测试。例如，微软的Kinect着眼于一系列人类特

图9-15　小米公司的智能语音界面"小爱同学"

征，以根据自然人类输入提供最佳命令识别，最新的**Kinect**开发包括可以检测用户身高的自适应用户界面。

构建一个强大的手势识别系统对传统人机界面设计来说是一个挑战，主要困难在于构建的手势识别系统如何有效地分辨静态和动态手势，以便在用户使用设备时获得更直观和自然的感受。该系统应该用最少的硬件，将检测到的手势转换为可识别的行为，例如打开网站或启动应用程序等操作。

④ 眼动界面（Eyetrack User Interface，EUI）。对于用户来说，一个理想且简单的交互方式就是凝视，因为这种交互非常直观。用户使用头戴式显示器（Head Mounted Displays，HMD），以跟踪眼球运动作为交互方式（图9-17）。由于人类可以轻松控制眼球运动，因此眼动追踪技术是一种理想且先进的人机交互方法。

图9-16 医生通过手势控制手术设备

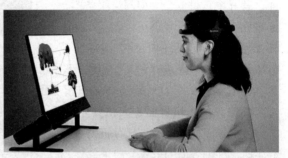

图9-17 Tobii Pro基于屏幕的眼动追踪界面

⑤ 可穿戴界面（Wearable User Interface，WUI）。可穿戴设备技术正在突飞猛进。例如，苹果公司的Apple Watch最近推出了独特的交互功能，可以查看他人的心率或应用程序。在接下来的几年里，这些设备将变得更便宜、功能更多并且独立于智能手机。可穿戴设备会使用有机用户界面（Organic User Interface，OUI）来实现更加舒适的佩戴体验，也会与其他界面融合产生具身体验（图9-18）。

3. 人机环境界面（人机共享阶段）

（1）混合现实界面（Mixed User Interface，MUI）。混合现实（Mixed Reality，MR）涵盖了从增强现实（Augmented Reality，AR）到虚拟现实（Virtual Reality，VR）整个虚拟连续体的相关应用，传统计算机系统上的界面大多遵循WIMP界面模型，但由于MR的性质模糊了虚拟世界和物理世界之间的界限，不再受屏幕的限制，人与数字世界之间的视觉窗口被完全打开，从而使全身心融入虚拟数字世界成为可能。通过MR设备，我们以第一人称进入虚拟世界（图9-19），因此自然人机界面方式在混合现实中使用最多，如手势操纵、语音交互等。

图9-18 皮肤上的用户界面

图9-19 微软在VR游戏设计中使用临场技术

（2）元宇宙界面（Metaverse User Interface，MUI）。元宇宙是混合现实所提出的最新概念，元宇宙的体验位于混合现实的真实-虚拟连续体中，它为这种环境的新设计、可用性和形式打开了大门。其中包括抖音（TikTok）的增强现实过滤器、谷歌提供的镜像世界、来自Twitch现场的互动或游戏《我的世界》（Minecraft）中构建的虚拟世界。

元宇宙的特征包括沉浸、无障碍、融合、多层次和协作。元宇宙不但在娱乐领域被广泛应用，在教育和艺术创作领域也占有一席之地，一种未来主义而非乌托邦式的愿景是元宇宙所描绘的能够访问任何虚拟化内容的大型三维界面。就好像它是一个大型网络服务器，通过元宇宙界面，我们可以购买产品、参加活动或访问我们的社交网络（图9-20）。未来，区块链和人工智能算法

图9-20　Facebook推出自己的元宇宙平台"地平线"

等其他互补技术的发展很可能会在年轻人的日常生活中加强元宇宙的个性化和交互操作性。

4. 未来的人机界面（人机共生阶段）

人机界面提供人类与计算机的交互通道，但当人类与计算机深度融合，到达更深层的人机共生时，这种界面的形式会趋于模糊，以下是关于人机交互界面未来的预测。

（1）发送想法　完全沉浸式技术带来了一个与机器和其他人即时交换信息的世界。人类将能够通过精神控制与朋友分享想法、感受和记忆，并打开一个难以想象的无摩擦、亲密沟通的世界。

（2）人类增强　脑机接口可用于改善人类感知。通过将人类的大脑与计算机、人工智能控制的助手和互联网相结合，人类有朝一日不仅可以即时访问世界信息，还可以将知识下载到大脑中，甚至将其与超级人工智能系统相结合。

（3）神经保健　沉浸式技术将在许多方面造成医疗保健行业的颠覆，因为它们能够治愈目前通常无法治愈的疾病：从治疗严重抑郁症、创伤后应激障碍（PTSD，Post-Traumatic Stress Disorder）和其他精神疾病，到治愈帕金森病，再到帮助瘫痪患者行走。此外，随着合适的脑机接口的出现，药物释放可能会完全改变。

（4）虚拟副本　通过将人们的思想与计算机连接起来，它们可以存储由人们的神经元传输的任何形式的数据，即思想、记忆或感觉。将来，这可以用来制作人们的虚拟副本，这些副本可以存储到某一天，从而创造出不朽的数字自我。

简而言之，人机界面研究是对人与新技术系统之间交互的新方式的研究，旨在创建满足用户需求的实用和可操作的系统。但随着数字技术发展，计算将转移到后台，将自己编织到日常生活空间的结构中，并将人类用户投射到前台。为了实现这一预测，下一代人机界面应该开发以人为本、为人类构建，并基于自然发生的多模式人类交流的用户界面。这些界面应该超越传统的键盘和鼠标，并能够理解和模仿通过行为线索（例如情感和社会信号）表达的人类交流意图。

未来，用户界面将全方位地融入我们的日常生活，不仅仅体现在屏幕上，而是全方位地融入我们的日常生活，形成一个所有感官都与计算交互的世界。

三、人机界面的设计要求

1. 人机界面应具备的特性

（1）可用性（usability）

① 使用的简单性。人机界面应能方便地处理各种经常进行的交互对话，输入的问题易于理解，附加信息量少，操作简便，且自动化程度高；能根据用户的需求进行输出及反馈。

② 术语的标准化和一致性。人机界面中所用的专业术语都应标准化；同一术语的含义应完全一致。

③ 帮助功能。

④ 快速的系统响应和较低的系统成本。

⑤ 容错功能。人机界面应当具有错误诊断、错误纠正以及出错保护等功能。

（2）灵活性（flexibility）

① 灵活的界面形式。根据用户的特点、能力、知识水平、经验等的不同，应设计不同的界面形式，以适应不同用户的实际需求。

② 可随时更改界面。用户可以根据需要制定和修改界面方式，在需要修改和扩充系统功能的情况下，能够提供动态的对话方式。

③ 灵活的系统响应信息。系统能够按照用户的希望和需要，提供不同详细程度的系统响应信息，如反馈信息、提示信息、帮助信息以及出错信息等。

（3）复杂性和可靠性（complexity and security）

① 复杂性。人机界面的复杂性是指人机界面的规模和组织的复杂程度，在完成预订功能的前提下，应使人机界面尽量简洁。

② 可靠性。人机界面的可靠性是指人机界面应能保证用户正确、可靠地使用系统，保证有关程序和数据的安全。

2. 人机界面的设计原则

（1）一致性（consistency）　界面设计的一致性是指各类似界面之间在界面设计的各要素上具有相似性。一致性能保证用户学习的正迁移，在很大程度上减轻用户对界面的学习负担，并可以使用户通过熟悉的模式提高对界面的认识能力。

人机界面的一致性主要体现在输入、输出方面的一致性，如在不同的应用系统之间以及应用系统内部具有相似的界面外观、布局、相似的人机交互方式以及相似的信息显示格式；在程序系统中，要有一致的概念模式、语义、命令语言语法及显示格式，在类似的情况下具有一致的操作序列；在提示、菜单以及联机帮助中产生相同的术语，自始至终使用一致的命令等。

（2）兼容性（compatability）　界面设计的兼容性是指界面的设计和用户的期望之间的匹配，即用户对界面的了解、认识和界面实际操作之间的一致性程度。较高的兼容性可以简化用户的界面操作，使界面的操作更为有效。

① 用户兼容性。由于用户的知识水平、操作经验、文化背景、对计算机的熟悉程度的不同，对界面的期望也随之不同。因此，应针对不同用户的不同特点，设计具有不同特点的用户界面，从而提高用户的操作效率。

② 产品兼容性。不同的或系列的产品应有相近或者类似的界面，这样可以使用户在产品更新换代或者升级时，根据原有的界面操作经验，更快、更容易地了解新产品的界面，从而更方便地实现对新系统的学习和操作。如Microsoft Office下的Word、Excel以及PowerPoint等应用程序均具有相似的窗口、菜单以及界面形式（图9-21），这样就有利于Microsoft Office用户操作不同的软件。

（a）Word窗口界面

（b）Excel窗口界面

（c）PowerPoint窗口界面

图9-21　Microsoft Office界面

③ 任务兼容性。界面的结构设定应符合用户对任务操作的要求，这样可以有利于用户利用该系统完成特定的任务操作。

④ 操作流程兼容性。界面的操作流程应尽可能地满足用户任务操作流程的要求。

（3）简洁性（simplicity）　界面设计应遵循美学上的原则——简洁与明了，这样便于用户有效地学习、操作。

① 合理利用空间。在界面的空间使用上，应当形成一种简洁明了的布局。在用户界面中合理使用空白空间，有助于突出元素和改善可用性。

② 简化输入工作。随着使用频率的增加，用户希望能够减少输入的复杂度。如允许用户采用缩写的方式输入信息；在预知输入的情况下，设置默认值；尽量少用双键；尽量使用快捷键；对需要重复输入的数据提供复制功能等。

③ 减少记忆要求。一个设计良好的系统应尽量减少用户的记忆要求。

④ 提供信息反馈。人机交互系统的反馈是指用户可以从计算机得到信息，表明计算机对用户的动作所作出的反应，如用户的操作是否被计算机所接受、是否正确、操作的效果如何等。反馈信息可以以文本、图形、声音、触觉压力等多种形式呈现。

（4）健全性（sanity）　界面设计的健全性是指界面应有较高的容错性和防护性。

① 精心设计以防错误发生，如命令的定义应符合其对应操作的含义，对那些不允许用户输入的区域进行保护，对于图形和色彩的使用要尽量符合人们的习惯。

② 使错误校正简单、迅速。错误信息应使用非专业性术语，使初学者和有经验的用户都

能明确其含义；错误信息应当指明错误的类型以及纠正的方法；必须有恢复功能（撤销功能），鼓励用户对不熟悉的选项进行探索，从而缓解用户的焦虑。

③ 提供在线帮助。虽然对于熟练用户而言，在线帮助并不一定需要，但是对于大多数不熟练用户来说，在线帮助具有举足轻重的作用。

四、人机界面设计概述

1. 用户分析

用户分析是人机软件界面开发设计的第一步，软件界面设计的最终目的是使界面能够适应用户的操作特点，提高工作绩效，因此对用户进行分析是极为重要的。通过用户分析可以有效地了解用户特点，构建用户模型，预测用户相应的反应，从而建立适合于用户特点的软件界面。

（1）用户分类　用户是计算机资源的使用者，而用户范围遍及各个领域。因此必须了解各种用户的习性、技能、知识和经验，以便预测不同类别的用户对人机界面的需要与反应，为人机交互系统的分析设计提供依据。

按照用户对计算机系统的熟练程度、用户对应用领域的专业水平以及使用计算机的频率来描述和区分用户类型，可以构成一个三维坐标系（图9-22）。该三维坐标系中的 X 轴表示任务，增大方向表示用户具有更多的应用领域的专业知识；Y 轴表示系统，增大方向表示用户对计算机系统的理解和掌握程度更高，Z 轴表示使用频率，增大方向表示用户更频繁地使用计算机。根据这一分类方式，可以将计算机用户分为四种类型。

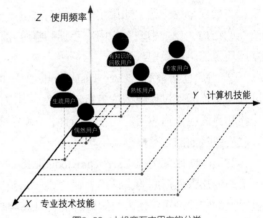

图9-22　人机交互中用户的分类

① 生手，又称外行型用户或偶然型用户，这类用户既没有计算机应用领域的专业知识，也缺少基本的计算机系统知识。他们过去从没有或很少操作计算机，不了解计算机系统的操作和功能，对使用计算机存在一定的畏惧心理。

② 新手，又称初学型用户或生疏型用户，与生手的区别是他们更常使用计算机，对计算机的性能及操作使用已有一定程度的理解和经验，但对所操作的计算机系统不熟悉，容易出错。随着使用和经验的增加，他们可以变成熟练型用户甚至专家型用户。

③ 熟手，又称熟练型用户，这类用户一般是专业技术人员，对计算机系统有相当多的知识和经验，且能熟练地操作和使用。这类用户使用计算机的积极性、主动性均较高，计算机已成为他们改善其专业工作的一个必不可少的辅助手段。

④ 专家，又称专家型用户，是指具有计算机软件和计算机的系统结构的专门知识，并具有修改、维护和扩充计算机系统功能的用户。

根据不同用户类型的不同特点，选择适合每类用户的界面类型至关重要。例如对于生手而言，设计一个简单易学、自然友好的界面十分重要，这样既能让他们在较短的时间内掌握基本的计算机知识和操作技能，又可以提高或保持他们不断学习的兴趣。而对专家来说，为了适应他们的知识结构特点，则需要为他们提供一个具有修改和扩展系统功能的复杂界面。

当然，上述的分类只是针对用户群体进行的，是一个理想的分类模式，而实际使用计算机的是用户个体，每个人的情况会随着使用计算机的次数、学习、培训以及其他外界因素的影响而发生变化。例如，生手经过大量的学习和使用计算机可以转变成熟手，而熟手如果长期不使用计算机，也会遗忘他们的知识而倒退成新手。因此，在对具体的用户进行分析时，需要结合实际的情况进行具体的调查和分析。

（2）用户模型（User Model） 在人机交互系统的设计中，设计者首先要了解和描述用户，构造出用户模型，用户模型可以帮助设计者设计和构造出良好的人机界面。从不同的角度（如设计者角度、用户角度或者系统角度）出发可以形成不同的用户模型，常见的有以下几种。

① 用户概念模型（User Conceptual Model），又称用户心理模型（User Mental Model），是用户自身建立的模型，表示了用户对计算机系统的理解、期望和概念化的心理表征。这一模型刚开始时可能不太明确，但随着用户使用系统的经验不断增加，对系统的认识即概念模型也会得到不断的变化和完善。软件界面开发设计人员的任务是，使设计出的界面尽可能与用户原来具有的模型相一致。如果用户还没有建立一个明确的心理模型，设计者就应该为新系统提供清晰的结构、与之相联系的用户手册和操作手册，使用户尽快地、容易地适应此系统，从而建立起自己的用户模型。

② 用户任务模型（User Task Model），是指用户为了完成各种任务采取的有目的的行动过程，又称操作过程模型或者行动模型。用户任务模型应该反映用户的行动过程特性，软件的功能和界面应该适应用户的任务特性。例如，软件设计师在设计一个图形界面时，他的整个设计过程就是他的任务模型。

③ 用户知识模型（User Knowledge Model）描述用户意识到的概念和学习到的技巧，由每个用户的知识而形成的。该模型要提供一定范围内的指示及其内在联系，再把这些模型嵌入人机界面的软件中去，使人机软件界面设计与用户知识水平相适应。

④ 用户特性模型（User Characteristic Model）按照用户对计算机系统及对系统应用领域的知识、经验、技能对用户所进行的分类。可以分别对每一类型的用户建立起反映其特征和能力的模型。用户特性模型是与用户经验、知识、能力、使用频率、使用方式、交互方式等相关联的。

⑤ 设计者模型（Designer Model）是设计者为设计系统及其界面目的而建立的表示用户特性的设计者模型，是设计者所理解的用户对系统的认识和期望。设计者通过把设计者模型或者设计概念融于界面的设计中，可以有效地促进用户建立正确的心理模型，提高界面操作的有效性。

显然，如果设计者模型与用户概念模型一致，那么用户就能充分理解设计者的设计意图，充分使用系统的设计潜力。相反，如果设计者模型和用户概念模型不一致，用户在使用系统时就可能误用、滥用系统，不能充分发挥系统的能力。

⑥ 系统模型（System Model）是实际系统结构中所包含的用户模型，在系统构成、运行时，系统模型通过系统结构的观感形象表示出来，一般用于系统运行时对人机交互方式进行剪辑，以帮助实现自适应人机界面。

2. 人机界面类型

人机界面的对话方式多种多样，而每种对话方式都有其固定的特点和所适用的用户对象。因此，根据用户特点，选择合适的对话界面非常重要。常用的人机界面有命令语言、菜单、填空、问答、直接操作、功能键、自然语言、听觉界面、触摸界面等。

（1）命令语言界面　命令语言起源于操作系统命令，直接针对设备或者信息，是计算机交互系统最早使用也最流行的一种控制系统运行的人机界面形式，并以广泛应用于各类系统软件及应用软件中。

命令界面是用户驱动的，因此具有功能强大、运行速度快、灵活性好、效率高、占用屏幕空间少等优点。但命令语言也有其自身的缺点，如使用比较困难、复杂、难以学习、容易出错、对键盘的输入技能要求较高、用户的记忆负担较重等，通常适合于专家型用户使用。

（2）菜单界面　菜单界面技术是目前人机界面中使用最广泛的一种交互形式，现在几乎任何一个软件产品都使用了菜单界面技术。菜单界面是由一组可供用户挑选的菜单选项组成的人机界面类型，具有操作简便、易学易记等优点，对于无经验、偶尔使用计算机的非专家用户尤为适用。

菜单的形式多种多样，包括全屏幕菜单、条形菜单、弹出式菜单、图形菜单、滚动菜单等。无论是何种形式，菜单界面均具有以下特点。

① 菜单形式对话是计算机系统驱动的，设计良好的菜单界面能够把系统语义（做什么）和系统语法（怎么做）很明确直观地显示出来，并提供给用户各种系统功能的选择。

② 菜单界面适合于结构化的系统，每一菜单项都可以对应一个子程序功能或者下一级菜单。

③ 菜单界面减轻了用户的学习、记忆负担，简化了操作。

④ 菜单界面要占用屏幕空间和显示时间。

（3）填空界面　填空界面由一些格式化的空格组成，要求用户在空格内填入适当的内容（图9-23）。它对于要处理大量数据的数据库系统来说，是最合适的数据输入方式。与命令语言界面以及菜单界面相比，填空界面具有以下特点。

① 填空界面是系统驱动的，用户可以不经过学习、培训、记忆有关的语义，只需在系统的提示和引导下，就可一步步完成数据输入工作。

② 填空界面能有效地利用屏幕空间。

③ 进行填空输入时，用户可以充分利用上下文线索，有效地完成输入。填空界面的操作受很多因素的影响，如输入方法、填空的设置、填空标题以及空格的设计等。

图9-23　填空界面

（4）问答界面　问答界面是一种简单的人机对话方式，通常由计算机提问，用户回答。一方面，问答界面类似于菜单界面，用户每次只对一个问题进行回答。另一方面，问答界面也类似于填空界面，它要求用户对所提的问题作出填空式的问答，而不是在一系列可供选择的答案中挑选一个。

问答界面的操作简单明了，易学易记，且不易出错。但是操作效率不高，灵活性差，同时要求用户有较高的键盘输入技术。在问答界面设计中，应注意使用简明的语言来表述问题，防止用户误解；使用标题或者小标题，帮助用户理解问题；通过完整的提示和简要的说明向用户提供问题的背景，帮助用户的操作。

（5）直接操作界面　直接操作界面是20世纪80年代开发出来的"所见即所得"界面类型，最早由本·施奈德曼（Ben Shneiderman）于1982年提出，它通常体现为所谓的WIMP界面。这种界面操作易学易记，直接明了，为用户提供操作背景和即时操作的视觉反馈（图9-24）。直接操作界面没有一定的提示和说明可供用户参考，操作效率相对较差，适合于那些学习积极性低、不常使用计算机、键盘的操作技能较差，并对使用其他计算机系统有一定经验的用户。

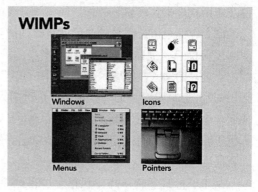

图9-24　WIMP界面

（6）功能键界面　功能键是代表一些特殊命令语句和对象的键盘按键，如F1代表帮助。功能键界面易学易用，用户的记忆负担较轻，按键操作的技能要求也较低，对于键盘操作技能较差、缺乏系统训练的用户较为合适。但是功能键界面可使用的按键有一定的限制，而且对这种界面的软件设计要求也较高。

（7）自然语言界面　使用自然语言与计算机进行通信、交互，是最理想、最方便的人机界面，这种界面易学易用、操作简便自然。自然语言界面无须用户学习就能以自然交流方式使用计算机，但是它有输入冗长，且自然语言语义具有二义性，需要应用领域的知识基础，并有编程实现困难等缺点。实现自然语言对话的最大关键是开发出具有一定智能、能理解用户语言的计算机系统。目前，自然语言界面的应用还非常有限。

（8）听觉界面　在人机交互界面中，图形界面目前仍然占据主导地位，但图形用户界面过多地依赖于视觉通道。随着人机交互中信息量的增加，各种新型的人机交互界面应运而生，如多媒体界面、多通道用户界面、智能化自适应界面等。

听觉界面是多通道用户界面的一个分支，它主要利用人的听觉通道来完成人机交互。在人的5个感觉通道中，听觉通道的作用和使用频率仅次于视觉通道。它具有许多视觉通道不具有的优点，如人对声音的不随意注意、可避免重要信息的遗漏、追求人对数据特征本能的和自发的感知过程等。

听觉界面或者说听觉反馈就其本质来说是单通道的。目前对听觉界面的研究，部分针对盲人或者是有视觉缺陷的用户，部分针对可穿戴式电脑或者嵌入式系统。还有一些研究则是针对现有人机交互中视觉和听觉的极度不平衡现象，试图将听觉界面和视觉界面很好地结合起来，从而降低用户的感觉通道负荷。后者更具一般性，也更有广阔的前景。

（9）触觉界面　触觉界面是一种基于触觉的计算机定位技术。图形用户界面依赖于视觉，而触觉界面不仅使触觉能够支配和激活基于计算机的功能，它还允许用户，尤其是那些有视觉障碍的用户，进行更高级别的基于触觉或盲文输入的交互。触觉界面包含触摸屏等具有触觉反馈并且可以激活某种功能的设备。在过去，触觉技术一直专注于设备的提醒功能，比如手机或手柄的振动反馈。但现在应用重点已经变了，人们专注于让东西摸起来更自然，让它们有更接近天然材料的触感，还原自然交互的感觉。

触摸屏是继键盘、鼠标、手写板、语音输入后最为普通百姓所易接受的计算机输入方式。利用这种技术，用户只要用手指轻轻地触碰计算机显示屏上的图符或文字就能实现对主机操作，从而使人机交互更为直截了当。这种技术极大方便了用户，是极富吸引力的全新多媒体交互设备。其他触觉界面包括振动手柄、力反馈手套、触觉式远程机器人等设备。

3. 人机界面开发

一般而言，人机界面不是一个独立的软件系统，它总是与待开发的应用系统联系在一起的。开发具有友好的人机界面应用系统时，除了要致力于分析、设计应用系统功能外，还要设计系统的人机界面。根据软件工程以及软件工程化过程，典型的人机界面开发设计过程如图9-25所示。

（1）定义阶段

① 可行性分析包括调查用户的界面要求和使用环境，尽可能全面地、详细地调查系统未来的各类直接或者潜在用户的需求，同时兼顾调查人机界面涉及的软、硬件环境。

② 需求分析包括用户特性分析和任务分析等，前者主要通过对用户类型的调查以及定性或者定量的分析，来了解用户的技能和经验，预测用户对不同界面设计的反应；后者则从人和计算机两方面共同入手，进行系统的任务分析，划分各自承担或共同完成的任务，然后进行功能分解，制定流程图和任务分布网络。

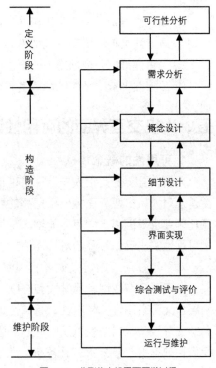

图9-25　典型的人机界面开发过程

（2）构造阶段　构造阶段主要包括界面的概念设计、细节设计、界面实现以及综合测试与评价等，其具体步骤包括以下几点。

① 建立界面模型：描述人机交互的结构层次和动态行为过程，确定描述模型的语言形式。

② 任务设计：根据用户特性分析和任务分析的结果，详细分解任务动作，进行合理的人机分配，确定适合于用户的工作方式。

③ 环境设计：确定系统的软、硬件环境及人机接口，了解各种工作场所，向用户提供各类文档要求等。

④ 界面设计：根据用户、任务以及环境的特性，制定最为适合的界面类型。

⑤ 交互设计：根据界面规格需求说明、对话设计准则以及所设计的界面类型，进行界面结构模型的具体设计。

⑥ 屏幕显示和布局设计：首先制定屏幕显示信息的内容和次序，然后进行屏幕总体布局和显示结构设计，最后进行屏幕美学方面的细化设计。

⑦ 帮助和出错设计：决定和安排帮助信息和出错信息的内容，组织查询方法，并进行出错信息、帮助信息的显示格式设计。

⑧ 原型设计：在经过初步的系统需求分析后，开发出一个能满足系统基本要求的、简单的、可运行的系统给用户试用，让用户进行评价提出改进意见，进一步完善系统的需求规格和系统设计。

⑨ 界面测试和评估：采取多种方法，如试验法、用户反馈、专家分析、软件测试等，对软件界面的诸多因素包括功能性、可靠性、效率及美观性进行测试与评估，获取用户对界面的满意度。尽早发现错误或者不满意的地方，改进和完善系统设计，使系统达到预定的要求。

（3）维护阶段　维护阶段的关键任务是通过各类必要的维护活动，使系统持久地满足用户的需求。

① 改正性维护：诊断和纠正在使用过程中发现的系统或者界面错误。

② 适应性维护：修改系统或者界面以适应环境的变化。

③ 完善性维护：根据用户的要求改进或者扩充系统、界面，使它更加完善。

④ 预防性维护：修改系统或者界面，为将来的维护活动预先准备。

五、人机交互界面的可用性评估

1. 可用性的概念

人机交互界面是指人与计算机进行交互的方式与方法，计算机产品的功能日益复杂以及日益普及对人机交互界面提出了更高的要求。复杂的产品功能要求界面提供更加有效的支持，普及化则要求界面易于学习，能够满足不同用户的需要。从20世纪70年代开始，研究者们就提出了可用性的概念，并开始对其评估方法和应用展开研究。

对可用性所下的定义很多。保罗·布斯（Paul Booth，1989）曾用四个因素对其作出定义：有用性、有效性、易学性和态度。雷克斯·哈特森（Rex Hartson，1988）认为可用性包含两层含义：有用性和易用性。有用性是指产品能否实现一系列的功能，易用性则是指用户与界面的交互效率、易学性以及用户的满意程度。哈特森的定义虽然比较全面，但对这一概念的可操作性缺乏进一步分析。雅各布·尼尔森（Jakob Neilsen，1993）的定义弥补了这一缺陷。他将可用性分为五个要素：易学性——产品是否易于学习；交互效率——用户使用产品完成具体任务的效率；易记性——用户搁置产品一段时间后是否仍然记得如何操作；出错频率和严重性；用户满意度——用户对产品是否满意。目前，一般采用国际标准化组织（1997）所下的定义：可用性是指产品为特定用户在特定的使用环境下用于特定用途时所具有的有效性（effectiveness）、效率（efficiency）和用户主观满意度（satisfaction）。根据这一定义，可用性的概念包含三方面的内容。

（1）有效性　即用户完成特定任务和达到特定目标时所具有的正确和完整程度，一般根据任务完成率、出错频度、求助频度这三个主要指标来衡量。

① 完成率。根据任务性质的不同，完成率指标可以分为以下两种：当任务只分为完成和未完成两种状态时，完成率为完成任务的用户所占的百分比；当任务可分，即存在部分完成任务的情况时，用户有效完成的工作占该任务的比例称为目标实现率。例如，某任务是让用户使用Adobe Photoshop软件画出4个不同的图形，如果只画出了3个，则目标实现率为75%。如果还考虑到各图形的复杂程度的不同，可以给各图形赋予不同的权重。

② 出错频度：是通过用户执行某个任务过程中发生错误的次数来衡量的。

③ 求助频度：指用户在完成任务过程中遇到问题而无法进行下去时，求助于他人以及查阅联机帮助或用户手册的次数。在提供任务完成率指标时，应区分有无帮助情况下的完成率。

（2）交互效率　指产品的有效性与完成任务所耗费资源的比率。在相同的使用环境下，用户使用效率是评定同类产品或同一产品的不同版本优劣的依据之一。效率 = 任务有效性/任务时间。式中，任务有效性一般是指用户的任务完成率，任务时间为用户完成任务的时间。效率描述了用户使用产品时单位时间内的成功率。

（3）满意度　用户对使用该产品的满意程度，描述了用户使用产品时的主观感受，会在很大程度上影响用户使用产品的动机和绩效。满意度指标通常通过问卷调查手段来获得，如软件可用性测量清单（SUMI，Software Usability Measurement Inventory，图9-26），网站分析与测量目录（WAMMI，Website Analysis and Measurement Inventory），场景后问卷（ASQ，After-Scenario Questionnaire），系统可用性量表（SUS，Systems Usability Scale），用户交互满意度问卷（QUIS，Questionnaire for User Intraction Satisfaction），计算机系统可用性问卷（CSUQ，Computer System Usability Questionnaire）和计算机用户满意度量表（CUSI，Computer UserSatisfaction Inventory）等。

发言1-10（共50个）	同意	犹豫不决	反对
此软件对输入的响应太慢	○	○	○
我会向我的同事推荐这个软件	○	○	○
说明和提示很有帮助	○	○	○
该软件在某个时候意外停止	○	○	○
最初学习操作该软件充满了问题	○	○	○
我有时不知道接下来该怎么做这个软件	○	○	○
我喜欢使用这个软件的时间	○	○	○
我发现该软件提供的帮助信息不是很有用	○	○	○
如果此软件停止，则重新启动它并不容易	○	○	○
学习软件功能需要很长时间	○	○	○

图9-26　软件可用性测量清单问题节选

2. 可用性评估及方法

（1）可用性评估　可用性评估是系统化收集交互界面的可用性数据，并对其进行评定和改进的过程。产品界面可用性评估的目的包括：改进现有产品界面，提高其可用性；在设计新界面之前，对已有界面进行可用性评估，借鉴优点，改掉缺点，更有效地达到可用性目标。

界面设计是一个逐步逼近最优设计的重复性过程，主要包括设计、可用性评估、改进设计三个循环往复、相互重叠的环节。不少专家学者认为，对设计原型进行可用性评估是改进界面设计的有效途径。由于界面可用性对产品设计成功与否关系重大，界面设计逐渐将提高可用性作为核心目的，可用性评估在其中的地位也日趋重要。

（2）可用性评估方法　可用性评估的方法主要包括可用性测试（Usability Testing）、启发式评估（Heuristic Evaluating）、认知走查法（Cognitive Walkthrough）和行为分析法

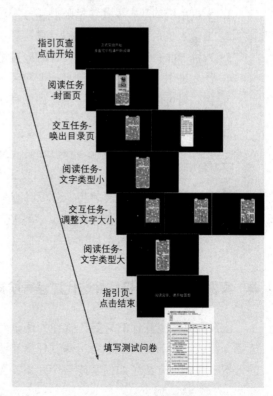

图9-27　老年人阅读界面可用性测试

（Action Analysis）。

① 可用性测试是测试者通过营造类似于真实使用环境的测试环境，邀请用户使用设计原型或者产品完成相关的操作任务，并通过观察、记录和分析用户行为和相关数据，对界面进行可用性评估（图9-27）。可用性测试能够对界面的可用性进行全面的评估，是最为常用的方法之一，适用于产品界面和界面设计中后期界面原型的评估。

② 启发式评估是由评估者（可用性评估专家或人机交互专家）根据某些人机工程标准或者规则对产品设计进行检查评估，并依照个人经验预测用户可能会遇到的各种问题。这种方法快速经济、简单易行，适用于产品开发过程的任何阶段；但缺乏精度，评估结果反映了评估者的主观看法。

③ 认知走查法：认知走查评估主要包括两个阶段。

准备阶段：在该阶段，组织者首先要准备好评估对象，确定典型任务并详细列出完成每个任务的完整步骤。其次，组织者应该确保评估者对目标用户及其工作环境有一个详细的了解。

评估阶段：在此阶段，评估者对典型任务的完成步骤进行讨论和评价，并记录所发现的问题。

认知走查法的主要目的是找出设计中存在的问题，研究者要针对这些问题提出改进建议以进一步完善方案。

④ 行为分析法是一种将用户的操作过程分解成连续的基本动作以发现交互问题的方法。根据其精度不同，可以分为正式的行为分析和非正式的行为分析。

复习题

1. 人机系统的基本模式包括哪些部分？
2. 进行人机系统设计时，应满足哪些基本要求？
3. 人机界面有哪些特性？在设计时应遵循哪些基本原则？
4. 什么是用户模型？跟设计者模型和系统模型有什么不同？
5. 什么是可用性？常见的可用性评估有哪些方法？

思考分析题

1. 根据人机界面的发展趋势，分析讨论未来的人机界面将呈现什么样的特点。
2. 某公司刚上线了一款新的App，想知道界面和交互设计对用户而言是否足够友好，你该如何开展一次可用性测试？

▲ 案例分析——手机软件迭代过程导航样式的可用性测试

该案例以手机软件的导航样式作为测试对象，通过测试指标和被试的选择、测试设备和材料的准备、测试任务和测试流程的设定以及实验结果的分析，简要地介绍了如何实施一个完整的可用性测试，供学习者借鉴和参考。

▶ 扫码查看 ◀
案例详情

参考文献

[1] 何灿群. 产品设计人机工程学[M]. 北京: 化学工业出版社, 2006.

[2] Mark S. Sanders, Ernest J. McCormick. 工程和设计中的人因学[M]. 于瑞峰, 卢岚, 译. 7版. 北京: 清华大学出版社, 2009.

[3] 理查德·格里格, 菲利普·津巴多. 心理学与生活[M]. 王垒, 等译. 北京: 人民邮电出版社, 2016.

[4] 丁玉兰. 人机工程学[M]. 北京: 北京理工大学出版社, 2017.

[5] 罗仕鉴, 朱上上, 孙守迁. 人机界面设计[M]. 北京: 机械工业出版社, 2002.

[6] 柳沙. 设计心理学[M]. 上海: 上海人民美术出版社, 2013.

[7] Alan Dix, Janet E. Finlay, Gregory D. Abowd, 等. 人机交互[M]. 蔡利栋, 等译. 3版. 北京: 电子工业出版社, 2007.

[8] 王文, 周苏, 涂嘉庆. 人机界面设计[M]. 2版. 北京: 科学出版社, 2011.

[9] 刘伟, 庄达民, 柳忠起. 人机界面设计[M]. 北京: 北京邮电大学出版社, 2011.

[10] 何灿群, 陈润楚. 人体工学与艺术设计[M]. 3版. 长沙: 湖南大学出版社, 2020.

[11] 胡海权. 工业设计应用人机工程学[M]. 沈阳: 辽宁科学技术出版社, 2013.

[12] 陈国强, 石奕龙. 简明文化人类学词典[M]. 杭州: 浙江人民出版社, 1990.

[13] 李峰, 吴丹. 人机工程学[M]. 北京: 高等教育出版社, 2018.

[14] 王继成. 产品设计中的人机工程学[M]. 2版. 北京: 化学工业出版社, 2018.

[15] 葛列众. 工程心理学[M]. 上海: 华东师范大学出版社, 2017.

[16] 全国人类工效学标准化技术委员会. 中国成年人人体尺寸: GB 10000—1988[S]. 北京: 中国标准出版社, 1989.

[17] 全国图形符号标准化技术委员会. 图形符号 安全色和安全标志 第5部分: 安全标志使用原则与要求: GB/T 2893.5—2020[S]. 北京: 中国标准出版社, 2020.

[18] 全国人类工效学标准化技术委员会. 在产品设计中应用人体尺寸百分位数的通则: GB/T 12985—1991[S]. 北京: 中国标准出版社, 1992.

[19] 全国人类工效学标准化技术委员会. 人-系统交互工效学 支持以人为中心设计的可用性方法: GB/T 21051—2007[S]. 北京: 中国标准出版社, 2007.

[20] 广东省照明电器标准化技术委员会. 中小学校教室照明技术规范: DB44/T 2335—2021 [S]. 广州: 广东省市场监督管理局, 2021.

[21] 卫生部职业卫生标准专业委员会. 工作场所职业病危害作业分级 第3部分: 高温: GBZ/T 229.3—2010[S]. 北京: 中国标准出版社, 2010.

[22] 中华人民共和国国家卫生健康委员会. 中小学校普通教室照明设计安装卫生要求: GB/T

36876—2018[S]. 北京：中国标准出版社，2018.

[23] 中国建筑科学研究院. 建筑采光设计标准：GB 50033—2013[S]. 北京：中国建筑工业出版社，2013.

[24] 中国建筑科学研究院. 建筑照明设计标准：GB 50034—2013[S]. 北京：中国建筑工业出版社，2013.

[25] 中华人民共和国生态环境部. 工业企业厂界环境噪声排放标准：GB 12348—2008[S]. 北京：中国环境出版集团，2008.

[26] 中华人民共和国生态环境部. 社会生活环境噪声排放标准：GB 22337—2008[S]. 北京：中国环境出版集团，2008.

[27] 中国建筑科学研究院. 民用建筑隔声设计规范：GB 50118—2010[S]. 北京：中国建筑工业出版社，2010.

[28] 赵阳. 智能电动车的听觉体验设计研究[D]. 上海：同济大学，2021.

[29] 陈世栋. 办公家具区隔空间个人领域感知与行为特征研究[D]. 南京：南京林业大学，2019.

[30] 陈美林. 面向小城镇老人的适老化厨房设计研究[D]. 南京：河海大学，2021.

[31] 张佳莉. 基于移情认知的适老化包装设计——以洗护用品包装为例[D]. 南京：河海大学，2021.

[32] 邢文. 基于色彩心理学车内语音交互氛围灯的设计研究[D]. 南京：河海大学，2019.

[33] 顾佳凤. 基于眼动实验的手机软件迭代过程导航样式可用性研究[D]. 南京：河海大学，2017.

[34] 赵阳，董华，刘胧. 从"声音诊断"到"声音体验"：汽车声音的百年源流及涉众行动[J]. 南京艺术学院学报（美术与设计），2020（2）：69-75，210.